普通高等教育基础课系列教材

数学分析专题

贾 高 刘晓俊 黄 晨 编著

机 械 工 业 出 版 社

本书对数学分析的基本概念、主要思想、计算与证明方法、实际应用等进行了归纳和总结，重点放在解题方法和实际应用上. 读者在掌握了本书介绍的一些知识和方法后，可以开阔思路，提高解题能力，增强学习兴趣. 此外，每章都配有一定量的习题，这些题目多数是研究生入学考题，并附有提示或参考解法.

本书可作为学完“数学分析”课程后进一步学习“数学分析专题”的教材或参考书，也可作为报考硕士研究生的学生的考前复习参考资料.

图书在版编目（CIP）数据

数学分析专题/贾高，刘晓俊，黄晨编著. —北京：机械工业出版社，2024. 9
普通高等教育基础课系列教材
ISBN 978-7-111-75856-3

Ⅰ. ①数… Ⅱ. ①贾… ②刘… ③黄… Ⅲ. ①数学分析-高等学校-教材 Ⅳ. ①O17

中国国家版本馆 CIP 数据核字（2024）第 100029 号

机械工业出版社（北京市百万庄大街22号 邮政编码100037）
策划编辑：汤 嘉　　责任编辑：汤 嘉 李 乐
责任校对：张爱妮 张昕妍　　封面设计：张 静
责任印制：单爱军
北京虎彩文化传播有限公司印刷
2024年9月第1版第1次印刷
169mm×239mm・12.5印张・229千字
标准书号：ISBN 978-7-111-75856-3
定价：39.80 元

电话服务
客服电话：010-88361066
010-88379833
010-68326294

网络服务
机 工 官 网：www.cmpbook.com
机 工 官 博：weibo.com/cmp1952
金 书 网：www.golden-book.com
机工教育服务网：www.cmpedu.com

前　言

“数学分析”是数学与应用数学、信息与计算科学、统计学、经济学和金融学等专业本科生的重要基础课程之一，也是相关专业研究生入学必考科目之一. 该课程具有课时长、内容多、理论性强的特点. 通过该课程的学习，学生可以对数学分析的基本概念、基本理论和基本方法有较系统的了解，能够培养良好的数学修养，为学业进一步深造和科学研究奠定重要基础.

国内多数高校的数学与应用数学等专业均已开设了“数学分析专题”课程，但这方面的教材和教学参考书较少.

作者根据多年从事数学分析和数学分析专题教学实践的经验，对于数学分析中的重难点内容、解题方法（主要指计算方面）等进行了归纳和总结，给出了常用的解题方法、技巧和经验. 因此，本书对于本科学生的学习或复习考研以及从事该课程教学的教师具有一定的参考价值.

本书章节的安排打破传统的逻辑顺序，根据知识点的横向或纵向联系进行组织. 例如，第 1 章总结了求极限的基本方法，包括等价无穷小替代、洛必达法则、利用定积分的定义、Stolz 定理等；第 2 章把导数和偏导数放在一起，有利于学生掌握它们的联系和区别，对高阶导数和高阶微分的计算方法也进行了一定的总结和阐述；为了拓宽学生的知识面，第 9 章介绍了常用不等式及证明不等式的重要方法；第 10 章介绍了凸函数的性质及应用，这些内容并没有超过本科的教学要求，而是对学生过去学过知识的提炼和应用.

本书的各章开头介绍了“主要知识点”，可以方便读者了解本章的知识要点及学习要求. 每章包含三部分内容，第一部分简要阐述基本概念和基本理论，通过例题说明解题的基本方法和解题的灵活性；第二部分是“能力提升”，通过分析有一定难度的研究生考题、竞赛试题或应用实例，期望能对读者在综合解题能力和实际应用能力方面有所提高；第三部分是“习题”，选择了一定数量且有一定难度的习题，对于较难的题目给出了较为详细的提示或参考解法.

在本书编写过程中，我们得到了宇振盛教授、章国庆教授、何常香教授、贾梅副教授等同志和上海理工大学教务处领导的支持和帮助，得到了“上海理工大学一流本科系列教材”建设项目（YLJC202317）经费资助，在此表示衷心感谢.

虽然尽了最大努力，但限于作者的水平，书中不妥乃至谬误之处在所难免，恳请广大读者提出批评意见或建议.

编　者

目　录

第1章 极限与连续

主要知识点：极限的定义；极限的基本性质；极限存在性的判别准则；极限的计算.

1.1 相关概念

1.1.1 基本极限

$\lim\limits_{n\to\infty}x_n=A\Leftrightarrow$对任意的$\varepsilon>0$，存在$N>0$，使得当$n>N$时，有$|x_n-A|<\varepsilon$.

$\lim\limits_{x\to x_0}f(x)=A\Leftrightarrow$对任意的$\varepsilon>0$，存在$\delta>0$，使得当$0<|x-x_0|<\delta$时，成立

$$|f(x)-A|<\varepsilon \Leftrightarrow \text{对一切 } x_n\to x_0(x_n\neq x_0)\text{，必有}\lim_{n\to\infty}f(x_n)=A$$

$$\Leftrightarrow f(x_0+0)=f(x_0-0)$$

$$\Leftrightarrow f(x)=A+\alpha(x)\text{，其中}\lim_{x\to x_0}\alpha(x)=0.$$

例 1.1 证明：$\lim\limits_{x\to\infty}\sin x$不存在.

证 取$x_n=n\pi$，$x_n'=2n\pi+\dfrac{\pi}{2}$，则$\lim\limits_{n\to\infty}\sin x_n=0$，$\lim\limits_{n\to\infty}\sin x_n'=1$，

而$\lim\limits_{n\to\infty}\sin x_n\neq\lim\limits_{n\to\infty}\sin x_n'$，所以$\lim\limits_{x\to\infty}\sin x$不存在.

1.1.2 二重极限

$\lim\limits_{(x,y)\to(x_0,y_0)}f(x,y)=A\Leftrightarrow$对任意的$\varepsilon>0$，存在$\delta>0$，使得当$0<|PP_0|<\delta$时，成立$|f(P)-A|<\varepsilon$，其中$P$表示点$(x,y)$，$P_0$表示点$(x_0,y_0)$.

例 1.2 求证：$\lim\limits_{(x,y)\to(0,0)}\dfrac{x^2y}{x^2+y^2}=0$.

证 **方法 1** 当$xy\neq0$时，成立$x^2+y^2\geqslant2|xy|$，故

$$\left|\frac{x^2y}{x^2+y^2}-0\right|=\frac{x^2|y|}{x^2+y^2}\leqslant\frac{x^2|y|}{2|xy|}=\frac{1}{2}|x|,$$

又当 $x=0$，但 $y\neq 0$ 或 $y=0$，但 $x\neq 0$ 时，则有 $\frac{x^2y}{x^2+y^2}=0$，故

$$\lim_{(x,y)\to(0,0)}\frac{x^2y}{x^2+y^2}=0.$$

方法 2 因为

$$\left|\frac{x^2y}{x^2+y^2}-0\right|=\frac{x^2|y|}{x^2+y^2}\leqslant\frac{\frac{1}{2}|x|(x^2+y^2)}{x^2+y^2}=\frac{1}{2}|x|,$$

故 $\lim\limits_{(x,y)\to(0,0)}\frac{x^2y}{x^2+y^2}=0$.

1.1.3 累次极限

设 $f(x,y)$ 是 $D=\{(x,y)\mid 0<|x-x_0|<a,0<|y-y_0|<b\}$ 上的函数，对任意 $y\in\mathring{U}(y_0,b)$ 有 $\lim\limits_{x\to x_0}f(x,y)=\varphi(y)$，且 $\lim\limits_{y\to y_0}\varphi(y)=A$，我们就说 $\lim\limits_{y\to y_0}\lim\limits_{x\to x_0}f(x,y)=A$；另一方面，若对任意 $x\in\mathring{U}(x_0,a)$ 有 $\lim\limits_{y\to y_0}f(x,y)=\psi(x)$，且 $\lim\limits_{x\to x_0}\psi(x)=B$，我们就说 $\lim\limits_{x\to x_0}\lim\limits_{y\to y_0}f(x,y)=B$.

注 1.1 $\lim\limits_{x\to x_0}\lim\limits_{y\to y_0}f(x,y)=\lim\limits_{y\to y_0}\lim\limits_{x\to x_0}f(x,y)=A\nRightarrow\lim\limits_{(x,y)\to(x_0,y_0)}f(x,y)=A$.

例 1.3 设 $f(x,y)=\frac{xy}{x^2+y^2}$，$(x,y)\neq(0,0)$，则 $\lim\limits_{x\to 0}\lim\limits_{y\to 0}f(x,y)=0$，且 $\lim\limits_{y\to 0}\lim\limits_{x\to 0}f(x,y)=0$，但 $\lim\limits_{(x,y)\to(0,0)}f(x,y)$ 不存在.

注 1.2 $\lim\limits_{(x,y)\to(x_0,y_0)}f(x,y)=A\nRightarrow\lim\limits_{x\to x_0}\lim\limits_{y\to y_0}f(x,y)$，$\lim\limits_{y\to y_0}\lim\limits_{x\to x_0}f(x,y)$ 存在.

例 1.4 设 $f(x,y)=x\sin\frac{1}{y}+y\sin\frac{1}{x}$，$x\neq 0$，$y\neq 0$，则 $\lim\limits_{(x,y)\to(0,0)}f(x,y)=0$，但 $\lim\limits_{y\to 0}\lim\limits_{x\to 0}f(x,y)$ 和 $\lim\limits_{x\to 0}\lim\limits_{y\to 0}f(x,y)$ 均不存在.

1.2 运算法则

(1) 若 $\lim\limits_{n\to\infty}a_n$，$\lim\limits_{n\to\infty}b_n$ 存在，则成立

$$\lim_{n\to\infty}(a_n+b_n)=\lim_{n\to\infty}a_n+\lim_{n\to\infty}b_n,$$
$$\lim_{n\to\infty}(a_nb_n)=\lim_{n\to\infty}a_n\lim_{n\to\infty}b_n,$$
$$\lim_{n\to\infty}\frac{a_n}{b_n}=\frac{\lim\limits_{n\to\infty}a_n}{\lim\limits_{n\to\infty}b_n}\left(\lim_{n\to\infty}b_n\neq 0\right).$$

(2) 若极限存在，则极限值唯一.

(3) 若序列 $\{a_n\}$ 极限存在，则序列 $\{a_n\}$ 有界.

（4）若存在正数 N_0，使得当 $n\geqslant N_0$ 时，有 $a_n\geqslant b_n$，若 $\lim\limits_{n\to\infty}a_n$ 和 $\lim\limits_{n\to\infty}b_n$ 都存在，则有 $\lim\limits_{n\to\infty}a_n\geqslant\lim\limits_{n\to\infty}b_n$.（保不等式性）

注 1.3　即使有 $a_n>b_n$，也只能得到 $\lim\limits_{n\to\infty}a_n\geqslant\lim\limits_{n\to\infty}b_n$，而不一定有 $\lim\limits_{n\to\infty}a_n>\lim\limits_{n\to\infty}b_n$. 例如：$a_n=\dfrac{2}{n}$，$b_n=\dfrac{1}{n}$，则 $\lim\limits_{n\to\infty}a_n=\lim\limits_{n\to\infty}b_n=0$.

（5）若 $\lim\limits_{n\to\infty}a_n>\lim\limits_{n\to\infty}b_n$，则存在 $N_0>0$，当 $n>N_0$ 时，总有 $a_n>b_n$.

（6）若 $f(x)$ 在 $x=x_0$ 点连续，$\lim\limits_{n\to\infty}x_n=x_0$，则 $\lim\limits_{n\to\infty}f(x_n)=f(\lim\limits_{n\to\infty}x_n)=f(x_0)$.

注 1.4　对于函数极限 $\lim\limits_{x\to a}f(x)$ 或二重极限 $\lim\limits_{(x,y)\to(a,b)}f(x,y)$ 都可得到与(5)和(6)类似的结论.

（7）重要极限

$$\lim_{x\to0}\frac{\sin x}{x}=1,\quad \lim_{n\to\infty}\left(1+\frac{1}{n}\right)^n=\mathrm{e},\quad \lim_{x\to\infty}\left(1+\frac{1}{x}\right)^x=\mathrm{e},\quad \lim_{x\to0}(1+x)^{\frac{1}{x}}=\mathrm{e}.$$

例 1.5　已知 $\lim\limits_{x\to-\infty}(\sqrt{x^2+x+1}-ax-b)=0$，求：常数 a 和 b.

解　**方法 1**　因为 $\lim\limits_{x\to-\infty}\left(-\sqrt{1+\dfrac{1}{x}+\dfrac{1}{x^2}}-a-\dfrac{b}{x}\right)x=0$，故

$$\lim_{x\to-\infty}\left(\sqrt{1+\frac{1}{x}+\frac{1}{x^2}}+a+\frac{b}{x}\right)=0,$$

从而有 $a=-1$. 进一步

$$b=\lim_{x\to-\infty}(\sqrt{x^2+x+1}+x)=\lim_{x\to-\infty}\frac{x+1}{\sqrt{x^2+x+1}-x}$$

$$=-\lim_{x\to-\infty}\frac{1+\dfrac{1}{x}}{\sqrt{1+\dfrac{1}{x}+\dfrac{1}{x^2}}+1}=-\frac{1}{2}.$$

方法 2　由于 $\lim\limits_{x\to-\infty}\sqrt{x^2+x+1}=+\infty$，因此从 $\lim\limits_{x\to-\infty}(\sqrt{x^2+x+1}-ax-b)=0$ 知 $a<0$，又

$$0=\lim_{x\to-\infty}(\sqrt{x^2+x+1}-ax-b)=\lim_{x\to-\infty}\frac{(1-a^2)x^2+(1-2ab)x+1-b^2}{\sqrt{x^2+x+1}+ax+b},$$

故 $a=-1$，$b=-\dfrac{1}{2}$.

例 1.6　求 $\lim\limits_{n\to\infty}\left(1-\dfrac{1}{2^2}\right)\left(1-\dfrac{1}{3^2}\right)\cdots\left(1-\dfrac{1}{n^2}\right)$.

解　$\lim\limits_{n\to\infty}\left(1-\dfrac{1}{2^2}\right)\left(1-\dfrac{1}{3^2}\right)\cdots\left(1-\dfrac{1}{n^2}\right)$

$$=\lim_{n\to\infty}\left(1-\frac{1}{2}\right)\left(1+\frac{1}{2}\right)\left(1-\frac{1}{3}\right)\left(1+\frac{1}{3}\right)\cdots\left(1-\frac{1}{n}\right)\left(1+\frac{1}{n}\right)$$

$$=\lim_{n\to\infty}\frac{n+1}{2n}=\frac{1}{2}.$$

例 1.7　求：$\lim\limits_{n\to\infty}u_n=\lim\limits_{n\to\infty}\left(\frac{1}{n}-\frac{2}{n}+\frac{3}{n}-\cdots+\frac{(-1)^{n-1}n}{n}\right)$.

解　当 $n=2k$ 时，$1-2+3-\cdots+(-1)^{2k-1}2k=-k$，此时 $u_{2k}=-\frac{1}{2}$；

当 $n=2k-1$ 时，$1-2+3-\cdots+(-1)^{2k-2}(2k-1)=k$，此时 $u_{2k-1}=\frac{k}{2k-1}$.

故极限 $\lim\limits_{n\to\infty}u_n$ 不存在.

1.3　极限存在的判别准则

（1）单调有界数列必有极限；

（2）夹逼法则：若存在 $N_0>0$，当 $n>N_0$ 时，$a_n\leqslant c_n\leqslant b_n$，且 $\lim\limits_{n\to\infty}a_n=\lim\limits_{n\to\infty}b_n=a$（$a$ 有限或者为 $\pm\infty$，但是不可以是 ∞），则有 $\lim\limits_{n\to\infty}c_n=a$；

（3）柯西(Cauchy)收敛准则：$\{x_n\}$ 收敛 $\Leftrightarrow\lim\limits_{\substack{n\to\infty\\m\to\infty}}|x_n-x_m|=0$.

例 1.8　已知 $x_n=\frac{a^n}{n!}(a\neq 0)$，求：$\lim\limits_{n\to\infty}x_n$.

解　因为 $|x_{n+1}|=\frac{|a|}{n+1}|x_n|$，可见在 $n>|a|-1$ 时，有 $|x_{n+1}|\leqslant|x_n|$，$\{|x_n|\}$ 单调减少且有下界($|x_n|\geqslant 0$)，故极限 $\lim\limits_{n\to\infty}|x_n|$ 存在且有限. 设 $\lim\limits_{n\to\infty}|x_n|=A$，再在递推式 $|x_{n+1}|=\frac{|a|}{n+1}|x_n|$ 两边令 $n\to\infty$，可得 $A=0$.

例 1.9　求：$\lim\limits_{n\to\infty}\left(\frac{1}{2}\cdot\frac{3}{4}\cdot\frac{5}{6}\cdot\cdots\cdot\frac{2n-1}{2n}\right)$.

解　**方法 1**　因为

$$I_n^2=\left(\frac{1}{2}\cdot\cdots\cdot\frac{2n-1}{2n}\right)^2=\frac{1\cdot 3\cdot 3\cdot 5\cdot 5\cdot 7\cdot 7\cdot\cdots\cdot(2n-1)\cdot(2n-1)}{2\cdot 2\cdot 4\cdot 4\cdot 6\cdot 6\cdot 8\cdot 8\cdot\cdots\cdot(2n)\cdot(2n)},$$

由此可得 $\frac{1}{4n^2}<I_n^2<\frac{2n-1}{4n^2}$，因此 $\lim\limits_{n\to\infty}I_n=0$.

方法 2　因为对任意 $0<\delta<\frac{\pi}{2}$，有

$$\frac{\pi}{2}I_n=\int_0^{\frac{\pi}{2}}\sin^{2n}x\mathrm{d}x=\int_0^{\frac{\pi}{2}-\delta}\sin^{2n}x\mathrm{d}x+\int_{\frac{\pi}{2}-\delta}^{\frac{\pi}{2}}\sin^{2n}x\mathrm{d}x,$$

而

$$0<\int_0^{\frac{\pi}{2}-\delta}\sin^{2n}x\mathrm{d}x<\left(\frac{\pi}{2}-\delta\right)\sin^{2n}\left(\frac{\pi}{2}-\delta\right)\to 0\quad(n\to\infty)$$

和

$$0<\int_{\frac{\pi}{2}-\delta}^{\frac{\pi}{2}}\sin^{2n}x\mathrm{d}x<\delta.$$

由 δ 的任意性，可得到$\lim\limits_{n\to\infty}I_n=0$.

例 1.10　求：$I=\lim\limits_{n\to\infty}\dfrac{\sqrt[n]{n!}}{n}$.

解　因为

$$I=\mathrm{e}^{\lim\limits_{n\to\infty}\left(\frac{\ln 1+\ln 2+\cdots+\ln n}{n}-\ln n\right)},$$

而

$$\lim_{n\to\infty}\left(\frac{\ln 1+\ln 2+\cdots+\ln n}{n}-\ln n\right)=\lim_{n\to\infty}\frac{1}{n}\left(\ln\frac{1}{n}+\ln\frac{2}{n}+\cdots+\ln\frac{n}{n}\right)=\int_0^1\ln x\mathrm{d}x=-1,$$

所以$\lim\limits_{n\to\infty}\dfrac{\sqrt[n]{n!}}{n}=\dfrac{1}{\mathrm{e}}$.

1.4　极限计算方法

1.4.1　递推法

例 1.11　设 $x_n=\dfrac{5}{1}\cdot\dfrac{6}{3}\cdot\cdots\cdot\dfrac{n+4}{2n-1}$，求：$\lim\limits_{n\to\infty}x_n$.

解　**方法 1**　因为 $x_{n+1}=\dfrac{n+5}{2n+1}x_n$，故 $x_1=5$，$x_2=10$，$x_3=14$，$x_4=x_5=16$，且当 $n>5$ 时，有$\dfrac{n+5}{2n+1}<\dfrac{10}{11}$，即 $x_{n+1}<x_n$，且 $x_n<\left(\dfrac{10}{11}\right)^{n-5}x_1x_2\cdots x_5$，又因为 $x_n>0$，所以$\lim\limits_{n\to\infty}x_n=0$.

方法 2　因为$\dfrac{x_{n+1}}{x_n}=\dfrac{n+5}{2n+1}<\dfrac{10}{11}(n\geqslant 6)$，故对 $k>1$，有$\dfrac{x_{6+k}}{x_6}<\left(\dfrac{10}{11}\right)^k$. 又 $x_n>0$，所以$\lim\limits_{n\to\infty}x_n=0$.

例 1.12　设 $x_{n+1}=\sin x_n$，求$\lim\limits_{n\to\infty}x_n$.

解　不妨设 $\sin x_1>0$，则有 $x_n\in(0,1]\subset\left(0,\dfrac{\pi}{2}\right)$，$n=2,3,\cdots$.

因当 $0<x<\dfrac{\pi}{2}$ 时，有 $\sin x<x\Rightarrow \sin x_n<x_n\Rightarrow\{x_{n+1}\}$ 单调减少，又 $0\leqslant x_n\leqslant 1$，故 $\lim\limits_{n\to\infty}x_n$ 存在. 设 $\lim\limits_{n\to\infty}x_n=l$，则有 $l=\sin l(l\geqslant 0)$. 若 $l>0$，则必有 $l>\sin l$，所以 $l=0$.

1.4.2　洛必达(L'Hospital)法则、泰勒(Taylor)公式和等价无穷小替代

(1) 洛必达法则：若 $\lim\limits_{x\to x_0}\dfrac{f(x)}{g(x)}$ 是"$\dfrac{0}{0}$"型、"$\dfrac{\infty}{\infty}$"型或"$\dfrac{*}{\infty}$"型不定式，而 $\lim\limits_{x\to x_0}\dfrac{f'(x)}{g'(x)}=A$(或 ∞)，则 $\lim\limits_{x\to x_0}\dfrac{f(x)}{g(x)}=\lim\limits_{x\to x_0}\dfrac{f'(x)}{g'(x)}=A$(或 ∞).

注 1.5　对于 $x\to\pm\infty$ 或 $x\to\infty$ 的情形，上述结论仍然成立.

(2) 几个重要函数的泰勒公式：

① $e^x=1+x+\dfrac{x^2}{2!}+\cdots+\dfrac{x^n}{n!}+o(x^n)$；

② $\sin x=x-\dfrac{x^3}{3!}+\dfrac{x^5}{5!}-\cdots+(-1)^{n-1}\dfrac{x^{2n-1}}{(2n-1)!}+o(x^{2n})$；

③ $\cos x=1-\dfrac{x^2}{2!}+\dfrac{x^4}{4!}-\cdots+(-1)^n\dfrac{x^{2n}}{(2n)!}+o(x^{2n+1})$；

④ $\ln(1+x)=x-\dfrac{x^2}{2}+\dfrac{x^3}{3}-\cdots+(-1)^{n-1}\dfrac{x^n}{n}+o(x^n)$；

⑤ $(1+x)^\alpha=1+\alpha x+\dfrac{\alpha(\alpha-1)}{2!}x^2+\cdots+\dfrac{\alpha(\alpha-1)\cdots(\alpha-n+1)}{n!}x^n+o(x^n)$.

(3) 等价无穷小替代：

当 $x\to 0$ 时，$\sin x\sim x$，$\arcsin x\sim x$，$\tan x\sim x$，$\arctan x\sim x$，

$$1-\cos x\sim\frac{1}{2}x^2,\ e^x-1\sim x,\ \ln(1+x)\sim x,\ (1+x)^\alpha-1\sim\alpha x.$$

例 1.13　求 $\lim\limits_{x\to 0}\dfrac{\sin x-\tan x}{x^3}$.

解　**方法 1**　原式 $=\lim\limits_{x\to 0}\dfrac{\sin x(\cos x-1)}{x^3\cos x}=-\lim\limits_{x\to 0}\dfrac{x\cdot\dfrac{x^2}{2}}{x^3\cos x}=-\dfrac{1}{2}$.

方法 2　原式 $=\lim\limits_{x\to 0}\dfrac{\tan x(\cos x-1)}{x^3}=\lim\limits_{x\to 0}\dfrac{x\cdot\left(-\dfrac{x^2}{2}\right)}{x^3}=-\dfrac{1}{2}$.

例 1.14　求 $\lim\limits_{x\to 0}\dfrac{1}{x}\left(\cot x-\dfrac{1}{x}\right)$.

解　原式 $=\lim\limits_{x\to0}\dfrac{x\cos x-\sin x}{x^2\sin x}=\lim\limits_{x\to0}\dfrac{x\cos x-\sin x}{x^3}=\lim\limits_{x\to0}\dfrac{-x\sin x}{3x^2}=-\dfrac{1}{3}$.

例 1.15　求 $\lim\limits_{n\to\infty}\dfrac{n(\sqrt[n]{n}-1)}{\ln n}$.

解　**方法 1**　（利用泰勒公式）因为

$$\sqrt[n]{n}=e^{\frac{1}{n}\ln n}=1+\frac{1}{n}\ln n+o\left(\frac{\ln^2 n}{n^2}\right),$$

则

$$\lim_{n\to\infty}\frac{n(\sqrt[n]{n}-1)}{\ln n}=\lim_{n\to\infty}\left(1+o\left(\frac{\ln n}{n}\right)\right)=1.$$

方法 2　（利用等价无穷小替代）因为 $e^x-1\sim x(x\to0)$，故

$$\lim_{n\to\infty}\frac{n(\sqrt[n]{n}-1)}{\ln n}=\lim_{n\to\infty}\frac{e^{\frac{1}{n}\ln n}-1}{\frac{1}{n}\ln n}=1.$$

方法 3　（利用洛必达法则）因为

$$\lim_{x\to+\infty}\frac{x(x^{\frac{1}{x}}-1)}{\ln x}=\lim_{t\to0^+}\frac{t^{-t}-1}{-t\ln t}=\lim_{t\to0^+}\frac{-t^{-t}(1+\ln t)}{-(1+\ln t)}=\lim_{t\to0^+}t^{-t}=1,$$

故 $\lim\limits_{n\to\infty}\dfrac{n(\sqrt[n]{n}-1)}{\ln n}=1$.

例 1.16　求：$\lim\limits_{x\to+\infty}\left(\sqrt{x+\sqrt{x+\sqrt{x^\alpha}}}-\sqrt{x}\right)(0<\alpha<2)$.

解　**方法 1**　（利用泰勒公式）由于 $0<\alpha<2$，故当 $x\to+\infty$ 时，有

$$\begin{aligned}\sqrt{x+\sqrt{x+\sqrt{x^\alpha}}}&=\sqrt{x}\left(1+\left(\frac{1}{x}+x^{\frac{\alpha}{2}-2}\right)^{\frac{1}{2}}\right)^{\frac{1}{2}}\\&=\sqrt{x}\left(1+\frac{1}{2\sqrt{x}}\sqrt{1+x^{\frac{\alpha}{2}-1}}\right)+o\left(\frac{1}{\sqrt{x}}\right)\\&=\sqrt{x}+\frac{1}{2}\left(1+\frac{1}{2}x^{\frac{\alpha}{2}-1}+o(x^{\alpha-2})\right)+o\left(\frac{1}{\sqrt{x}}\right),\end{aligned}$$

所以，当 $0<\alpha<2$ 时，$\lim\limits_{x\to+\infty}\left(\sqrt{x+\sqrt{x+\sqrt{x^\alpha}}}-\sqrt{x}\right)=\dfrac{1}{2}$.

方法 2　（分子有理化）

$$\lim_{x\to+\infty}\left(\sqrt{x+\sqrt{x+\sqrt{x^\alpha}}}-\sqrt{x}\right)=\lim_{x\to+\infty}\frac{\sqrt{x+\sqrt{x^\alpha}}}{\sqrt{x+\sqrt{x+\sqrt{x^\alpha}}}+\sqrt{x}}$$

$$= \lim_{x\to+\infty}\frac{(1+x^{\frac{\alpha-2}{2}})^{\frac{1}{2}}}{\sqrt{1+(1+x^{\frac{\alpha-2}{2}})^{\frac{1}{2}}}+1}=\frac{1}{2}.$$

方法 3 （利用等价无穷小替代）

$$\lim_{x\to+\infty}\left(\sqrt{x+\sqrt{x+\sqrt{x^{\alpha}}}}-\sqrt{x}\right)=\lim_{x\to+\infty}\sqrt{x}\left(\sqrt{1+\sqrt{\frac{1}{x}+x^{\frac{\alpha-4}{2}}}}-1\right)$$

$$=\lim_{x\to+\infty}\frac{1}{2}\sqrt{x}\sqrt{\frac{1}{x}+x^{\frac{\alpha-4}{2}}}=\frac{1}{2}.$$

1.4.3 Stolz 定理

Stolz 定理 若 y_n 严格单调递增，且 $\lim\limits_{n\to\infty}y_n=+\infty$，若 $\lim\limits_{n\to\infty}\frac{x_n-x_{n-1}}{y_n-y_{n-1}}=l$，则 $\lim\limits_{n\to\infty}\frac{x_n}{y_n}=l$.

例 1.17 求：$\lim\limits_{n\to\infty}\frac{1^{\alpha-1}+\cdots+n^{\alpha-1}}{n^{\alpha}}(\alpha>0)$.

解 **方法 1** 利用 Stolz 定理，有

$$原式=\lim_{n\to\infty}\frac{n^{\alpha-1}}{n^{\alpha}-(n-1)^{\alpha}}=\lim_{n\to\infty}\frac{\frac{1}{n}}{1-\left(1-\frac{1}{n}\right)^{\alpha}}$$

$$=\lim_{n\to\infty}\frac{-\frac{1}{n}}{e^{\alpha\ln\left(1-\frac{1}{n}\right)}-1}=\lim_{n\to\infty}\frac{-\frac{1}{n}}{\alpha\ln\left(1-\frac{1}{n}\right)}=\lim_{n\to\infty}\frac{-\frac{1}{n}}{-\frac{\alpha}{n}}=\frac{1}{\alpha}.$$

方法 2 利用定积分定义，得

$$\lim_{n\to\infty}\frac{1^{\alpha-1}+\cdots+n^{\alpha-1}}{n^{\alpha}}=\lim_{n\to\infty}\frac{1}{n}\sum_{k=1}^{n}\left(\frac{k}{n}\right)^{\alpha-1}=\int_0^1x^{\alpha-1}\mathrm{d}x=\frac{1}{\alpha}.$$

例 1.18 求：$\lim\limits_{n\to\infty}\frac{1}{\ln n}\left(1+\frac{1}{2^s}+\cdots+\frac{1}{n^s}\right)$.

解 因为 $\ln\left(1+\frac{1}{n-1}\right)\sim\frac{1}{n-1}$，$n\to\infty$，利用 Stolz 定理，便有

$$原式=\lim_{n\to\infty}\frac{\frac{1}{n^s}}{\ln n-\ln(n-1)}=\lim_{n\to\infty}\frac{\frac{1}{n^s}}{\ln\left(1+\frac{1}{n-1}\right)}=\lim_{n\to\infty}\frac{n-1}{n^s}=\begin{cases}\infty, & s<1,\\ 1, & s=1,\\ 0, & s>1.\end{cases}$$

例 1.19　已知 $x_n=\sin x_{n-1}$，$n=1, 2, \cdots$，$x_0\in(0,\pi)$，求证：$\lim\limits_{n\to\infty}\sqrt{\dfrac{n}{3}}x_n=1$.

证　事实上，$\sqrt{\dfrac{n}{3}}x_n\to 1(n\to\infty)\Leftrightarrow\dfrac{1}{nx_n^2}\to\dfrac{1}{3}(n\to\infty)$.

由例 1.12，知 $x_n\to 0(n\to\infty)$，利用 Stolz 定理，有

$$I=\lim_{n\to\infty}\frac{\dfrac{1}{x_n^2}}{n}=\lim_{n\to\infty}\frac{\dfrac{1}{x_{n+1}^2}-\dfrac{1}{x_n^2}}{1}=\lim_{n\to\infty}\left(\frac{1}{\sin^2x_n}-\frac{1}{x_n^2}\right).$$

另外，由于

$$\begin{aligned}\lim_{x\to 0}\left(\frac{1}{\sin^2x}-\frac{1}{x^2}\right)&=\lim_{x\to 0}\frac{x^2-\sin^2x}{x^4}\\&=\lim_{x\to 0}\frac{x-\sin x\cos x}{2x^3}=\lim_{x\to 0}\frac{1-\cos^2x+\sin^2x}{6x^2}=\frac{1}{3},\end{aligned}$$

即 $\lim\limits_{n\to\infty}\sqrt{\dfrac{n}{3}}x_n=1$.

1.4.4　利用定积分定义

命题 1　设 $f(x)$ 在 $(0,1)$ 上单调，$x=0$，$x=1$ 可能是 $f(x)$ 的瑕点，如果 $\int_0^1 f(x)\mathrm{d}x$ 收敛，那么

$$\lim_{n\to\infty}\sum_{k=1}^{n-1}\frac{1}{n}f\left(\frac{k}{n}\right)=\int_0^1 f(x)\mathrm{d}x.$$

命题 2　设 $f(x)$ 在 $[0,+\infty)$ 上单调，如果 $\int_0^{+\infty}f(x)\mathrm{d}x$ 收敛，则

$$\lim_{h\to 0^+}h\sum_{k=1}^{+\infty}f(kh)=\int_0^{+\infty}f(x)\mathrm{d}x.$$

证　因为 $f(x)$ 单调，而 $\int_0^{+\infty}f(x)\mathrm{d}x$ 收敛，则必有 $\lim\limits_{x\to+\infty}f(x)=0$，故不妨设 $f(x)$ 单调减少，那么 $f(x)\geqslant 0$，且对任意 $m\in\mathbf{Z}_+$，有

$$\int_h^{(m+1)h}f(x)\mathrm{d}x\leqslant h\sum_{k=1}^{m}f(kh)\leqslant\int_0^{mh}f(x)\mathrm{d}x.$$

令 $m\to+\infty$，得到

$$\int_h^{+\infty}f(x)\mathrm{d}x\leqslant h\sum_{k=1}^{+\infty}f(kh)\leqslant\int_0^{+\infty}f(x)\mathrm{d}x.$$

根据夹逼法则，有

$$\lim_{h\to0^+}h\sum_{k=1}^{+\infty}f(kh)=\int_0^{+\infty}f(x)\mathrm{d}x.$$

命题 3 设 $H(x)$ 在 $x=0$ 的某邻域内连续，在 $x=0$ 处可导，且 $H(0)=0$，又 $f(x)$，$g(x)$ 在 $[0,1]$ 上可积，常数 $\alpha\geqslant1$，那么

(1) $\lim\limits_{n\to\infty}\sum\limits_{k=1}^{n}H\left(\dfrac{1}{n^\alpha}f\left(\dfrac{k}{n}\right)\right)=\begin{cases}0, & \alpha>1,\\ H'(0)\displaystyle\int_0^1 f(x)\mathrm{d}x, & \alpha=1;\end{cases}$

(2) $\lim\limits_{n\to\infty}\sum\limits_{k=1}^{n}g\left(\dfrac{k}{n}\right)H\left(\dfrac{1}{n^\alpha}f\left(\dfrac{k}{n}\right)\right)=\begin{cases}0, & \alpha>1,\\ H'(0)\displaystyle\int_0^1 f(x)g(x)\mathrm{d}x, & \alpha=1.\end{cases}$

证 利用泰勒公式，我们有 $H(x)=H'(0)x+o(x)$. 又因 $f(x)$ 在 $[0,1]$ 上可积，故存在正数 $M>0$，使 $|f(x)|\leqslant M$，而当 $\alpha>0$ 时，$\dfrac{1}{n^\alpha}f\left(\dfrac{i}{n}\right)\to0\quad(n\to\infty)$，因此

$$H\left(\frac{1}{n^\alpha}f\left(\frac{i}{n}\right)\right)=H'(0)\frac{1}{n^\alpha}f\left(\frac{i}{n}\right)+o\left(\frac{1}{n^\alpha}\right)\quad(n\to\infty),$$

即

$$\sum_{i=1}^{n}H\left(\frac{1}{n^\alpha}f\left(\frac{i}{n}\right)\right)=H'(0)\frac{1}{n^\alpha}\sum_{i=1}^{n}f\left(\frac{i}{n}\right)+o\left(\frac{1}{n^{\alpha-1}}\right)\quad(n\to\infty).$$

当 $\alpha=1$ 时，则有

$$\lim_{n\to\infty}\sum_{i=1}^{n}H\left(\frac{1}{n^\alpha}f\left(\frac{i}{n}\right)\right)=H'(0)\lim_{n\to\infty}\left(\frac{1}{n}\sum_{i=1}^{n}f\left(\frac{i}{n}\right)+o(1)\right)=H'(0)\int_0^1 f(x)\mathrm{d}x.$$

另一方面，设 $A=\int_0^1 f(x)\mathrm{d}x$，当 $n>N$ 时，有 $\left|\dfrac{1}{n}\sum\limits_{i=1}^{n}f\left(\dfrac{i}{n}\right)-A\right|<1$，故当 $\alpha>1$ 时，则有

$$\begin{aligned}\lim_{n\to\infty}\left|\sum_{i=1}^{n}H\left(\frac{1}{n^\alpha}f\left(\frac{i}{n}\right)\right)\right|&=|H'(0)|\lim_{n\to\infty}\frac{1}{n^{\alpha-1}}\left|\frac{1}{n}\sum_{i=1}^{n}f\left(\frac{i}{n}\right)+o(1)\right|\\&\leqslant|H'(0)|\lim_{n\to\infty}\frac{1}{n^{\alpha-1}}(|A|+1+o(1))=0.\end{aligned}$$

同样方法可以证明(2).

例 1.20 设 $\alpha>0$，$\alpha\neq1$，试计算

$$\lim_{n\to\infty}\frac{1}{n^\alpha}(1^{\alpha-1}-2^{\alpha-1}+3^{\alpha-1}-\cdots+(-1)^{n-1}n^{\alpha-1}).$$

解

当 $n=2m$ 时，$\dfrac{1}{(2m)^{\alpha}}(1^{\alpha-1}-2^{\alpha-1}+3^{\alpha-1}-\cdots+(-1)^{2m-1}(2m)^{\alpha-1})$

$$=\frac{1}{2m}\sum_{k=1}^{m}\left(\frac{2k-1}{2m}\right)^{\alpha-1}-\frac{1}{2m}\sum_{k=1}^{m}\left(\frac{k}{m}\right)^{\alpha-1},$$

故

$$\lim_{m\to\infty}\frac{1}{(2m)^{\alpha}}(1^{\alpha-1}-2^{\alpha-1}+3^{\alpha-1}-\cdots+(-1)^{2m-1}(2m)^{\alpha-1})$$

$$=\frac{1}{2}\int_{0}^{1}x^{\alpha-1}\mathrm{d}x-\frac{1}{2}\int_{0}^{1}x^{\alpha-1}\mathrm{d}x=0.$$

当 $n=2m+1$ 时，

$$\lim_{m\to\infty}\frac{1}{(2m+1)^{\alpha}}(1^{\alpha-1}-2^{\alpha-1}+3^{\alpha-1}-\cdots+(-1)^{2m}(2m+1)^{\alpha-1})$$

$$=\lim_{m\to\infty}\left(\frac{(2m)^{\alpha}}{(2m+1)^{\alpha}}\left(\frac{1}{2m}\sum_{k=1}^{m}\left(\frac{2k-1}{2m}\right)^{\alpha-1}-\frac{1}{2m}\sum_{k=1}^{m}\left(\frac{k}{m}\right)^{\alpha-1}\right)+\frac{1}{2m+1}\right)=0.$$

所以 $\lim\limits_{n\to\infty}\dfrac{1}{n^{\alpha}}(1^{\alpha-1}-2^{\alpha-1}+3^{\alpha-1}-\cdots+(-1)^{n-1}n^{\alpha-1})=0.$

例 1.21　计算：$\lim\limits_{n\to\infty}\sum\limits_{i=1}^{n}\dfrac{n}{n^2+i^2+n+i}$.

解　因为

$$0<\frac{n}{n^2+i^2}-\frac{n}{n^2+i^2+n+i}<\frac{n(n+i)}{(n^2+i^2)(n^2+i^2+n+i)}<\frac{2}{n^2},$$

故

$$0<\sum_{i=1}^{n}\left(\frac{n}{n^2+i^2}-\frac{n}{n^2+i^2+n+i}\right)<\frac{2}{n},$$

因此

$$\lim_{n\to\infty}\sum_{i=1}^{n}\frac{n}{n^2+i^2+n+i}=\lim_{n\to\infty}\sum_{i=1}^{n}\frac{n}{n^2+i^2}=\int_{0}^{1}\frac{\mathrm{d}x}{1+x^2}=\frac{\pi}{4}.$$

例 1.22　计算 $\lim\limits_{n\to\infty}\sum\limits_{k=1}^{n^2}\dfrac{n}{n^2+k^2}$.

解　设 $S_n=\sum\limits_{k=1}^{n^2}\dfrac{n}{n^2+k^2}$，则 $S_n=\sum\limits_{k=1}^{n^2}\dfrac{n}{n^2+k^2}=\dfrac{1}{n}\sum\limits_{k=1}^{n^2}\dfrac{1}{1+\left(\dfrac{k}{n}\right)^2}$.

另一方面，由于 $f(x)=\dfrac{1}{1+x^2}$ 在 $[0,+\infty)$ 上单调减少，根据定积分的定义可得

$$\int_{\frac{k}{n}}^{\frac{k+1}{n}} \frac{\mathrm{d}x}{1+x^2} < \frac{1}{\left(1+\left(\frac{k}{n}\right)^2\right)n} < \int_{\frac{k-1}{n}}^{\frac{k}{n}} \frac{\mathrm{d}x}{1+x^2},$$

这样

$$\int_{\frac{1}{n}}^{\frac{n^2+1}{n}} \frac{\mathrm{d}x}{1+x^2} < S_n < \int_0^n \frac{\mathrm{d}x}{1+x^2},$$

所以

$$\lim_{n\to\infty} S_n = \lim_{n\to\infty} \sum_{k=1}^{n^2} \frac{n}{n^2+k^2} = \int_0^{+\infty} \frac{\mathrm{d}x}{1+x^2} = \frac{\pi}{2}.$$

例 1.23　计算：$\lim\limits_{n\to\infty} \sum\limits_{i=1}^{n} \sin \dfrac{i^2}{n^3}$.

解　**方法 1**　取 $H(x)=\sin x$，$f(x)=x^2$，利用命题 3，则有

$$\lim_{n\to\infty} \sum_{i=1}^{n} \sin \frac{i^2}{n^3} = \cos 0 \int_0^1 x^2 \mathrm{d}x = \frac{1}{3}.$$

方法 2　因为当 $0<x<\dfrac{\pi}{2}$时，成立 $x-\dfrac{x^3}{6}<\sin x<x$，故

$$\frac{i^2}{n^3} - \frac{i^6}{6n^9} < \sin \frac{i^2}{n^3} < \frac{i^2}{n^3},$$

进一步有

$$\frac{1}{3} = \lim_{n\to\infty} \sum_{i=1}^{n} \left(\frac{i^2}{n^3} - \frac{i^6}{6n^9}\right) \leqslant \lim_{n\to\infty} \sum_{i=1}^{n} \sin \frac{i^2}{n^3} \leqslant \lim_{n\to\infty} \sum_{i=1}^{n} \frac{i^2}{n^3} = \frac{1}{3},$$

因此$\lim\limits_{n\to\infty} \sum\limits_{i=1}^{n} \sin \dfrac{i^2}{n^3} = \dfrac{1}{3}$.

例 1.24　计算：$\lim\limits_{n\to\infty} \dfrac{(n^2+1)(n^2+2)\cdots(n^2+n)}{(n^2-1)(n^2-2)\cdots(n^2-n)}$.

解　**方法 1**　设 $A_n = \dfrac{(n^2+1)(n^2+2)\cdots(n^2+n)}{(n^2-1)(n^2-2)\cdots(n^2-n)}$，那么

$$\ln A_n = \ln \frac{(n^2+1)(n^2+2)\cdots(n^2+n)}{(n^2-1)(n^2-2)\cdots(n^2-n)} = \sum_{k=1}^{n} \ln\left(1+\frac{k}{n^2}\right) - \sum_{k=1}^{n} \ln\left(1-\frac{k}{n^2}\right).$$

取 $H(x)=\ln(1+x)$，并分别取 $f(x)=x$ 和 $f(x)=-x$，利用命题 3，得到

$$\lim_{n\to\infty} \sum_{k=1}^{n} \ln\left(1+\frac{k}{n^2}\right) = \int_0^1 x \mathrm{d}x = \frac{1}{2}, \quad \lim_{n\to\infty} \sum_{k=1}^{n} \ln\left(1-\frac{k}{n^2}\right) = -\int_0^1 x \mathrm{d}x = -\frac{1}{2},$$

这样$\lim\limits_{n\to\infty} \ln A_n = 1$，所以$\lim\limits_{n\to\infty} \dfrac{(n^2+1)(n^2+2)\cdots(n^2+n)}{(n^2-1)(n^2-2)\cdots(n^2-n)} = \mathrm{e}$.

方法 2　因为当 $x>-1$ 时，有 $\frac{x}{1+x}<\ln(1+x)<x$，故

$$\frac{k}{n^2}-\frac{k^2}{n^2(n^2+k)}<\ln\left(1+\frac{k}{n^2}\right)<\frac{k}{n^2},$$

从而得到 $\lim\limits_{n\to\infty}\sum\limits_{k=1}^{n}\ln\left(1+\frac{k}{n^2}\right)=\int_0^1 x\mathrm{d}x=\frac{1}{2}$. 类似方法可得 $\lim\limits_{n\to\infty}\sum\limits_{k=1}^{n}\ln\left(1-\frac{k}{n^2}\right)=-\int_0^1 x\mathrm{d}x=-\frac{1}{2}$.

因此
$$\lim_{n\to\infty}\frac{(n^2+1)(n^2+2)\cdots(n^2+n)}{(n^2-1)(n^2-2)\cdots(n^2-n)}=\mathrm{e}.$$

命题 4　设当 $t\to 0$ 时，有 $g(t)\to 0$，$\frac{g(t)}{t}\to A(A\neq 0)$，若 $\frac{i^p}{n^q}\to 0(n\to\infty)$，$i=1, 2, \cdots, n$，则 $\lim\limits_{n\to\infty}\sum\limits_{i=1}^{n}g\left(\frac{i^p}{n^q}\right)=A\lim\limits_{n\to\infty}\sum\limits_{i=1}^{n}\frac{i^p}{n^q}$.

该命题证明留给读者.

利用此命题，容易得到：

(1) $\lim\limits_{n\to\infty}\sum\limits_{k=1}^{n}\ln\left(1+\frac{k}{n^2}\right)=\lim\limits_{n\to\infty}\sum\limits_{k=1}^{n}\frac{k}{n^2}=\int_0^1 x\mathrm{d}x=\frac{1}{2}$.

(2) $\lim\limits_{n\to\infty}\sum\limits_{k=1}^{n}\arctan\frac{1+k+k^2}{n^3}=\lim\limits_{n\to\infty}\sum\limits_{k=1}^{n}\frac{1+k+k^2}{n^3}=\frac{1}{3}$.

例 1.25　计算二重级数 $\sum\limits_{i,\ j=1}^{\infty}\frac{(-1)^{i+j}}{i+j}$.

解　因为

$$\begin{aligned}
S_{m,n}&=\sum_{i=1}^{m}\sum_{j=1}^{n}\frac{(-1)^{i+j}}{i+j}=\int_0^1\sum_{i=1}^{m}\sum_{j=1}^{n}(-1)^{i+j}x^{i+j-1}\mathrm{d}x\\
&=\int_0^1 x\sum_{i=0}^{m-1}(-x)^i\cdot\sum_{j=0}^{n-1}(-x)^j\mathrm{d}x=\int_0^1 x\,\frac{1-(-x)^m}{1+x}\cdot\frac{1-(-x)^n}{1+x}\mathrm{d}x\\
&=\int_0^1\frac{1}{(1+x)^2}(x+(-1)^{m+1}x^{m+1}+(-1)^{n+1}x^{n+1}+(-1)^{m+n}x^{m+n+1})\mathrm{d}x,
\end{aligned}$$

又
$$\int_0^1\frac{x^k}{(1+x)^2}\mathrm{d}x<\int_0^1 x^k\mathrm{d}x=\frac{1}{1+k}\to 0\quad(k\to\infty),$$

因此
$$\lim_{m,n\to\infty}S_{m,n}=\int_0^1\frac{x}{(1+x)^2}\mathrm{d}x=\ln 2-\frac{1}{2}.$$

1.4.5　利用级数收敛的性质

(1) 级数收敛的必要条件：如果级数 $\sum\limits_{n=1}^{\infty}u_n$ 收敛，则 $\lim\limits_{n\to\infty}u_n=0$.

例 1.26 计算：$\lim\limits_{n\to\infty}\dfrac{2^n n!}{n^n}$.

解 因为$\lim\limits_{n\to\infty}\dfrac{2^{n+1}(n+1)!}{(n+1)^{n+1}}\Big/\dfrac{2^n n!}{n^n}=2\lim\limits_{n\to\infty}\left(\dfrac{n}{n+1}\right)^n=\dfrac{2}{\mathrm{e}}<1$,

根据正项级数的比值判别法知，级数$\sum\limits_{n=1}^{\infty}\dfrac{2^n n!}{n^n}$收敛，再利用级数收敛的必要条件知$\lim\limits_{n\to\infty}\dfrac{2^n n!}{n^n}=0$.

(2) 级数收敛的柯西准则：$\sum\limits_{n=1}^{\infty}u_n$ 收敛$\Leftrightarrow$对任意的 $\varepsilon>0$，总存在正整数 N，当 $n>N$ 及任意正整数 p，有 $|u_{n+1}+u_{n+2}+\cdots+u_{n+p}|<\varepsilon$.

例 1.27 设 $p>1$，计算：$\lim\limits_{n\to\infty}\left(\dfrac{1}{(n+1)^p}+\dfrac{1}{(n+2)^p}+\cdots+\dfrac{1}{(2n)^p}\right)$.

解 **方法 1** 因为 $p>1$ 时，级数$\sum\limits_{n=1}^{\infty}\dfrac{1}{n^p}$收敛，再利用级数收敛的柯西准则知

$$\lim_{n\to\infty}\left(\frac{1}{(n+1)^p}+\frac{1}{(n+2)^p}+\cdots+\frac{1}{(2n)^p}\right)=0.$$

方法 2 因为 $p>1$，利用微分中值定理，有

$$\frac{1}{n^{p-1}}-\frac{1}{(n+1)^{p-1}}=\frac{p-1}{\xi^p}>\frac{p-1}{(n+1)^p}(n\leqslant\xi\leqslant n+1),$$

因此有

$$\begin{aligned}&\frac{1}{(n+1)^p}+\frac{1}{(n+2)^p}+\cdots+\frac{1}{(2n)^p}\\&\leqslant\frac{1}{p-1}\left(\frac{1}{n^{p-1}}-\frac{1}{(n+1)^{p-1}}+\frac{1}{(n+1)^{p-1}}-\frac{1}{(n+2)^{p-1}}+\cdots+\frac{1}{(2n-2)^{p-1}}-\frac{1}{(2n)^{p-1}}\right)\\&=\frac{1}{p-1}\left(\frac{1}{n^{p-1}}-\frac{1}{(2n)^{p-1}}\right)\to0\quad(n\to\infty).\end{aligned}$$

1.5 能力提升

例 1.28 计算：$\lim\limits_{n\to\infty}\left(\sqrt[n+1]{(n+1)!}-\sqrt[n]{n!}\right)$.

解 由于

$$\lim_{n\to\infty}\left(\sqrt[n+1]{(n+1)!}-\sqrt[n]{n!}\right)=\lim_{n\to\infty}\left(\mathrm{e}^{\frac{\ln2+\cdots+\ln(n+1)}{n+1}}-\mathrm{e}^{\frac{\ln2+\cdots+\ln(n)}{n}}\right)$$

$$=\lim_{n\to\infty}\mathrm{e}^{\frac{\ln2+\cdots+\ln(n)}{n}}\left(\mathrm{e}^{\frac{\ln2+\cdots+\ln(n+1)}{n+1}-\frac{\ln2+\cdots+\ln(n)}{n}}-1\right)$$

$$=\lim_{n\to\infty}\sqrt[n]{n!}\left(\mathrm{e}^{\frac{\ln2+\cdots+\ln(n+1)}{n+1}-\frac{\ln2+\cdots+\ln(n)}{n}}-1\right)$$

$$=\lim_{n\to\infty}\frac{\sqrt[n]{n!}}{n}\left(\frac{n}{n+1}(\ln2+\cdots+\ln(n+1))-(\ln2+\cdots+\ln(n))\right),$$

又因为

$$\frac{n+1-1}{n+1}(\ln2+\cdots+\ln(n+1))-(\ln2+\cdots+\ln(n))$$

$$=\ln(n+1)-\frac{1}{n+1}(\ln2+\cdots+\ln(n+1))$$

$$=\frac{-1}{n+1}\left(\ln\frac{2}{n+1}+\cdots+\ln\frac{n+1}{n+1}-\ln(n+1)\right)\to-\int_0^1\ln x\mathrm{d}x=1\quad(n\to\infty).$$

故$\lim\limits_{n\to\infty}\left(\sqrt[n+1]{(n+1)!}-\sqrt[n]{n!}\right)=\frac{1}{\mathrm{e}}$.

例 1.29　(1)证明：当$|x|$充分小时，成立$0\leqslant\tan^2x-x^2\leqslant x^4$；

(2)设$x_n=\sum\limits_{k=1}^{n}\tan^2\frac{1}{\sqrt{n+k}}$，求：$\lim\limits_{n\to\infty}x_n$.

解　(1) 因为$\lim\limits_{x\to0}\frac{\tan^2x-x^2}{x^4}=\frac{2}{3}<1$，由此可得$\tan^2x-x^2\leqslant x^4(|x|\ll1)$.

(2) 利用第(1)题结论

$$\sum_{k=1}^{n}\frac{1}{n+k}\leqslant x_n=\sum_{k=1}^{n}\tan^2\frac{1}{\sqrt{n+k}}\leqslant\sum_{k=1}^{n}\left(\frac{1}{n+k}+\frac{1}{(n+k)^2}\right)\leqslant\sum_{k=1}^{n}\frac{1}{n+k}+\frac{1}{n},$$

因此有$\lim\limits_{n\to\infty}x_n=\int_0^1\frac{1}{1+x}\mathrm{d}x=\ln2$.

例 1.30　计算：$\lim\limits_{n\to\infty}\sum\limits_{k=1}^{n}\frac{k}{(n+k)(n+k+1)}$.

解　因为

$$\sum_{k=1}^{n}\frac{k}{(n+k)(n+k+1)}=\frac{1}{n+1}+\frac{1}{n+2}+\cdots+\frac{1}{n+n}-\frac{n}{n+n+1},$$

故

$$\lim_{n\to\infty}\sum_{k=1}^{n}\frac{k}{(n+k)(n+k+1)}=\ln2-\frac{1}{2}.$$

例 1.31　若$f(x)$在$(-1,1)$上具有二阶导数，且$f(0)=0$，$f'(0)=0$，$f''(0)\neq0$，求：

$$\lim_{x\to 0}\frac{f(x)+xf'(x)}{2f(x)+3xf'(x)}.$$

解　由于

$$\lim_{x\to 0}\frac{f(x)+xf'(x)}{2f(x)+3xf'(x)}=\lim_{x\to 0}\frac{\dfrac{f(x)-f(0)}{x^2}+\dfrac{f'(x)-f'(0)}{x}}{2\dfrac{f(x)-f(0)}{x^2}+3\dfrac{f'(x)-f'(0)}{x}},$$

而

$$\lim_{x\to 0}\frac{f(x)-f(0)}{x^2}=\frac{1}{2}f''(0),\quad \lim_{x\to 0}\frac{f'(x)-f(0)}{x}=f''(0),$$

故

$$\lim_{x\to 0}\frac{f(x)+xf'(x)}{2f(x)+3xf'(x)}=\frac{3}{8}.$$

例 1.32　计算：$\lim\limits_{x\to 0}\dfrac{e^{(1+x)^{\frac{1}{x}}}-(1+x)^{\frac{e}{x}}}{x^2}$.

解　**方法 1**　由于

$$\lim_{x\to 0}\frac{e^{(1+x)^{\frac{1}{x}}}-(1+x)^{\frac{e}{x}}}{x^2}=\lim_{x\to 0}\frac{e^{(1+x)^{\frac{1}{x}}}\left(1-e^{\frac{e}{x}\ln(1+x)-(1+x)^{\frac{1}{x}}}\right)}{x^2}$$

$$=e^e\lim_{x\to 0}\frac{e^{\frac{1}{x}\ln(1+x)}-\dfrac{e}{x}\ln(1+x)}{\left(\dfrac{\ln(1+x)}{x}-1\right)^2}\frac{\left(\dfrac{\ln(1+x)}{x}-1\right)^2}{x^2},$$

又因为

$$\lim_{x\to 0}\frac{e^{\frac{1}{x}\ln(1+x)}-\dfrac{e}{x}\ln(1+x)}{\left(\dfrac{\ln(1+x)}{x}-1\right)^2}\overset{令\frac{\ln(1+x)}{x}=s}{=\!=}\lim_{s\to 1}\frac{e^s-es}{(s-1)^2}=\frac{1}{2}e,$$

$$\lim_{x\to 0}\frac{\left(\dfrac{\ln(1+x)}{x}-1\right)^2}{x^2}=\lim_{x\to 0}\frac{(\ln(1+x)-x)^2}{x^4}=\lim_{x\to 0}\frac{\ln(1+x)-x}{2x^2(1+x)}=\frac{1}{4},$$

故

$$\lim_{x\to 0}\frac{e^{(1+x)^{\frac{1}{x}}}-(1+x)^{\frac{e}{x}}}{x^2}=\frac{1}{8}e^{e+1}.$$

方法 2　令 $t=(1+x)^{\frac{1}{x}}$，那么

$$\frac{(\ln t-1)^2}{x^2}=\left(\frac{\ln(x+1)-x}{x^2}\right)^2\to\frac{1}{4}(x\to 0)\Rightarrow(\ln t-1)^2\sim\frac{1}{4}x^2(x\to 0),$$

因此

$$\lim_{x\to 0}\frac{\mathrm{e}^{(1+x)^{\frac{1}{x}}}-(1+x)^{\frac{\mathrm{e}}{x}}}{x^2}=\lim_{t\to \mathrm{e}}\frac{\mathrm{e}^t-t^{\mathrm{e}}}{4(\ln t-1)^2}=\frac{1}{8}\mathrm{e}^{\mathrm{e}+1}.$$

例 1.33

（1）证明：存在唯一的 $\xi_n\in\left(n\pi,n\pi+\frac{\pi}{2}\right)$，使得 $\tan\xi_n=\xi_n$；

（2）计算：$\lim\limits_{n\to\infty}(\xi_{n+1}-\xi_n)$.

证 （1）令 $f(x)=\tan x-x$，则 $f'(x)=\tan^2 x>0\left(x\in\left(n\pi,n\pi+\frac{\pi}{2}\right)\right)$，

又

$$\lim_{x\to n\pi}(\tan x-x)=-n\pi<0,\quad \lim_{x\to\left(n\pi+\frac{\pi}{2}\right)^+}(\tan x-x)=+\infty,$$

故存在唯一的 $\xi_n\in\left(n\pi,n\pi+\frac{\pi}{2}\right)$，使得 $\tan\xi_n=\xi_n$.

（2）由于 $\lim\limits_{n\to\infty}\xi_n=+\infty$，$\frac{\pi}{2}<\xi_{n+1}-\xi_n<\frac{3}{2}\pi$. 又

$$\tan(\xi_{n+1}-\xi_n)=\frac{\xi_{n+1}-\xi_n}{1+\xi_{n+1}\xi_n},$$

故 $\lim\limits_{n\to\infty}\tan(\xi_{n+1}-\xi_n)=0$，因此 $\lim\limits_{n\to\infty}(\xi_{n+1}-\xi_n)=\pi$.

例 1.34 设 $\alpha>1$，计算：$\lim\limits_{n\to\infty}\left(\frac{1}{n+1^\alpha}+\frac{1}{n+2^\alpha}+\cdots+\frac{1}{n+n^\alpha}\right)$.

解 因为

$$\lim_{n\to\infty}\left(\frac{1}{n+1^\alpha}+\frac{1}{n+2^\alpha}+\cdots+\frac{1}{n+n^\alpha}\right)=\lim_{n\to\infty}\sum_{k=1}^{n}\int_{k-1}^{k}\frac{\mathrm{d}x}{n+k^\alpha}$$

$$\leqslant\lim_{n\to\infty}\sum_{k=1}^{n}\int_{k-1}^{k}\frac{\mathrm{d}x}{n+x^\alpha}=\lim_{n\to\infty}\int_0^n\frac{\mathrm{d}x}{n+x^\alpha}\leqslant\lim_{n\to\infty}\int_0^{+\infty}\frac{\mathrm{d}x}{n+x^\alpha},$$

而

$$\int_0^{+\infty}\frac{\mathrm{d}x}{n+x^\alpha}\leqslant\int_0^{+\infty}\frac{\mathrm{d}x}{1+x^\alpha}\leqslant\int_0^1\mathrm{d}x+\int_1^{+\infty}\frac{\mathrm{d}x}{x^\alpha}=1+\frac{1}{\alpha-1},$$

因此利用控制收敛定理，则有

$$0\leqslant\lim_{n\to\infty}\left(\frac{1}{n+1^\alpha}+\frac{1}{n+2^\alpha}+\cdots+\frac{1}{n+n^\alpha}\right)\leqslant\lim_{n\to\infty}\int_0^{+\infty}\frac{\mathrm{d}x}{n+x^\alpha}=\int_0^{+\infty}\lim_{n\to\infty}\frac{1}{n+x^\alpha}\mathrm{d}x=0.$$

例 1.35 设$f(x)$，$g(x)$在$(-1,1)$内有定义，且$\lim\limits_{x\to 0}f(x)=\lim\limits_{x\to 0}g(x)=a>0$，计算：$\lim\limits_{x\to 0}\dfrac{f(x)^{g(x)}-g(x)^{f(x)}}{f(x)-g(x)}$.

解
$$\lim_{x\to 0}\frac{f(x)^{g(x)}-g(x)^{f(x)}}{f(x)-g(x)}=\lim_{x\to 0}\frac{\mathrm{e}^{g(x)\ln f(x)}-\mathrm{e}^{f(x)\ln g(x)}}{f(x)-g(x)}$$
$$=\lim_{x\to 0}\frac{\mathrm{e}^{f(x)\ln g(x)}\left(\mathrm{e}^{f(x)\ln g(x)-g(x)\ln f(x)}-1\right)}{f(x)-g(x)}=a^a\lim_{x\to 0}\frac{f(x)\ln g(x)-g(x)\ln f(x)}{f(x)-g(x)}$$
$$=a^a\lim_{x\to 0}\frac{[f(x)-g(x)]\ln g(x)-g(x)[\ln f(x)-\ln g(x)]}{f(x)-g(x)}$$
$$=a^a\lim_{x\to 0}\ln g(x)-a^a\lim_{x\to 0}\frac{g(x)}{f(x)-g(x)}\ln\left(\frac{f(x)}{g(x)}-1+1\right)$$
$$=a^a\ln a-a^a\lim_{x\to 0}\frac{g(x)}{f(x)-g(x)}\left(\frac{f(x)}{g(x)}-1\right)$$
$$=a^a(\ln a-1).$$

例 1.36 设$f(x)$在每个有限区间$(a,b)\subset(0,+\infty)$上有界，$g(x)$单调增加，且$\lim\limits_{x\to+\infty}g(x)=+\infty$，若$\lim\limits_{x\to+\infty}\dfrac{f(x+1)-f(x)}{g(x+1)-g(x)}=l$($l$为有限值或$\infty$)，试证：
$$\lim_{x\to+\infty}\frac{f(x)}{g(x)}=\lim_{x\to+\infty}\frac{f(x+1)-f(x)}{g(x+1)-g(x)}.$$

证 首先设$\lim\limits_{x\to+\infty}\dfrac{f(x+1)-f(x)}{g(x+1)-g(x)}=l$，$l$为有限值.
由$g(x)$单增且$\lim\limits_{x\to+\infty}g(x)=+\infty$，故不妨设$g(x)>0$且严格增.
对任意$\varepsilon>0$，存在$A>a$，使得当$x_0\in(A,A+1)$时，有
$$l-\varepsilon<\frac{f(x_0+1)-f(x_0)}{g(x_0+1)-g(x_0)}<l+\varepsilon$$
或
$$(l-\varepsilon)(g(x_0+1)-g(x_0))<f(x_0+1)-f(x_0)<(l+\varepsilon)(g(x_0+1)-g(x_0)).$$
类似得到
$$(l-\varepsilon)(g(x_0+2)-g(x_0+1))<f(x_0+2)-f(x_0+1)<(l+\varepsilon)(g(x_0+2)-g(x_0+1)),$$
$$\vdots$$
$$(l-\varepsilon)(g(x_0+n)-g(x_0+n-1))<f(x_0+n)-f(x_0+n-1)$$

$$<(l+\varepsilon)(g(x_0+n)-g(x_0+n-1)),$$

上面 n 个不等式相加，可得

$$(l-\varepsilon)(g(x_0+n)-g(x_0))<f(x_0+n)-f(x_0)$$
$$<(l+\varepsilon)(g(x_0+n)-g(x_0)).$$

记 $x=x_0+n$，则有

$$(l-\varepsilon)\left(1-\frac{g(x_0)}{g(x)}\right)<\frac{f(x)}{g(x)}-\frac{f(x_0)}{g(x)}<(l+\varepsilon)\left(1-\frac{g(x_0)}{g(x)}\right).$$

注意到,

$$0<\frac{g(x_0)}{g(x)}\leqslant\frac{g(A+1)}{g(x)}\to 0\quad(x\to+\infty)$$

和

$$0\leqslant\left|\frac{f(x_0)}{g(x)}\right|\leqslant\frac{\sup\limits_{x\in(A,A+1)}|f(x)|}{g(x)}\to 0\quad(x\to+\infty).$$

从而说明 $\lim\limits_{x\to+\infty}\dfrac{g(x_0)}{g(x)}=\lim\limits_{x\to+\infty}\dfrac{f(x_0)}{g(x)}=0$，故存在 $A^*>0$，当 $x>A^*$ 时，有 $l-\varepsilon<\dfrac{f(x)}{g(x)}<l+\varepsilon$，即 $\lim\limits_{x\to+\infty}\dfrac{f(x)}{g(x)}=l$.

当 $\lim\limits_{x\to+\infty}\dfrac{f(x+1)-f(x)}{g(x+1)-g(x)}=+\infty$ ($-\infty$ 也类似) 时，任给正数 M，存在 $A>a$，使 $x_0\in(A,A+1)$ 时，有 $g(x_0)>0$，且

$$f(x_0+1)-f(x_0)>M(g(x_0+1)-g(x_0)),$$
$$f(x_0+2)-f(x_0+1)>M(g(x_0+2)-g(x_0+1)),$$
$$\vdots$$
$$f(x_0+n)-f(x_0+n-1)>M(g(x_0+n)-g(x_0+n-1)),$$

上述各式相加后，便得到

$$\frac{f(x)}{g(x)}-\frac{f(x_0)}{g(x)}>M\left(1-\frac{g(x_0)}{g(x)}\right),\ x_0\in(a,\ a+1),\ x=x_0+n.$$

令 $x\to+\infty$，有 $\lim\limits_{x\to+\infty}\dfrac{f(x)}{g(x)}\geqslant M$，由于 M 的任意性，所以 $\lim\limits_{x\to+\infty}\dfrac{f(x)}{g(x)}=+\infty$.

注 1.6　在本题中，若取 $g(x)=x$，$f(x)=\ln\phi(x)$，则有

$$\lim_{x\to+\infty}\ln(\phi(x))^{\frac{1}{x}}=\lim_{x\to+\infty}\ln\frac{\phi(x+1)}{\phi(x)}.$$

例 1.37　在市场经济中存在这样的循环现象：若去年的猪肉的产量供过于求，猪肉的价格就会降低；价格降低会使今年养猪者减少，使今年的猪肉产量

供不应求，于是猪肉价上扬；价格上扬又使明年猪肉产量增加，造成新的供过于求.

据统计，某城市 1991 年的猪肉产量为 30 万 t，肉价为 12 元/kg；1992 年的猪肉产量为 25 万 t，肉价为 16 元/kg；1993 年的猪肉产量为 28 万 t.

若维持目前消费水平与生产模式，并假设猪肉产量与价格之间是**线性关系**，问若干年以后猪肉的产量与价格是否会趋于稳定？若能够稳定，请求出产量与价格.

解　设第 n 年的猪肉生产量为 x_n，猪肉价格为 y_n，由于当年产量确定当年价格，故 $y_n=f(x_n)$，而当年价格又决定第二年的生产量，故 $x_{n+1}=g(y_n)$. 在经济学中 $y_n=f(x_n)$ 称为需求函数，$x_{n+1}=g(y_n)$ 称为供应函数. 这样，产销关系呈现如下过程：

$$x_1\to y_1\to x_2\to y_2\to x_3\to y_3\to x_4\to y_4\to x_5\to y_5\to\cdots,$$

记 $P_1(x_1,y_1)$，$P_2(x_2,y_1)$，$P_3(x_2,y_2)$，$P_4(x_3,y_2)$，…，$P_{2k-1}(x_k,y_k)$，$P_{2k}(x_{k+1},y_k)$，根据题目假设，我们有

$$P_1(30,12),P_2(25,12),P_3(25,16),P_4(28,16).$$

根据线性假设，需求函数 $y=f(x)$ 是直线，且 $P_1(30,12)$，$P_3(25,16)$ 在直线上，因此需求函数为

$$y_n=36-0.8x_n,\ n=1,2,3,\cdots. \tag{1-1}$$

由于供应函数 $x=g(y)$ 也是直线，且 $P_2(25,12)$ 和 $P_4(28,16)$ 在直线上，因此供应函数为

$$x_{n+1}=16+0.75y_n,n=1,2,3,\cdots. \tag{1-2}$$

从式(1-1)和式(1-2)得到

$$x_{n+1}=43-0.6x_n,\ n=1,2,3,\cdots \tag{1-3}$$

和

$$y_{n+1}=23.2-0.6y_n,\ n=1,2,3,\cdots. \tag{1-4}$$

从式(1-3)可得

$$x_{n+1}=43\sum_{k=1}^{n}(-0.6)^{k-1}-7\times(-0.6)^{n-1}.$$

因此 $\lim\limits_{n\to\infty}x_{n+1}=26.875$(万 t).

从式(1-4)可得

$$y_{n+1}=23.2\sum_{k=1}^{n}(-0.6)^{k-1}-17.2\times(-0.6)^{n-1}.$$

因此 $\lim\limits_{n\to\infty}y_{n+1}=14.5$(元/kg).

通过上述分析，猪肉的产量与价格都会趋于稳定. 猪肉的产量稳定在 26.875 万 t，猪肉价格稳定在 14.5 元/kg.

例 1.38　某顾客向银行存入本金 p 元，n 年后他在银行的存款额是本金与利息之和. 设银行规定年复利率为 r，试根据下述不同的结算方式计算顾客 n 年后的最终存款额.

（1）每年结算一次；

（2）每月结算一次，每月的复利率为$\frac{r}{12}$；

（3）每年结算 m 次，每个结算周期的复利率为$\frac{r}{m}$，证明：最终存款总额随 m 的增加而增加；

（4）当 m 趋于无穷时，结算周期变为无穷小，这意味着银行连续不断地向顾客付利息，这种存款方法称为连续复利，试计算连续复利情况下，顾客的最终存款额.

解　(1) 每年结算一次时，第一年后顾客的存款额为 $p_1=p(1+r)$，第二年后顾客的存款额为 $p_2=p(1+r)^2$，…，第 n 年后顾客的存款额为

$$p_n=p(1+r)^n. \tag{1-5}$$

（2）每月结算一次，复利率为$\frac{r}{12}$，n 年共结算 $12n$ 次，故 n 年后的存款额为

$$p_n=p\left(1+\frac{r}{12}\right)^{12n}. \tag{1-6}$$

（3）每年结算 m 次，复利率为$\frac{r}{m}$，n 年共结算 mn 次，将顾客 n 年后的存款额记为 p_n^m，则

$$p_n^m=p\left(1+\frac{r}{m}\right)^{mn}. \tag{1-7}$$

利用导数知识或二项式展开，可得 $p_n^m<p_n^{m+1}$，即结算的次数越多，顾客的最终存款额也就越多.

（4）当 m 趋于无穷时，顾客的最终存款额为

$$p_n=\lim_{m\to\infty}p_n^m=\lim_{m\to\infty}p\left(1+\frac{r}{m}\right)^{mn}=p\mathrm{e}^{n\cdot r}.$$

与式(1-5)进行比较，由于 $\mathrm{e}^r-1>r$，因此连续复利对顾客更有利.

习　题　1

1. 求下列极限:

(1) $\lim\limits_{x\to 0}\dfrac{\tan(\tan x)-\sin(\sin x)}{\tan x-\sin x}$. （答案：2）

(2) $\lim\limits_{n\to\infty}\left(\dfrac{1^p+2^p+\cdots+n^p}{n^p}-\dfrac{n}{p+1}\right)$ （p 为正整数） $\left(\text{利用 Stolz 定理，答案：}\dfrac{1}{2}\right)$

(3) $\lim\limits_{n\to\infty}\sin^2(\pi\sqrt{n^2+n})$. （答案：1）

(4) $\lim\limits_{x\to+\infty}\dfrac{x^{\ln x}}{(\ln x)^x}$. （答案：0）

(5) $\lim\limits_{x\to 0}\dfrac{e^{x^2}-\cos x}{x\arcsin x}$. $\left(\text{答案：}\dfrac{3}{2}\right)$

(6) $\lim\limits_{x\to 0}\left(\dfrac{1+\tan x}{1-\tan x}\right)^{\frac{1}{\sin 2x}}$. （答案：$e^{-}$）

(7) $\lim\limits_{x\to 0}\left(\dfrac{\ln(1+x)}{x}\right)^{\frac{1}{e^x-1}}$. （答案：$e^{-\frac{1}{2}}$）

(8) $\lim\limits_{x\to\infty}\left(\dfrac{x^2}{(x-a)(x-b)}\right)^x$. （答案：$e^{a+b}$）

2. 已知 $\lim\limits_{x\to+\infty}[(x^5+7x^4+2)^a-x]=b(b\neq 0)$，求常数 a 和 b. $\left(\text{答案：}a=\dfrac{1}{5},\ b=\dfrac{7}{5}\right)$

3. 设 $f(x)$ 具有二阶连续导数，$f(0)=0$，证明：$g(x)=\begin{cases}\dfrac{f(x)}{x}, & x\neq 0,\\ f'(0), & x=0\end{cases}$ 具有一阶连续导数.

4. 设 $f(x)$ 在 $[0,+\infty)$ 上可微，且 $\lim\limits_{x\to\infty}f'(x)=l$，求证：$\lim\limits_{x\to\infty}\dfrac{f(x)}{x}=l$.

5. 计算：$\lim\limits_{n\to\infty}\sqrt[n]{\dfrac{1\cdot 3\cdot 5\cdot\cdots\cdot(2n-1)}{2\cdot 4\cdot 6\cdot\cdots\cdot(2n)}}$. $\left(\text{提示：}u_n=\dfrac{1\cdot 3\cdot 5\cdot\cdots\cdot(2n-1)}{2\cdot 4\cdot 6\cdot\cdots\cdot(2n)}\Rightarrow\sqrt[n]{u_n}=e^{\frac{\ln u_n}{n}},\right.$ 答案：1$\left.\right)$

6. 计算：$\lim\limits_{n\to\infty}\dfrac{1}{n}\sqrt[n]{\dfrac{(2n)!}{n!}}$. $\left(\text{答案：}\dfrac{4}{e}\right)$

7. 证明：$\lim\limits_{n\to\infty}\displaystyle\int_0^{\frac{\pi}{2}}f(x)\sin^n x\,dx=0$，其中 $f(x)$ 是 $\left[0,\dfrac{\pi}{2}\right]$ 上的连续函数.

8. 设 $f(x)$ 在 $x=0$ 的某邻域内有连续导数，且 $\lim\limits_{x\to 0}\left(\dfrac{\sin x}{x^2}+\dfrac{f(x)}{x}\right)=2$，求：$f(0),f'(0)$.（答案：$f(0)=-1,f'(0)=2$）

9. 设 $f(x)$ 在 $(-\infty,+\infty)$ 上有定义，且对任意 x，$y\in(-\infty,+\infty)$ 成立

$$|f(x)-f(y)|<\frac{1}{2}|x-y|,$$

试证明：

(1) $f(x)$在$(-\infty, +\infty)$上连续.

(2) $f(x)=x$ 在$(-\infty, +\infty)$上有实根.

(3) $f(x)=x$ 在$(-\infty, +\infty)$上有唯一实根.

第 2 章

导数与偏导数

主要知识点：导数(或偏导数)的定义；微分的定义及可微的条件；求导的法则及方法；导数(或偏导数)的应用.

2.1 导数

2.1.1 导数的定义

设 $y=y(x)$ 在 x_0 的某邻域内有定义，若当 $\Delta x\to 0$ 时，比值$\frac{\Delta y}{\Delta x}$的极限存在，则称此极限为 $y=y(x)$ 在 x_0 处的导数，记为

$$\frac{\mathrm{d}y}{\mathrm{d}x}=\lim_{\Delta x\to 0}\frac{\Delta y}{\Delta x}=\lim_{\Delta x\to 0}\frac{y(x_0+\Delta x)-y(x_0)}{\Delta x}.$$

2.1.2 导数的几何意义

导数 $y'(x)$ 表示曲线在点$(x,\ y(x))$的切线的斜率，即 $y'(x)=\tan\alpha$，这里 α 是曲线在点$(x,y(x))$的切线与 x 轴正向的夹角.

注 **2.1** 导数不存在也可能存在切线.

2.1.3 单侧导数

若将导数定义中的极限改为左(右)极限，则得左(右)导数 $y'_-(x)$ $(y'_+(x))$. 左(右)可导点必是左(右)连续点. 显然，$y'(x)$ 存在$\Leftrightarrow y'_+(x)$ 与 $y'_-(x)$ 存在且相等.

2.1.4 特定点处导数的计算方法

(1) 利用导数定义：$y'(x_0)=\lim\limits_{\Delta x\to 0}\frac{y(x_0+\Delta x)-y(x_0)}{\Delta x}$，或 $y'(x_0)=\lim\limits_{x\to x_0}\frac{y(x)-y(x_0)}{x-x_0}$.

(2) 利用导函数 $y'(x)$，即 $y'(x_0)=y'(x)\big|_{x=x_0}$.

(3) 利用定理：设 $y'(x)$ 在 x_0 点附近(不包括 x_0 点本身)存在，又设 $y(x)$ 在 x_0 点连续且存在极限$\lim\limits_{x\to x_0}y'(x)=A$(包括$\infty$)，则 $y'(x_0)=A$.

例 **2.1** 设 $f(x)$ 在 $x=0$ 处的某邻域 $U(0,\delta)$ $(0<\delta<1)$ 内存在二阶导数，且

$f(0)=0$，$f'(0)=1$，$f''(0)=2$，并设

$$g(x)=\begin{cases}\dfrac{f(x)-\ln(1+x)}{x}, & x\neq 0,\\ 0, & x=0.\end{cases}$$

讨论 $g(x)$ 在 $x=0$ 处的可导性及导函数 $g'(x)$ 在 $x=0$ 处的连续性.

解　因为 $f(x)$ 在 $U(0,\delta)$ 内存在导数，故利用洛必达法则，有

$$\begin{aligned}g'(0)&=\lim_{x\to 0}\frac{g(x)-g(0)}{x}=\lim_{x\to 0}\frac{f(x)-\ln(1+x)}{x^2}\\&=\lim_{x\to 0}\frac{(1+x)f'(x)-1}{2x(1+x)}=\lim_{x\to 0}\frac{(1+x)(f'(x)-f'(0))+x}{2x(1+x)}\\&=\frac{1}{2}\lim_{x\to 0}\frac{f'(x)-f'(0)}{x-0}+\frac{1}{2}\lim_{x\to 0}\frac{1}{1+x}=\frac{1}{2}f''(0)+\frac{1}{2}\\&=\frac{3}{2}.\end{aligned}$$

当 $x\in U(0,\delta)$，$x\neq 0$ 时，有

$$g'(x)=\frac{(1+x)f'(x)-1}{x(1+x)}-\frac{f(x)-\ln(1+x)}{x^2},$$

因此

$$\begin{aligned}\lim_{x\to 0}g'(x)&=\lim_{x\to 0}\left(\frac{(1+x)f'(x)-1}{x(1+x)}-\frac{f(x)-\ln(1+x)}{x^2}\right)\\&=\lim_{x\to 0}\frac{(1+x)(f'(x)-f'(0))+x}{x(1+x)}-g'(0)\\&=f''(0)+1-g'(0)=\frac{3}{2}=g'(0),\end{aligned}$$

所以 $g'(x)$ 在 $x=0$ 处连续.

例 2.2　证明：$f(x)=\mathrm{e}^{-\frac{1}{x^2}}(x\neq 0)$，$f(0)=0$ 在 $(-\infty,+\infty)$ 上存在任意阶连续导数，并求 $f^{(n)}(0)$.

证　在 $x\neq 0$ 时，因为 $f(x)$ 是初等函数，故有任意阶连续导数. 下面只要证明 $f^{(n)}(x)$ 在 $x=0$ 点连续. 由于

$$f'(0)=\lim_{x\to 0}\frac{f(x)-f(0)}{x}=\lim_{x\to 0}\frac{1}{x}\mathrm{e}^{-\frac{1}{x^2}}=\lim_{t\to\infty}\frac{t}{\mathrm{e}^{t^2}}=0,$$

而当 $x\neq 0$ 时，$f'(x)=\dfrac{2\mathrm{e}^{-\frac{1}{x^2}}}{x^3}$，且

$$\lim_{x\to 0}f'(x)=2\lim_{x\to 0}\frac{\mathrm{e}^{-\frac{1}{x^2}}}{x^3}=2\lim_{t\to+\infty}\frac{t^3}{\mathrm{e}^{t^2}}=0.$$

故导数$f'(0)$在$x=0$点存在且连续.

当$x\neq 0$时，用数学归纳法可证：$f^{(n)}(x)=P_{3n}\left(\dfrac{1}{x}\right)\mathrm{e}^{-\frac{1}{x^2}}$，其中$P_{3n}(x)$是$x$的$3n$次多项式. 再用数学归纳法以及类似一阶导数情形的证法，可知$f^{(n)}(0)=0$，且$f^{(n)}(x)$在$x=0$点也连续.

例 2.3 若$f(x)$在$x=x_0$处成立$|f(x)-f(x_0)|\leqslant L|x-x_0|^M$. 试证明：当$M>1$时，$f(x)$在$x=x_0$处可导；当$M=1$时，$f(x)$在$x=x_0$处可能可导，也可能不可导.

证 当$M>1$时，由题设条件知

$$\frac{|f(x)-f(x_0)|}{|x-x_0|}\leqslant L|x-x_0|^{M-1},$$

由于$M-1>0$，故

$$\lim_{x\to x_0}\frac{|f(x)-f(x_0)|}{|x-x_0|}=0\Rightarrow\lim_{x\to x_0}\frac{f(x)-f(x_0)}{x-x_0}=0,$$

即$f'(x_0)=0$.

若$M=1$，反例$f(x)=|x|$，$x_0=0$满足题中条件，但是$f(x)$在$x_0=0$处不可导.

例 2.4 设$f(x)$在$[a,b]$上连续，$a<\alpha<\beta<b$，试证明：

$$\lim_{h\to 0}\frac{1}{h}\int_{\alpha}^{\beta}(f(x+h)-f(x))\mathrm{d}x=f(\beta)-f(\alpha).$$

证 因为

$$\begin{aligned}\int_{\alpha}^{\beta}(f(x+h)-f(x))\mathrm{d}x&=\int_{\alpha}^{\beta}f(x+h)\mathrm{d}x-\int_{\alpha}^{\beta}f(x)\mathrm{d}x\\&=\int_{\alpha+h}^{\beta+h}f(t)\mathrm{d}t-\int_{\alpha}^{\beta}f(x)\mathrm{d}x=\int_{\beta}^{\beta+h}f(x)\mathrm{d}x-\int_{\alpha}^{\alpha+h}f(x)\mathrm{d}x,\end{aligned}$$

利用积分中值定理，得到

$$\int_{\alpha}^{\beta}(f(x+h)-f(x))\mathrm{d}x=f(\xi)h-f(\eta)h,$$

其中ξ位于β与$\beta+h$之间，η位于α与$\alpha+h$之间，又因$f(x)$为连续函数，故$\lim\limits_{h\to 0}f(\xi)=f(\beta)$，$\lim\limits_{h\to 0}f(\eta)=f(\alpha)$，所以结论成立.

2.1.5 偏导数

设二元函数$z=z(x,y)$. 固定y(或x)，则$z=z(x,y)$可以视为x(或y)的一元函数，对此求的导数$z_x=\dfrac{\partial z}{\partial x}\left(或\ z_y=\dfrac{\partial z}{\partial y}\right)$称为$z$对$x$(或$y$)的偏导数.

从以上定义知，为求$z_x(x_0,y_0)$，如果可以，可先在$z=z(x,y)$中代入$y=y_0$，即$z_x(x_0,y_0)=(z(x_0,y_0))'_x|_{x=x_0}$.

例 2.5 设 $z=\begin{cases}\sqrt{|xy|}\sin\dfrac{1}{2x+3y}+\sin(3x+2y), & 2x+3y\neq 0,\\ 0, & 2x+3y=0,\end{cases}$ 求：$z_x(0,0)$，$z_y(0,0)$.

解 $z_x(0,0)=(z(x,0))'_x\big|_{x=0}=(\sin 3x)'_x\big|_{x=0}=3$,

$z_y(0,0)=(z(0,y))'_y\big|_{y=0}=(\sin 2y)'_y\big|_{y=0}=2$.

2.2 微分

2.2.1 一元函数

设 $y=y(x)$ 在 x 的某邻域内有定义，若 $\Delta y=A(x)\Delta x+o(\Delta x)$，则称 $f(x)$ 在 x 处可微，且称线性主部 $A(x)\Delta x$ 为 $y=y(x)$ 在 x 处的微分，记作 $dy=A(x)dx$.

注 2.2 函数 $y=y(x)$ 在 x 处可微的充分必要条件是函数 $y=y(x)$ 在 x 处可导，进一步有 $dy=y'(x)dx$.

注 2.3 如果 $y^{(n)}(x)$ 存在，n 阶微分被定义为 $d^n y=d(d^{n-1}y)=y^{(n)}(x)dx^n$，其中 $dx^n=(dx)^n$.

例 2.6 设 $f(x)$ 在 $x=0$ 处可微，$\varphi(x)=\begin{cases}x^2\cdot\sin\dfrac{1}{x}, & x\neq 0,\\ 0, & x=0.\end{cases}$ 证明：$f(\varphi(x))$ 在 $x=0$ 处可微.

证 因

$$\varphi'(0)=\lim_{x\to 0}\frac{\varphi(x)-\varphi(0)}{x}=\lim_{x\to 0}x\sin\frac{1}{x}=0,$$

故 $\varphi(x)$ 在 $x=0$ 处可微，且 $\varphi'(0)=0$，因此有

$$\varphi(\Delta x)=\varphi(\Delta x)-\varphi(0)=o(\Delta x).$$

又因为函数 $f(x)$ 在 $x=0$ 处可微，从而有

$$f(x)-f(0)=f'(0)x+o(x).$$

因此，我们有

$$f(\varphi(\Delta x))-f(\varphi(0))=f(o(\Delta x))-f(0)=f'(0)o(\Delta x)+o(\Delta x),$$

进一步有 $\lim\limits_{\Delta x\to 0}\dfrac{f(\varphi(\Delta x))-f(\varphi(0))}{\Delta x}=0$，所以 $f(\varphi(x))$ 在 $x=0$ 处可微.

2.2.2 多元函数

设 $z=z(x,y)$，全增量 $\Delta z=z(x+\Delta x,y+\Delta y)-z(x,y)$，这里 Δx，Δy 与 x，y 是完全无关的. 如果 Δz 可以表示为 $\Delta z=z_x\Delta x+z_y\Delta y+o(\sqrt{\Delta x^2+\Delta y^2})$，则称二元函数 $z=z(x,y)$ 在点 (x,y) 可微，而 $dz=z_x dx+z_y dy$ 被称为是函数 $z=z(x,y)$ 的一阶微

分($\Delta x=\mathrm{d}x,\Delta y=\mathrm{d}y,x,y$ 是自变量).

注 2.4 对于多元函数，可导(即所有的一阶偏导数存在)不足以说明可微；$f(x,y)$在(x_0,y_0)处可微的充分必要条件是

$$\lim_{\rho\to 0}\frac{1}{\rho}\left|f(x,y)-f(x_0,y_0)-f_x(x_0,y_0)(x-x_0)-f_y(x_0,y_0)(y-y_0)\right|=0\text{ 成立，}$$

其中$\rho=\sqrt{(x-x_0)^2+(y-y_0)^2}$；所有的一阶偏导数不仅存在而且连续时，函数必可微；$f_{xy}(x_0,y_0)$与$f_{yx}(x_0,y_0)$即使都存在也不一定相等，但若$f_{xy}(x,y)$与$f_{yx}(x,y)$在(x_0,y_0)的某邻域内连续，则$f_{xy}(x_0,y_0)=f_{yx}(x_0,y_0)$.

例 2.7 设$f_x(x_0,y_0)$存在，而$f_y(x,y)$在(x_0,y_0)的某邻域内连续，证明：$f(x,y)$在(x_0,y_0)处可微.

证 因

$$\begin{aligned}\Delta z&=f(x_0+\Delta x,y_0+\Delta y)-f(x_0,y_0)\\&=f(x_0+\Delta x,y_0+\Delta y)-f(x_0+\Delta x,y_0)+f(x_0+\Delta x,y_0)-f(x_0,y_0)\\&=f_y(x_0+\Delta x,y_0+\theta\Delta y)\Delta y+f_x(x_0,y_0)\Delta x+o(\Delta x)\\&=f_x(x_0,y_0)\Delta x+f_y(x_0,y_0)\Delta y+(f_y(x_0+\Delta x,y_0+\theta\Delta y)-f_y(x_0,y_0))\Delta y+o(\Delta x)\end{aligned}$$

及$\lim\limits_{\rho\to 0}\dfrac{o(\Delta x)}{\rho}=0$，又因为$f_y(x,y)$在$(x_0,y_0)$处连续，因此

$$\begin{aligned}&\lim_{\rho\to 0}\frac{1}{\rho}\left|\Delta z-f_x(x_0,y_0)\Delta x-f_y(x_0,y_0)\Delta y\right|\\=&\lim_{\rho\to 0}\frac{1}{\rho}\left|(f_y(x_0+\Delta x,y_0+\theta\Delta y)-f_y(x_0,y_0))\Delta y\right|\\\leqslant&\lim_{\rho\to 0}\left|f_y(x_0+\Delta x,y_0+\theta\Delta y)-f_y(x_0,y_0)\right|=0,\end{aligned}$$

即$f(x,y)$在(x_0,y_0)处可微.

例 2.8 对于下列函数，证明：$f(x,y)$在$(0,0)$处连续、可微，但$f_{xy}(0,0)\neq f_{yx}(0,0)$，

$$f(x,y)=\begin{cases}xy\dfrac{x^2+2y^2}{x^2+y^2}, & x^2+y^2\neq 0,\\0, & x^2+y^2=0.\end{cases}$$

解 因为

$$|f(x,y)-f(0,0)|=|xy|\frac{x^2+2y^2}{x^2+y^2}\leqslant 2|xy|\to 0\quad((x,y)\to(0,0)),$$

故$f(x,y)$在$(0,0)$处连续.

由于

$$f_x(0,y)=\lim_{\Delta x\to 0}\frac{f(\Delta x,y)-f(0,y)}{\Delta x}=\lim_{\Delta x\to 0}y\frac{(\Delta x)^2+2y^2}{(\Delta x)^2+y^2}=2y,$$

$$f_y(x,0)=\lim_{\Delta y\to 0}\frac{f(x,\Delta y)-f(x,0)}{\Delta y}=\lim_{\Delta x\to 0}x\frac{x^2+2(\Delta y)^2}{x^2+(\Delta y)^2}=x,$$

故 $f_x(0,0)=f_y(0,0)=0$，又

$$\lim_{\rho\to 0}\frac{1}{\rho}\left|f(x,y)-f(0,0)-f_x(0,0)x-f_y(0,0)y\right|$$

$$=\lim_{\rho\to 0}\frac{1}{\rho}\left|xy\right|\frac{x^2+2y^2}{x^2+y^2}\leqslant\lim_{\rho\to 0}\sqrt{x^2+y^2}=0,$$

因此 $f(x,y)$ 在 $(0,0)$ 处可微.

另外，$f_{xy}(0,0)=(f_x(0,y))'_y\big|_{y=0}=2$，用同样方法可以求出 $f_{yx}(0,0)=1$，所以 $f_{xy}(0,0)\neq f_{yx}(0,0)$.

注 2.5　若 $z=z(x,y)$ 存在所有的 n 阶连续偏导数，则 n 阶微分 $\mathrm{d}^n z\equiv\mathrm{d}(\mathrm{d}^{n-1}z)$ 也存在，且有 $\mathrm{d}^n z=\left(\mathrm{d}x\dfrac{\partial}{\partial x}+\mathrm{d}y\dfrac{\partial}{\partial y}\right)^n z$.

例 2.9　已知 $w=(ax+by+cz)^n$，求：$\mathrm{d}^n w$.

解　$u=ax+by+cz$ 是 x，y，z 的线性函数，故 $w=u^n$ 的 n 阶微分 $\mathrm{d}^n w$ 的形式不变，即

$$\mathrm{d}^n w=(u^n)_u^{(n)}(\mathrm{d}u)^n=n!(a\mathrm{d}x+b\mathrm{d}y+c\mathrm{d}z)^n.$$

2.2.3　一阶微分形式的不变性

一阶微分公式 $\mathrm{d}y=y'(u)\mathrm{d}u$ 及 $\mathrm{d}z=z_u\mathrm{d}u+z_v\mathrm{d}v$ 在 u，v 不是自变量时仍适用.

注 2.6　当 u，v 不是自变量时，$\mathrm{d}u\neq\Delta u$，$\mathrm{d}v\neq\Delta v$；对于多元函数二阶以上的微分一般不再具有不变性. 因为，$\mathrm{d}z=z_u\mathrm{d}u+z_v\mathrm{d}v$，注意到 $\mathrm{d}u$，$\mathrm{d}v$ 仍然是 x，y 的函数，故

$$\mathrm{d}^2 z=z_{uu}\mathrm{d}u^2+2z_{uv}\mathrm{d}u\mathrm{d}v+z_{vv}\mathrm{d}v^2+z_u\mathrm{d}^2u+z_v\mathrm{d}^2v.$$

只有当 $\mathrm{d}^2u=0$，$\mathrm{d}^2v=0$ 时，即 u，v 是自变量的线性函数时，二阶以及高阶微分仍具有不变性.

例 2.10　已知 $f(x,y,z)$ 可微，且 $x^2=vw$，$y^2=uw$，$z^2=uv$，求证：

$$x\frac{\partial f}{\partial x}+y\frac{\partial f}{\partial y}+z\frac{\partial f}{\partial z}=u\frac{\partial f}{\partial u}+v\frac{\partial f}{\partial v}+w\frac{\partial f}{\partial w}.$$

证　**方法 1**　不妨设 $x=\sqrt{vw}$，$y=\sqrt{uw}$，$z=\sqrt{uv}$，那么

$$u\frac{\partial f}{\partial u}=u\frac{\partial f}{\partial y}\frac{\partial y}{\partial u}+u\frac{\partial f}{\partial z}\frac{\partial z}{\partial u}=u\frac{\partial f}{\partial y}\frac{\sqrt{w}}{2\sqrt{u}}+u\frac{\partial f}{\partial z}\frac{\sqrt{v}}{2\sqrt{u}}=\frac{1}{2}\left(y\frac{\partial f}{\partial y}+z\frac{\partial f}{\partial z}\right),$$

同样可得

$$v\frac{\partial f}{\partial v}=\frac{1}{2}\left(x\frac{\partial f}{\partial x}+z\frac{\partial f}{\partial z}\right),\quad w\frac{\partial f}{\partial w}=\frac{1}{2}\left(x\frac{\partial f}{\partial x}+y\frac{\partial f}{\partial y}\right).$$

所以

$$x\frac{\partial f}{\partial x}+y\frac{\partial f}{\partial y}+z\frac{\partial f}{\partial z}=u\frac{\partial f}{\partial u}+v\frac{\partial f}{\partial v}+w\frac{\partial f}{\partial w}.$$

方法 2 把 u, v, w 当作自变量，利用一阶微分形式不变性. 设 $F=f(x,y,z)$，则

$$\mathrm{d}F=f_u\mathrm{d}u+f_v\mathrm{d}v+f_w\mathrm{d}w=f_x\mathrm{d}x+f_y\mathrm{d}y+f_z\mathrm{d}z. \tag{2-1}$$

对式(2-1)中，当 $\mathrm{d}u=u$，$\mathrm{d}v=v$，$\mathrm{d}w=w$ 时，有 $\mathrm{d}(x^2)=v\mathrm{d}w+w\mathrm{d}v=2vw=2x^2$，从而 $\mathrm{d}x=x$. 类似可得 $\mathrm{d}y=y$，$\mathrm{d}z=z$，将这些关系式代入式(2-1)则问题获证.

2.3 求导数方法

2.3.1 基本求导公式

基本初等函数的求导公式、导数的四则运算公式、参变量函数求导公式以及公式

$$\left(\int_a^x f(t)\,\mathrm{d}t\right)_x'=f(x),\quad\left(\int_x^b f(t)\,\mathrm{d}t\right)_x'=-f(x)\quad(f(x)\text{为连续函数})$$

应该熟练掌握.

例 2.11 设 $\begin{cases}x=2t+|t|,\\ y=5t^2+4t|t|+2t+|t|,\end{cases}$ 求：$\left.\dfrac{\mathrm{d}y}{\mathrm{d}x}\right|_{t=0}$.

解 当 $t>0$ 时，有 $\begin{cases}x=3t,\\ y=9t^2+3t,\end{cases}$ 故 $\lim\limits_{\Delta x\to0^+}\dfrac{\Delta y}{\Delta x}=\lim\limits_{\Delta t\to0^+}\dfrac{9(\Delta t)^2+3\Delta t}{3\Delta t}=1$；当 $t<0$ 时，有 $\begin{cases}x=t,\\ y=t^2+t,\end{cases}$ 故 $\lim\limits_{\Delta x\to0^-}\dfrac{\Delta y}{\Delta x}=\lim\limits_{\Delta t\to0^-}\dfrac{(\Delta t)^2+\Delta t}{\Delta t}=1$，所以$\left.\dfrac{\mathrm{d}y}{\mathrm{d}x}\right|_{t=0}=1$.

例 2.12 设 $\begin{cases}x=t\cos t+x\mathrm{e}^y,\\ y=t\mathrm{e}^t+2y\mathrm{e}^x-1,\end{cases}$ 求：$\left.\dfrac{\mathrm{d}y}{\mathrm{d}x}\right|_{t=0}$.

解 令 $t=0$，得到 $x=0$，$y=1$. 从

$$\begin{cases}x=t\cos t+x\mathrm{e}^y,\\ y=t\mathrm{e}^t+2y\mathrm{e}^x-1.\end{cases}$$

得到

$$\begin{cases}\mathrm{d}x=\cos t\mathrm{d}t-t\sin t\mathrm{d}t+\mathrm{e}^y\mathrm{d}x+x\mathrm{e}^y\mathrm{d}y,\\ \mathrm{d}y=\mathrm{e}^t\mathrm{d}t+t\mathrm{e}^t\mathrm{d}t+2\mathrm{e}^x\mathrm{d}y+2y\mathrm{e}^x\mathrm{d}x.\end{cases}$$

利用 $t=0$ 和 $x=0$，$y=1$ 得到

$$\begin{cases} dx = dt + e dx, \\ dy = dt + 2dy + 2dx. \end{cases}$$

进一步有$\left.\dfrac{dy}{dx}\right|_{t=0} = e-3.$

例 2.13　设$f(x)$连续且可微，求函数$I(x) = \int_0^x sf'(x-s)\,ds$的导数.

解　作变量代换$t = x-s$，有

$$I(x) = \int_x^0 (x-t)f'(t)(-dt) = \int_0^x (x-t)f'(t)\,dt = x\int_0^x f'(t)\,dt - \int_0^x tf'(t)\,dt.$$

于是

$$\begin{aligned} I'(x) &= \int_0^x f'(t)\,dt + x\left(\int_0^x f'(t)\,dt\right)' - \left(\int_0^x tf'(t)\,dt\right)' \\ &= \int_0^x f'(t)\,dt + xf'(x) - xf'(x) = f(x) - f(0). \end{aligned}$$

例 2.14　将下列方程组极坐标化：$\begin{cases} \dfrac{dx}{dt} = y + a(x^2+y^2)x, \\ \dfrac{dy}{dt} = -x + a(x^2+y^2)y, \end{cases}$ 其中 a 为常数.

解　设$x = r\cos\theta$，$y = r\sin\theta$，由于$x = x(t)$，$y = y(t)$是t的函数，这样$r = r(t)$，$\theta = \theta(t)$. 首先

$$x dx + y dy = r dr,\ \frac{x dy - y dx}{x^2+y^2} = d\theta,$$

即

$$r dr = x dx + y dy,\ r^2 d\theta = x dy - y dx.$$

而

$$\frac{dx}{dt} = r\sin\theta + ar^3\cos\theta,\ \frac{dy}{dt} = -r\cos\theta + ar^3\sin\theta,$$

因此

$$r\frac{dr}{dt} = x\frac{dx}{dt} + y\frac{dy}{dt} = ar^4,\ r^2\frac{d\theta}{dt} = x\frac{dy}{dt} - y\frac{dx}{dt} = -r^2.$$

所以原方程组在极坐标下化为$\begin{cases} \dfrac{dr}{dt} = ar^3, \\ \dfrac{d\theta}{dt} = -1. \end{cases}$

例 2.15　用$y = u(e^x)$来变换微分方程$y'' - (2e^x+1)y' + e^{2x}y = e^{3x}$，并求此方程

的通解.

解　令 $t=e^x$. 因为

$$y'_x=u'(t)e^x=tu'(t),$$
$$y''_x=u''(t)e^{2x}+u'(t)e^x=u''(t)t^2+u'(t)t,$$

将 y'_x，y''_x 代入原方程 $y''-(2e^x+1)y'+e^{2x}y=e^{3x}$，可得 $u''_t-2u'_t+u=t$. 解此二阶常系数线性微分方程得通解

$$u(t)=(C_1+C_2t)e^t+t+2,$$

所以 $y(x)=u(e^x)=(C_1+C_2e^x)e^{e^x}+e^x+2$.

2.3.2　高阶导数

(1) 简单函数的乘积：$(uv)^{(n)}=u^{(n)}v+C_n^1u^{(n-1)}v'+C_n^2u^{(n-2)}v''+\cdots+uv^{(n)}$——莱布尼茨(Leibniz)公式.

例 2.16　求$((x+1)^ne^{x^2})^{(n)}\big|_{x=-1}$.

解　利用莱布尼茨公式，有

$$((x+1)^ne^{x^2})^{(n)}=n!e^{x^2}+C_n^1n!(x+1)2xe^{x^2}+\cdots+(x+1)^n(e^{x^2})^{(n)},$$

故 $((x+1)^ne^{x^2})^{(n)}\big|_{x=-1}=n!e$.

(2) 利用幂级数展开式求$f^{(n)}(x)$：若已知幂级数$f(x)=\sum\limits_{n=0}^{\infty}a_n(x-x_0)^n$，则 $f^{(n)}(x_0)=n!a_n$.

(3) 利用欧拉(Euler)公式 $e^{ix}=\cos x+i\sin x$.

例 2.17　设 $y=\arctan x$，求 $y^{(n)}(0)$.

解　由于

$$\begin{aligned}\arctan x&=\int_0^x\frac{dt}{1+t^2}=\int_0^x(1-t^2+t^4-\cdots+(-1)^nt^{2n}+\cdots)dt\\&=x-\frac{x^3}{3}+\frac{x^5}{5}-\cdots,\quad -1<x<1.\end{aligned}$$

因此

$$y^{(2n)}(0)=0,\ y^{(2n+1)}(0)=(2n+1)!\frac{(-1)^n}{2n+1}=(-1)^n(2n)!.$$

例 2.18　求：$\left(\dfrac{1}{1+x^2}\right)^{(n)}$.

解　因为$\dfrac{1}{1+x^2}=\dfrac{1}{2i}\left(\dfrac{1}{x-i}-\dfrac{1}{x+i}\right)$，进一步

$$((x\pm i)^{-1})^{(n)}=(-1)(-2)\cdots(-n)(x\pm i)^{-n-1}.$$

又

$$x+\mathrm{i}=\sqrt{1+x^2}\left(\frac{x}{\sqrt{1+x^2}}+\mathrm{i}\frac{1}{\sqrt{1+x^2}}\right)=\sqrt{1+x^2}(\cos\theta+\mathrm{i}\sin\theta)=\sqrt{1+x^2}\,\mathrm{e}^{\mathrm{i}\theta},$$

其中 $\theta=\operatorname{arccot}x$，那么

$$((x+\mathrm{i})^{-1})^{(n)}=(-1)^n n!(1+x^2)^{-\frac{n+1}{2}}(\cos(n+1)\theta-\mathrm{i}\sin(n+1)\theta),$$

因此

$$((x\pm\mathrm{i})^{-1})^{(n)}=(-1)^n n!(1+x^2)^{-\frac{n+1}{2}}(\cos(n+1)\theta\mp\mathrm{i}\sin(n+1)\theta),$$

所以

$$\left(\frac{1}{1+x^2}\right)^{(n)}=\frac{(-1)^n n!\sin[(n+1)\operatorname{arccot}x]}{(1+x^2)^{\frac{n+1}{2}}}.$$

例 **2.19**　求 $(\mathrm{e}^x\sin x)^{(n)}$.

解　**方法 1**　$\mathrm{e}^x\sin x$ 是 $\mathrm{e}^x(\cos x+\mathrm{i}\sin x)=\mathrm{e}^{(1+\mathrm{i})x}$ 的虚部，故

$$(\mathrm{e}^x\sin x)^{(n)}=\operatorname{Im}((1+\mathrm{i})^n\mathrm{e}^{(1+\mathrm{i})x})=2^{\frac{n}{2}}\mathrm{e}^x\sin\left(\frac{n\pi}{4}+x\right).$$

方法 2　$f'(x)=\mathrm{e}^x(\cos x+\sin x)=\sqrt{2}\,\mathrm{e}^x\sin\left(x+\frac{\pi}{4}\right)$,

$$f''(x)=\sqrt{2}\,\mathrm{e}^x\left(\sin\left(x+\frac{\pi}{4}\right)+\cos\left(x+\frac{\pi}{4}\right)\right)=(\sqrt{2})^2\mathrm{e}^x\sin\left(x+\frac{2\pi}{4}\right),$$

用归纳法可以证明

$$f^{(n)}(x)=(\sqrt{2})^n\mathrm{e}^x\sin\left(x+\frac{n\pi}{4}\right).$$

例 **2.20**　设 $y=\arcsin^2 x$.（1）求证：$(1-x^2)y''-xy'=2$；（2）求 $y^{(n)}(0)$.

（1）证　因 $y'=\frac{2\arcsin x}{\sqrt{1-x^2}}$，即有 $(1-x^2)(y')^2=4y$.

对上式两边关于 x 求导，得

$$2y'y''(1-x^2)-2x(y')^2=4y' \text{或} (1-x^2)y''-xy'=2.$$

（2）解　因为 $y(0)=0$，从第(1)问的证明过程中可得 $y'(0)=0$，$y''(0)=2$，对 $(1-x^2)y''-xy'=2$ 两边关于 x 求 n 阶导数，利用莱布尼茨公式得

$$(1-x^2)y^{(n+2)}-2nxy^{(n+1)}-n(n-1)y^{(n)}-xy^{(n+1)}-ny^{(n)}=0.$$

令 $x=0$，得到 $y^{(n+2)}(0)=n^2y^{(n)}(0)(n\geqslant 1)$. 因此

$$y^{(2n+1)}(0)=0, n=1,2,\cdots,$$
$$y^{(2n)}(0)=2((2n-2)!!)^2, n=1,2,\cdots.$$

例 **2.21**　求数 $a_{ij}(i,j=1,2,3)$，使得 $M=\sum\limits_{i=1}^{3}\left(\frac{\partial f}{\partial x_i}\right)^2$ 和 $N=\sum\limits_{i=1}^{3}\frac{\partial^2 f}{\partial x_i^2}$ 在自变量代

换 $x_i=\sum\limits_{j=1}^{3}a_{ij}y_j(i=1,2,3)$，对一切二阶可微函数 f 都形式不变.

解　即要求 a_{ij}，使下面两式成立：

$$\sum_{i=1}^{3}\left(\frac{\partial f}{\partial x_i}\right)^2=\sum_{i=1}^{3}\left(\frac{\partial f}{\partial y_i}\right)^2,\quad \sum_{i=1}^{3}\frac{\partial^2 f}{\partial x_i^2}=\sum_{i=1}^{3}\frac{\partial^2 f}{\partial y_i^2}. \tag{2-2}$$

方法 1　将 $x_i=\sum\limits_{j=1}^{3}a_{ij}y_j(i=1,2,3)$ 代入 M 及 N. 因为

$$\frac{\partial f}{\partial y_i}=\sum_{j=1}^{3}\frac{\partial f}{\partial x_j}a_{ji},\quad 或\quad \frac{\partial f}{\partial \boldsymbol{y}}=\boldsymbol{A}^{\mathrm{T}}\frac{\partial f}{\partial \boldsymbol{x}},\ 其中\ \boldsymbol{A}=(a_{ij}).$$

从而

$$\sum_{i=1}^{3}\left(\frac{\partial f}{\partial y_i}\right)^2=\frac{\partial f}{\partial \boldsymbol{y}}\cdot\frac{\partial f}{\partial \boldsymbol{y}}=\left(\frac{\partial f}{\partial \boldsymbol{x}}\right)^{\mathrm{T}}\boldsymbol{A}\boldsymbol{A}^{\mathrm{T}}\frac{\partial f}{\partial \boldsymbol{x}}.$$

所以，当 $\boldsymbol{A}=(a_{ij})$ 为正交矩阵时，符合要求.

方法 2　取特殊函数 $f=x_nx_m$ 代入 $N=\sum\limits_{i=1}^{3}\frac{\partial^2 f}{\partial x_i^2}$，可得

$$a_{n1}a_{m1}+a_{n2}a_{m2}+a_{n3}a_{m3}=\delta_{nm}=\begin{cases}1, & n=m,\\ 0, & n\neq m.\end{cases}$$

故 (a_{ij}) 是正交矩阵. 反之，当 (a_{ij}) 是正交矩阵时，用复合函数求导法不难验证式(2-2)成立. 故只要 (a_{ij}) 是正交矩阵便符合题目要求.

例 2.22　设 $f(x)$ 在 $x=0$ 处连续，并且 $\lim\limits_{x\to0}\frac{f(2x)-f(x)}{x}=A$，求证：$f'(0)$ 存在，且 $f'(0)=A$.

证　因为 $\lim\limits_{x\to0}\frac{f(2x)-f(x)}{x}=A$，那么对任意 $\varepsilon>0$，存在 $\delta>0$，当 $0<|x|<\delta$ 时，有

$$A-\varepsilon<\frac{f(2x)-f(x)}{x}<A+\varepsilon. \tag{2-3}$$

因 $0<\left|\frac{x}{2}\right|<\delta$，故从式(2-3)可得

$$A-\varepsilon<\frac{f(x)-f\left(\frac{x}{2}\right)}{\frac{x}{2}}<A+\varepsilon,$$

即

$$\frac{1}{2}(A-\varepsilon)<\frac{f(x)-f\left(\frac{x}{2}\right)}{x}<\frac{1}{2}(A+\varepsilon).$$

重复上述方法 n 步可得

$$\frac{1}{2^n}(A-\varepsilon)<\frac{f\left(\frac{x}{2^{n-1}}\right)-f\left(\frac{x}{2^n}\right)}{x}<\frac{1}{2^n}(A+\varepsilon).$$

对上面各式左右对应相加，可得到

$$\left(\frac{1}{2}+\frac{1}{2^2}+\cdots+\frac{1}{2^n}\right)(A-\varepsilon)<\frac{f(x)-f\left(\frac{x}{2^n}\right)}{x}<\left(\frac{1}{2}+\frac{1}{2^2}+\cdots+\frac{1}{2^n}\right)(A+\varepsilon).\quad(2\text{-}4)$$

令 $n\to\infty$，由于 $f(x)$ 在 $x=0$ 处连续，从式(2-4)得到

$$A-\varepsilon\leqslant\frac{f(x)-f(0)}{x}\leqslant A+\varepsilon,$$

所以

$$\lim_{x\to0}\frac{f(x)-f(0)}{x}=A.$$

例 2.23　已知 $f'(x)=k\mathrm{e}^x$，k 是不为零的常数，求 $f(x)$ 的反函数的 n 阶导数.

解　设 $y=f(x)$，则 $\frac{\mathrm{d}x}{\mathrm{d}y}=\frac{1}{\frac{\mathrm{d}y}{\mathrm{d}x}}=\frac{1}{k\mathrm{e}^x}$.

进一步有 $\frac{\mathrm{d}^2x}{\mathrm{d}y^2}=\frac{\mathrm{d}\left(\frac{\mathrm{d}x}{\mathrm{d}y}\right)}{\mathrm{d}y}=\frac{\frac{\mathrm{d}}{\mathrm{d}x}\left(\frac{\mathrm{d}x}{\mathrm{d}y}\right)}{\frac{\mathrm{d}y}{\mathrm{d}x}}=-\frac{1}{k^2\mathrm{e}^{2x}}$. 利用数学归纳法可得

$$\frac{\mathrm{d}^nx}{\mathrm{d}y^n}=(-1)^{n-1}\frac{(n-1)!}{k^n\mathrm{e}^{nx}}.$$

例 2.24　计算 $\mathrm{d}^n(x^2\ln x)$，其中 x 为自变量，且 $x>0$.

解　令 $y=x^2\ln x$，则

$$y'=2x\ln x+x,\ y''=2\ln x+3,\ y'''=2x^{-1},\ \cdots,$$
$$y^{(n)}=2(-1)(-2)\cdots(-(n-3))x^{-(n-2)},\ n\geqslant3.$$

所以

$$\mathrm{d}^n(x^2\ln x)=\begin{cases}x(2\ln x+1)\mathrm{d}x, & n=1,\\(2\ln x+3)\mathrm{d}x^2, & n=2,\\(-1)^{n-3}2\cdot(n-3)!x^{2-n}\mathrm{d}x^n, & n\geqslant3.\end{cases}$$

2.4 能力提升

例 2.25 已知$\frac{\partial^2 W}{\partial x^2}+\frac{\partial^2 W}{\partial y^2}=x^2+y^2, u=x^2-y^2, v=2xy$，且 $x^2+y^2\neq 0$，试求：$\frac{\partial^2 W}{\partial u^2}+\frac{\partial^2 W}{\partial v^2}$的表达式.

解 因为 $u=x^2-y^2$，$v=2xy$，故

$$\frac{\partial W}{\partial x}=\frac{\partial W}{\partial u}\frac{\partial u}{\partial x}+\frac{\partial W}{\partial v}\frac{\partial v}{\partial x}=2x\frac{\partial W}{\partial u}+2y\frac{\partial W}{\partial v},$$

$$\frac{\partial^2 W}{\partial x^2}=4x^2\frac{\partial^2 W}{\partial u^2}+4xy\frac{\partial^2 W}{\partial u\partial v}+2\frac{\partial W}{\partial u}+4xy\frac{\partial^2 W}{\partial u\partial v}+4y^2\frac{\partial^2 W}{\partial v^2},$$

$$\frac{\partial W}{\partial y}=\frac{\partial W}{\partial u}\frac{\partial u}{\partial y}+\frac{\partial W}{\partial v}\frac{\partial v}{\partial y}=-2y\frac{\partial W}{\partial u}+2x\frac{\partial W}{\partial v},$$

$$\frac{\partial^2 W}{\partial y^2}=4y^2\frac{\partial^2 W}{\partial u^2}-4xy\frac{\partial^2 W}{\partial u\partial v}-2\frac{\partial W}{\partial u}-4xy\frac{\partial^2 W}{\partial u\partial v}+4x^2\frac{\partial^2 W}{\partial v^2},$$

因此将$\frac{\partial^2 W}{\partial x^2}$和$\frac{\partial^2 W}{\partial y^2}$代入$\frac{\partial^2 W}{\partial x^2}+\frac{\partial^2 W}{\partial y^2}=x^2+y^2$，可以得到$\frac{\partial^2 W}{\partial u^2}+\frac{\partial^2 W}{\partial v^2}=\frac{1}{4}$.

例 2.26 设$f(x,y)=\begin{cases} g(x,y)\sin\frac{1}{\sqrt{x^2+y^2}}, & x^2+y^2\neq 0, \\ 0, & x^2+y^2=0. \end{cases}$ 证明：若 $g(0,0)=0$，$g(x,y)$在$(0,0)$处可微，且 $dg(0,0)=0$，则$f(x,y)$在$(0,0)$处可微，且 $df(0,0)=0$.

证 由于$g(x,y)$在$(0,0)$处可微，且 $dg(0,0)=0$，故 $g_x(0,0)=g_y(0,0)=0$，且

$$\lim_{\rho\to 0}\frac{1}{\rho}(g(x,y)-g(0,0)-g_x(0,0)x-g_y(0,0)y)=0.$$

又

$$f_x(0,0)=\lim_{x\to 0}\frac{f(x,0)-f(0,0)}{x}=\lim_{x\to 0}\frac{g(x,0)-g(0,0)}{x}\sin\frac{1}{|x|}=0,$$

同样可得$f_y(0,0)=0$. 另一方面，

$$\begin{aligned}&\lim_{\rho\to 0}\frac{1}{\rho}(f(x,y)-f(0,0)-f_x(0,0)x-f_y(0,0)y)\\&=\lim_{\rho\to 0}\frac{1}{\rho}g(x,y)\sin\frac{1}{\sqrt{x^2+y^2}}\\&=\lim_{\rho\to 0}\frac{1}{\rho}(g(x,y)-g(0,0)-g_x(0,0)x-g_y(0,0)y)\sin\frac{1}{\sqrt{x^2+y^2}}\\&=0.\end{aligned}$$

所以 $f(x,y)$ 在 $(0,0)$ 处可微，且 $df(0,0)=0$.

例 **2.27**　设 $u=f(z)$，而 $z=x+y\phi(z)$，$f(t)$ 和 $\phi(t)$ 具有无穷次可微，证明

$$\frac{\partial^n u}{\partial y^n}=\frac{\partial^{n-1}}{\partial x^{n-1}}\left((\phi(z))^n\frac{\partial u}{\partial x}\right),n\geqslant 1.$$

证　从 $u=f(z)$ 知 $\frac{\partial u}{\partial x}=f'(z)\frac{\partial z}{\partial x}$ 和 $\frac{\partial u}{\partial y}=f'(z)\frac{\partial z}{\partial y}$；从 $z=x+y\phi(z)$ 得到

$$\frac{\partial z}{\partial y}=\frac{\phi(z)}{1-y\phi'(z)},\quad \frac{\partial z}{\partial x}=\frac{1}{1-y\phi'(z)},\tag{2-5}$$

故

$$\frac{\partial u}{\partial x}=\frac{f'(z)}{1-y\phi'(z)},\quad \frac{\partial u}{\partial y}=\frac{\phi(z)f'(z)}{1-y\phi'(z)}.\tag{2-6}$$

因此当 $n=1$ 时，结论成立. 假设对 n 时，结论成立，即有

$$\frac{\partial^n u}{\partial y^n}=\frac{\partial^{n-1}}{\partial x^{n-1}}\left((\phi(z))^n\frac{\partial u}{\partial x}\right).$$

由于

$$\begin{aligned}\frac{\partial^{n+1} u}{\partial y^{n+1}}&=\frac{\partial}{\partial y}\left(\frac{\partial^n u}{\partial y^n}\right)=\frac{\partial}{\partial y}\left(\frac{\partial^{n-1}}{\partial x^{n-1}}\left((\phi(z))^n\frac{\partial u}{\partial x}\right)\right)=\frac{\partial^{n-1}}{\partial x^{n-1}}\left(\frac{\partial}{\partial y}\left((\phi(z))^n\frac{\partial u}{\partial x}\right)\right)\\&=\frac{\partial^{n-1}}{\partial x^{n-1}}\left(n\phi^{n-1}(z)\phi'(z)\frac{\partial z}{\partial y}\frac{\partial u}{\partial x}+\phi^n(z)\frac{\partial^2 u}{\partial x\partial y}\right),\end{aligned}\tag{2-7}$$

$$\begin{aligned}\frac{\partial^n}{\partial x^n}\left(\phi^{n+1}(z)\frac{\partial u}{\partial x}\right)&=\frac{\partial^{n-1}}{\partial x^{n-1}}\left(\frac{\partial}{\partial x}\left(\phi^{n+1}(z)\frac{\partial u}{\partial x}\right)\right)\\&=\frac{\partial^{n-1}}{\partial x^{n-1}}\left((n+1)\phi^n(z)\phi'(z)\frac{\partial \phi}{\partial x}\frac{\partial u}{\partial x}+\phi^{n+1}(z)\frac{\partial^2 u}{\partial x^2}\right)\\&=\frac{\partial^{n-1}}{\partial x^{n-1}}\left(n\phi^{n-1}(z)\phi'(z)\frac{\partial z}{\partial y}\frac{\partial u}{\partial x}+\phi^n(z)\frac{\partial^2 u}{\partial x^2}\right).\end{aligned}\tag{2-8}$$

另一方面，从式(2-5)和式(2-6)可得

$$\frac{\partial^2 u}{\partial x^2}=\frac{f''(z)}{(1-y\phi'(z))^2}+\frac{yf'(z)\phi''(z)}{(1-y\phi'(z))^3},\tag{2-9}$$

$$\frac{\partial^2 u}{\partial x\partial y}=\frac{\phi(z)f''(z)+f'(z)\phi'(z)}{(1-y\phi'(z))^2}+\frac{y\phi(z)f'(z)\phi''(z)}{(1-y\phi'(z))^3}.\tag{2-10}$$

将式(2-9)代入式(2-8)、式(2-10)代入式(2-7)得到

$$\frac{\partial^{n+1} u}{\partial y^{n+1}}=\frac{\partial^n}{\partial x^n}\left(\phi^{n+1}(z)\frac{\partial u}{\partial x}\right),$$

故结论成立.

例 2.28　设$f_n(x)=x^{n-1}e^{\frac{1}{x}}$，求：$f_n^{(n)}(x)$.

解　因为$f_1(x)=e^{\frac{1}{x}}$，故$f_1'(x)=-\frac{1}{x^2}e^{\frac{1}{x}}$；

由于$f_2(x)=xe^{\frac{1}{x}}$，故$f_2'(x)=e^{\frac{1}{x}}-\frac{1}{x}e^{\frac{1}{x}}$，$f_2''(x)=\frac{1}{x^3}e^{\frac{1}{x}}$；

又$f_3(x)=x^2e^{\frac{1}{x}}$，故$f_3'(x)=2xe^{\frac{1}{x}}-e^{\frac{1}{x}}$，$f_3''(x)=2e^{\frac{1}{x}}-\frac{2}{x}e^{\frac{1}{x}}+\frac{1}{x^2}e^{\frac{1}{x}}$，

$$f_3'''(x)=-\frac{1}{x^4}e^{\frac{1}{x}}=(-1)^3\frac{1}{x^4}e^{\frac{1}{x}}.$$

运用归纳法可得$f_n^{(n)}(x)=(-1)^n\frac{1}{x^{n+1}}e^{\frac{1}{x}}$.

例 2.29　设$f(x)$在$(-\infty,+\infty)$上具有二阶连续导数，$|f(x)|\leqslant 1, f^2(0)+(f'(0))^2=4$，证明：存在$x_0$，使得$f(x_0)+f''(x_0)=0$.

证　**方法 1**　根据拉格朗日(Lagrange)中值定理知，存在$x_1\in(0,2)$和$x_2\in(-2,0)$，使得

$$f'(x_1)=\frac{f(2)-f(0)}{2}$$

和

$$f'(x_2)=\frac{f(-2)-f(0)}{-2},$$

而且有$|f'(x_1)|\leqslant 1$和$|f'(x_2)|\leqslant 1$. 设$F(x)=(f(x))^2+(f'(x))^2$，那么

$$F(x_1)=(f(x_1))^2+(f'(x_1))^2\leqslant 2,\ F(x_2)\leqslant 2.$$

而$F(0)=4$，因此在(x_1,x_2)内有局部极大值，即存在$x_0\in(x_1,x_2)$，使得$F'(x_0)=0$，且$F(x_0)\geqslant 4$.

又

$$F'(x)=2f'(x)(f(x)+f''(x)),$$

且

$$F'(x_0)=2f'(x_0)(f(x_0)+f''(x_0))=0.$$

若$f(x_0)+f''(x_0)\neq 0$，而$f'(x_0)=0$，便有

$$F(x_0)=(f(x_0))^2+(f'(x_0))^2=(f(x_0))^2\leqslant 1,$$

这与$F(x_0)\geqslant 4$矛盾. 故必有$f(x_0)+f''(x_0)=0$.

方法 2　设$F(x)=(f(x))^2+(f'(x))^2$，因$F(0)=4$，$|f(x)|\leqslant 1$，故有$|f'(0)|\geqslant\sqrt{3}$. 不妨设$f'(0)\geqslant\sqrt{3}$.

(1) 若$f(0)+f''(0)=0$，则证明结束.

(2) 若 $f(0)+f''(0)=A$(不妨设 $A>0$)，由连续性知，存在 $\delta>0$，使得对任意 $x\in(0,\delta)$，有 $f'(x)>1, f(x)+f''(x)>\dfrac{A}{2}$，则对于任意 $x\in(0,\delta)$，有

$$F(x)-F(0)=2f'(\xi)(f(\xi)+f''(\xi))>A,$$

或

$$F(x)>4+A, \tag{2-11}$$

说明 $F(0)$ 不是 $F(x)$ 的最大值.

(3) 证明　不存在 $X>0$，使得当 $x>X$ 时，有 $F(x)>4$.

若不然，设存在 x_1，使得当 $x>x_1$ 时，有 $F(x)>4$. 因 $|f(x)|\leqslant 1$，故 $|f'(x)|\geqslant\sqrt{3}$. 若 $f'(x)\geqslant\sqrt{3}$，则

$$f(x)-f(x_1)=f'(\mu)(x-x_1)>\sqrt{3}(x-x_1)\to+\infty\quad(x\to+\infty),$$

若 $f'(x)\leqslant-\sqrt{3}$，则

$$f(x)-f(x_1)=f'(\mu)(x-x_1)<-\sqrt{3}(x-x_1)\to-\infty\quad(x\to+\infty),$$

都与 $|f(x)|\leqslant 1$ 矛盾.

(4) 由步骤(3)的证明过程知存在 x_2，使得

$$F(x_2)\leqslant 4. \tag{2-12}$$

由式(2-11)和式(2-12)知必存在 $x_0\in(0,x_2)$，使得 $F(x_0)=\max\limits_{0\leqslant x\leqslant x_2}F(x)>4$，且 $F'(x_0)=0$.

又 $F'(x)=2f'(x)(f(x)+f''(x))$，因此 $F'(x_0)=2f'(x_0)(f(x_0)+f''(x_0))=0$.

若 $f(x_0)+f''(x_0)\neq 0$，而 $f'(x_0)=0$，从而有

$$F(x_0)=(f(x_0))^2+(f'(x_0))^2=(f(x_0))^2\leqslant 1,$$

这与 $F(x_0)\geqslant 4$ 矛盾. 故必有 $f(x_0)+f''(x_0)=0$.

例 2.30　对于 $a, b\in\mathbf{R}$，$p\geqslant 2$，则成立

$$|a+b|^p\geqslant|a|^p+|b|^p-p|a|^{p-1}|b|-p|b|^{p-1}|a|. \tag{2-13}$$

证　若 a，b 有一为零，则结论显然成立. 设 $ab\neq 0$，不妨设 $|a|>|b|$.

(1) $a>0$，$b>0$，式(2-13)$\Leftrightarrow(1+x)^p\geqslant 1+x^p-px-px^{p-1}$，$x\in(0,1)$；

(2) $a>0$，$b<0$，式(2-13)$\Leftrightarrow(1-x)^p\geqslant 1+x^p-px-px^{p-1}$，$x\in(0,1)$.

由于 $(1+x)^p\geqslant(1-x)^p$，$x\in(0, 1)$，故只要证明情况(2).

令

$$f(x)=(1-x)^p-1-x^p+px+px^{p-1},\ x\in(0,1),$$

故 $f(0)=0$. 又对 $x\in(0,1)$，有

$$\begin{aligned}f'(x)&=-p(1-x)^{p-1}-px^{p-1}+p+p(p-1)x^{p-2}\\&=p(1-(1-x)^{p-1}-x^{p-1})+p(p-1)x^{p-2}\end{aligned}$$

$$\geqslant p(1-(1-x)-x)+p(p-1)x^{p-2}>0.$$

因此结论成立.

例 2.31　设 $x>0$，$y>0$，试证明：$x^y+y^x>1$.

证　**方法 1**　当 x，y 有一个大于 1 时，结论显然成立. 下面仅考虑 $0<x<1$，$0<y<1$ 的情况，令 $t=1-x$，$s=1-y$，考虑函数 $f(u)=(1-tu)^s(0\leqslant u\leqslant 1)$，利用微分中值定理有

$$f(1)-f(0)=f'(u_0),$$

即

$$(1-t)^s-1=-\frac{st}{(1-tu_0)^{1-s}}<-st \text{ 或 } (1-t)^s<1-st.$$

同样可以得到$(1-s)^t<1-st$，这样

$$x^y+y^x=\frac{1-t}{(1-t)^s}+\frac{1-s}{(1-s)^t}>\frac{1-t}{1-st}+\frac{1-s}{1-st}=1+\frac{(1-s)(1-t)}{1-st}>1.$$

方法 2　$x^y+y^x\geqslant 2\sqrt{x^yy^x}$，等式成立的充分必要条件是 $x^y=y^x$，且此时 x^y+y^x 取最小.

下面分析 $x^y=y^x$ 的条件. 由于

$$x^y=y^x\Leftrightarrow y\ln x=x\ln y\Leftrightarrow\frac{\ln x}{x}=\frac{\ln y}{y},$$

令 $f(t)=\dfrac{\ln t}{t}$，那么 $f'(t)=\dfrac{1-\ln t}{t^2}<0(0<t<1)$，故 $x^y=y^x$ 必有 $x=y$.

易知 $g(x)=2x^x$ 有最小值 $2\mathrm{e}^{-\frac{1}{\mathrm{e}}}$，由于 $\mathrm{e}^{-\frac{1}{\mathrm{e}}}>\dfrac{1}{2}$，故结论成立.

例 2.32　证明：当 $0<x<\dfrac{\pi}{4}$时，有 $\sin(\tan x)\geqslant x$.

证　令 $f(x)=\sin(\tan x)-x$，那么 $f'(x)=\cos(\tan x)\sec^2x-1$ 和 $f'(0)=0$. 令 $g(x)=\cos(\tan x)-\cos^2x$，由于

$$\begin{aligned}g(x)&=\cos(\tan x)-\cos^2x\\&>1-\frac{\tan^2(x)}{2}-\cos^2(x)=\sin^2(x)-\frac{\tan^2(x)}{2}\\&=\sin^2(x)\left(1-\frac{1}{2\cos^2(x)}\right)=\sin^2(x)\frac{2\cos^2(x)-1}{2\cos^2(x)}\\&=\sin^2(x)\frac{\cos(2x)}{2\cos^2(x)}>0.\end{aligned}$$

这样便得到 $g(x)\geqslant 0$，即 $f'(x)\geqslant 0$. 从而结论成立.

例 2.33　设 $0<x<+\infty$，证明：$(1+x)^{\frac{1}{x}}\left(1+\frac{1}{x}\right)^{x}\leqslant 4$.

证　由于

$$(1+x)^{\frac{1}{x}}\left(1+\frac{1}{x}\right)^{x}\leqslant 4\Leftrightarrow \frac{1}{x}\ln(1+x)+x\ln\left(1+\frac{1}{x}\right)\leqslant 2\ln 2$$

$$\Leftrightarrow f(x)=\frac{1}{x}\ln(1+x)+x\ln\left(1+\frac{1}{x}\right)\text{ 当 } x<1 \text{ 时单调递增.}$$

因为

$$f'(x)=\ln\left(1+\frac{1}{x}\right)-\frac{1}{x+1}-\frac{1}{x^2}\ln(1+x)+\frac{1}{x(x+1)},\ f'(1)=0,$$

$$f''(x)=\frac{2}{x^3}\left(\ln(1+x)-\frac{x(2x+1)}{(x+1)^2}\right).$$

令 $g(x)=\ln(1+x)-\frac{x(2x+1)}{(x+1)^2}$，则 $g(0)=0$，$g'(x)=\frac{x(x-1)}{(x+1)^3}$，当 $0<x<1$ 时，有 $g'(x)<0$.

因此有 $f''(x)<0$ 和 $f'(x)>0$，此时结论成立.

若 $x>1$，令 $t=\frac{1}{x}$，重复上述做法，可证结论成立.

例 2.34　设函数 $u=f(\ln\sqrt{x^2+y^2})$ 满足方程 $\frac{\partial^2 u}{\partial x^2}+\frac{\partial^2 u}{\partial y^2}=(x^2+y^2)^{\frac{3}{2}}$，求：$f(t)$.

解　因为

$$\frac{\partial^2 u}{\partial x^2}=f''(t)\frac{x^2}{(x^2+y^2)^2}+f'(t)\frac{y^2-x^2}{(x^2+y^2)^2},$$

$$\frac{\partial^2 u}{\partial y^2}=f''(t)\frac{y^2}{(x^2+y^2)^2}+f'(t)\frac{x^2-y^2}{(x^2+y^2)^2},$$

利用 $\frac{\partial^2 u}{\partial x^2}+\frac{\partial^2 u}{\partial y^2}=(x^2+y^2)^{\frac{3}{2}}$ 得到 $f''(t)=\mathrm{e}^{5t}$，从而 $f(t)=\frac{1}{25}\mathrm{e}^{5t}+C_1t+C_2$.

例 2.35　设 $f(x)$，$g(x)$ 为连续且可微函数，且 $\omega=yf(xy)\,\mathrm{d}x+xg(xy)\,\mathrm{d}y$，若存在 u 使得 $\mathrm{d}u=\omega$，试求：$f-g$ 的表达式.

解　由于

$$\mathrm{d}u=\omega\Leftrightarrow\frac{\partial}{\partial y}(yf(xy))=\frac{\partial}{\partial x}(xg(xy)),$$

$$\Leftrightarrow f(xy)+xyf'(xy)=g(xy)+xyg'(xy).$$

令 $t=xy$，得到

$$t(f'(t)-g'(t))=g(t)-f(t),$$

因此$f(t)-g(t)=\dfrac{C}{t}$.

例 2.36 设变换$\begin{cases}u=a\sqrt{y}+x,\\ v=2\sqrt{y}+x\end{cases}$把方程$\dfrac{\partial^2 z}{\partial x^2}-y\dfrac{\partial^2 z}{\partial y^2}-\dfrac{1}{2}\dfrac{\partial z}{\partial y}=0$化为$\dfrac{\partial^2 z}{\partial u\partial v}=0$，试确定$a$，并求解这个方程.

解 因为

$$\frac{\partial z}{\partial x}=\frac{\partial z}{\partial u}+\frac{\partial z}{\partial v},\frac{\partial^2 z}{\partial x^2}=\frac{\partial^2 z}{\partial u^2}+2\frac{\partial^2 z}{\partial u\partial v}+\frac{\partial^2 z}{\partial v^2},$$

$$\frac{\partial z}{\partial y}=\frac{\partial z}{\partial u}\frac{a}{2\sqrt{y}}+\frac{\partial z}{\partial v}\frac{1}{\sqrt{y}},$$

$$\frac{\partial^2 z}{\partial y^2}=\frac{\partial^2 z}{\partial u^2}\frac{a^2}{4y}+\frac{\partial^2 z}{\partial u\partial v}\frac{a}{y}+\frac{\partial^2 z}{\partial v^2}\frac{1}{y}-\frac{\partial z}{\partial u}\frac{a}{4y\sqrt{y}}-\frac{\partial z}{\partial v}\frac{1}{2y\sqrt{y}},$$

利用$\dfrac{\partial^2 z}{\partial x^2}-y\dfrac{\partial^2 z}{\partial y^2}-\dfrac{1}{2}\dfrac{\partial z}{\partial y}=0$，得到$a=-2$，此时有$\dfrac{\partial^2 z}{\partial u\partial v}=0$.
进一步，有$z=f(u)+g(v)$，其中$f(u)$，$g(v)$为任意可微函数. 因此

$$z=f(x-2\sqrt{y})+g(x+2\sqrt{y}).$$

习 题 2

1. 设$f''(0)$存在，求：$\lim\limits_{h\to 0}\dfrac{f(2h)-2f(0)+f(-2h)}{h^2}$. （答案：$4f''(0)$）

2. 讨论函数$f(x)=\begin{cases}x^2\left|\cos\dfrac{\pi}{x}\right|, & x\neq 0,\\ 0, & x=0\end{cases}$的连续性和可导性.

3. 求心形曲线$r=a(1+\cos\theta)\ (a>0)$在$\theta=\dfrac{\pi}{2}$处的切线方程. （答案：$y=x+a$）

4. 设$f(x)$在$(-\infty,+\infty)$上有定义，且$f(x+h)-f(x)=Ah+\alpha(x,h)$，其中$|\alpha(x,h)|\leqslant c|h|^3$，$c$为常数，求证：$f(x)=Ax+B$，其中$A$，$B$为常数.

5. 设$f(x)=\arcsin x$，求：$f^{(n)}(0)$.

6. 已知a，b，c为常数，求数m，n使方程$u_{xy}+au_x+bu_y+cu=0$在新未知函数$w=u\mathrm{e}^{mx+ny}$下化为$w_{xy}=gw$，g为常数.

7. 设$h(x)$在$x=a$处连续，试分别讨论下列函数在$x=a$处是否可导：
(1) $f(x)=(x-a)h(x)$. (2) $g(x)=|x-a|h(x)$. (3) $H(x)=(x-a)|h(x)|$.

8. 设$g(x)$在$[-1,1]$上具有无穷阶导数，存在$M>0$，使$|g^{(n)}(x)|\leqslant n!M$，并且

$$g\left(\frac{1}{n}\right)=\ln(1+2n)-\ln n,n=1,2,\cdots.$$

求 $g^{(k)}(0)$，$k=1,2,\cdots$. （答案：$g(0)=\ln 2$，$g^{(k)}(0)=(-1)^{k-1}2^k(k-1)!$，$k\geqslant 1$）

9. 设 $u=xyze^{x+y+z}$，求：$\dfrac{\partial^{p+q+r}u}{\partial x^p\partial y^q\partial z^r}$.

10. 设$f(x)=\begin{cases}\dfrac{\sin x}{x}, & x\neq 0,\\ 1, & x=0.\end{cases}$求：$f^{(k)}(0)$，$k=1,2,\cdots$. $\left(答案：f^{(k)}(0)=\begin{cases}0, & k=2n-1,\\ (-1)^n\dfrac{1}{2n+1}, & k=2n.\end{cases}\right)$

11. 设 $\phi(x)=\int_0^x\dfrac{\ln(1-t)}{t}dt(-1<x<1)$，证明：$\phi(x)+\phi(-x)=\dfrac{1}{2}\phi(x^2)$.

12. 设 $x>1$，$f(y)=\left(\dfrac{x^{\frac{1}{y}}+1}{2}\right)^y$. (1)求$\lim\limits_{y\to\infty}f(y)$，$\lim\limits_{y\to 0^+}f(y)$. (2)研究当 $y>0$ 时，$f(y)$关于 y 的增减性. （答案：(1)$\sqrt{x}$，x；(2)$f(y)$单调递减）

13. 设$f(x,y)=\begin{cases}x\sin\dfrac{1}{y}+y\sin\dfrac{1}{x}, & xy\neq 0,\\ 0, & xy=0.\end{cases}$(1)讨论$f(x,y)$在(0,0)处的连续性；(2)讨论$f(x,y)$在(0,0)处偏导数的存在性；(3) 讨论$f(x,y)$在(0,0)处的可微性.

14. 将直角坐标系下的拉普拉斯(Laplace)方程$\dfrac{\partial^2 u}{\partial x^2}+\dfrac{\partial^2 u}{\partial y^2}=0$ 化为极坐标系下的形式.

15. 证明：函数 $u=\dfrac{1}{x-y}+\dfrac{1}{y-z}+\dfrac{1}{z-x}$满足方程$\dfrac{\partial^2 u}{\partial x^2}+\dfrac{\partial^2 u}{\partial y^2}+\dfrac{\partial^2 u}{\partial z^2}+2\left(\dfrac{\partial^2 u}{\partial x\partial y}+\dfrac{\partial^2 u}{\partial y\partial z}+\dfrac{\partial^2 u}{\partial z\partial x}\right)=0$.

16. 假设$f(x)$在[0,1]上连续，在(0,1)内可导，记 $S_c=\{x\in(0,1),f(x)=c\}$，试证明：若对任意 $x\in S_c$，均有$f'(x)\neq 0$，则集合 S_c 是有限集.（提示：用反证法）

第3章 一元函数积分学

主要知识点：原函数与不定积分；定积分的定义；定积分存在的条件；原函数存在定理；积分中值定理；牛顿-莱布尼茨(Newton-Leibniz)公式；基本积分方法；含参变量积分的计算及应用.

3.1 不定积分与定积分

3.1.1 不定积分定义

如果 $F'(x)=f(x)$，则称 $F(x)$ 为 $f(x)$ 的一个原函数；称带有任意常数的原函数为 $f(x)$ 的不定积分，即 $\int f(x)\,\mathrm{d}x=F(x)+C$.

注 3.1 $\left(\int f(x)\,\mathrm{d}x\right)'=f(x)$，$\mathrm{d}\int f(x)\,\mathrm{d}x=f(x)\,\mathrm{d}x$，

$$\int F'(x)\,\mathrm{d}x=F(x)+C,\ \int \mathrm{d}F(x)=F(x)+C.$$

3.1.2 定积分定义

设 $f(x)$ 在 $[a,b]$ 上有定义，I 是一个确定的实数. 在 (a,b) 内插入 $n-1$ 个分点

$$a=x_0<x_1<\cdots<x_{n-1}<x_n=b,$$

令 $\lambda=\max\limits_{1\leqslant i\leqslant n}(x_i-x_{i-1})$，若对任意的 $\varepsilon>0$，总存在 $\delta>0$，使得对 $[a,b]$ 上的任意满足 $\lambda<\delta$ 的分割，以及任意 $\xi_i\in[x_{i-1},x_i]\ (i=1,2,\cdots,n)$，都有 $\left|\sum\limits_{i=1}^{n}f(\xi_i)\Delta x_i-I\right|<\varepsilon$，则称 $f(x)$ 在 $[a,b]$ 上可积，且称 I 为 $f(x)$ 在 $[a,b]$ 上的定积分，记作 $I=\int_a^b f(x)\,\mathrm{d}x$，即 $\int_a^b f(x)\,\mathrm{d}x=\lim\limits_{\lambda\to 0}\sum\limits_{i=1}^{n}f(\xi_i)\Delta x_i$.

注 3.2 若 $f(x)$ 在 $[a,b]$ 上可积，则 $\int_a^b f(x)\,\mathrm{d}x=\lim\limits_{n\to\infty}\dfrac{b-a}{n}\sum\limits_{i=1}^{n}f\left(a+\dfrac{b-a}{n}i\right)$.

3.1.3　牛顿-莱布尼茨公式

设$\int_a^b f(x)\,\mathrm{d}x$是常义积分或广义积分，$F(x)$在$[a,b]$上连续，且除有限个点外都有$F'(x)=f(x)$，则成立牛顿-莱布尼茨公式：

$$\int_a^b f(x)\,\mathrm{d}x=F(x)\Big|_a^b=F(b)-F(a).$$

注 3.3　$\left(\int_{a(x)}^{b(x)} f(t)\,\mathrm{d}t\right)_x'=f(b(x))b'(x)-f(a(x))a'(x).$

3.1.4　换元公式

（1）凑微分换元法

$$\int f(u(x))u'(x)\,\mathrm{d}x=\int f(u(x))\,\mathrm{d}u(x)\xlongequal{u=u(x)}\int f(u)\,\mathrm{d}u,$$

$$\int_a^b f(u(x))u'(x)\,\mathrm{d}x=\int_a^b f(u(x))\,\mathrm{d}u(x)\xlongequal{u=u(x)}\int_{u(a)}^{u(b)} f(u)\,\mathrm{d}u.$$

（2）代入换元法

$$\int f(x)\,\mathrm{d}x\xlongequal{x=x(t)}\int f(x(t))x'(t)\,\mathrm{d}t,$$

$$\int_a^b f(x)\,\mathrm{d}x=\int_\alpha^\beta f(x(t))x'(t)\,\mathrm{d}t，其中\begin{cases}x(\alpha)=a,\\x(\beta)=b.\end{cases}$$

以上$u(x)$，$x(t)$均是可微的单调函数.

3.1.5　分部积分

$$\int u\,\mathrm{d}v=uv-\int v\,\mathrm{d}u，\int_a^b u\,\mathrm{d}v=uv\Big|_a^b-\int_a^b v\,\mathrm{d}u.$$

3.1.6　积分中值定理

（1）设$f(x)$在$[a,b]$上连续，则存在$\xi\in(a,b)$，使得

$$\int_a^b f(x)\,\mathrm{d}x=f(\xi)(b-a).\qquad（积分第一中值定理）$$

（2）设$f(x)$，$g(x)$在$[a,b]$上连续，且$g(x)$不变号，则存在$\xi\in[a,b]$，使得

$$\int_a^b f(x)g(x)\,\mathrm{d}x=f(\xi)\int_a^b g(x)\,\mathrm{d}x.\qquad（推广的积分第一中值定理）$$

注 3.4　如果$g(x)$没有定号性，则结论不成立. 例如在$[-1,1]$上，$f(x)=g(x)=x$. 显然，$\int_{-1}^1 f(x)g(x)\,\mathrm{d}x=\int_{-1}^1 x^2\,\mathrm{d}x=\frac{2}{3}$，但$f(\xi)\int_{-1}^1 g(x)\,\mathrm{d}x=0$，两者不相等.

例 3.1　（1）设$f(x)$是连续的奇(偶)函数，则$F(x)=\int_0^x f(t)\,\mathrm{d}t$是可微的偶(奇)函数.

(2) 设$f(x)$是连续的周期函数(周期为 T),且$\int_0^T f(t)\,\mathrm{d}t=0$,则 $F(x)=\int_0^x f(t)\,\mathrm{d}t$也是以 T 为周期的函数.

请读者完成此题的证明.

例 3.2 设$f(x)$是周期为 T 的连续函数,则 $\lim\limits_{x\to+\infty}\frac{1}{x}\int_0^x f(t)\,\mathrm{d}t=\frac{1}{T}\int_0^T f(t)\,\mathrm{d}t$,特别地 $\lim\limits_{x\to+\infty}\frac{1}{x}\int_0^x |\sin t|\,\mathrm{d}t=\frac{2}{\pi}$.

证 **方法 1** (1) 设$f(x)\geqslant 0$. 令 $S(x)=\int_0^x f(t)\,\mathrm{d}t$,对于 $nT\leqslant x\leqslant(n+1)T$,则有

$$\int_0^{nT} f(t)\,\mathrm{d}t\leqslant S(x)\leqslant\int_0^{(n+1)T} f(t)\,\mathrm{d}t$$

和

$$n\int_0^T f(t)\,\mathrm{d}t\leqslant S(x)\leqslant(n+1)\int_0^T f(t)\,\mathrm{d}t.$$

进一步,有

$$\begin{aligned}\frac{n}{(n+1)T}\int_0^T f(t)\,\mathrm{d}t &\leqslant\frac{n}{x}\int_0^T f(t)\,\mathrm{d}t\leqslant\frac{1}{x}S(x)\\ &\leqslant\frac{n+1}{x}\int_0^T f(t)\,\mathrm{d}t\leqslant\frac{n+1}{nT}\int_0^T f(t)\,\mathrm{d}t.\end{aligned}$$

令 $x\to+\infty$ ($n\to+\infty$),则 $\lim\limits_{x\to+\infty}\frac{1}{x}\int_0^x f(t)\,\mathrm{d}t=\frac{1}{T}\int_0^T f(t)\,\mathrm{d}t$.

(2) 由于$f(x)$连续,以 T 为周期,故存在常数 M,使得$f(x)\leqslant M$,令 $g(x)=M-f(x)$,则 $g(x)\geqslant 0$ 且以 T 为周期. 利用(1)的结论知

$$\lim_{x\to+\infty}\frac{1}{x}\int_0^x g(t)\,\mathrm{d}t=\frac{1}{T}\int_0^T g(t)\,\mathrm{d}t,$$

进一步有 $\lim\limits_{x\to+\infty}\frac{1}{x}\int_0^x f(t)\,\mathrm{d}t=\frac{1}{T}\int_0^T f(t)\,\mathrm{d}t$.

方法 2 由于

$$\lim_{x\to+\infty}\frac{1}{x}\int_0^x f(t)\,\mathrm{d}t=\frac{1}{T}\int_0^T f(t)\,\mathrm{d}t\Leftrightarrow\lim_{x\to+\infty}\frac{1}{x}\left(\int_0^x f(t)\,\mathrm{d}t-\frac{x}{T}\int_0^T f(t)\,\mathrm{d}t\right)=0.$$

设 $g(x)=\int_0^x f(t)\,\mathrm{d}t-\frac{x}{T}\int_0^T f(t)\,\mathrm{d}t$,由于

$$g(T+x)=\int_0^{T+x}f(t)\,\mathrm{d}t-\frac{T+x}{T}\int_0^T f(t)\,\mathrm{d}t$$

$$=\int_0^x f(u)\,\mathrm{d}u-\frac{x}{T}\int_0^T f(t)\,\mathrm{d}t=g(x),$$

因此 $g(x)=\int_0^x f(t)\,\mathrm{d}t-\frac{x}{T}\int_0^T f(t)\,\mathrm{d}t$ 是以 T 为周期的连续函数，则存在正常数 M，使得 $|g(x)|\leqslant M$，$x\in[0,T]$，故 $\lim\limits_{x\to+\infty}\frac{1}{x}g(x)=0$，因此结论成立.

例 3.3 计算 $I(x)=\int_0^x f(t)g(x-t)\,\mathrm{d}t$，其中 $f(x)=x$，$g(x)=\begin{cases}\sin x, & x\leqslant\frac{\pi}{2},\\ 0, & x>\frac{\pi}{2}.\end{cases}$

解 $I(x)\xlongequal{u=x-t}\int_x^0 f(x-u)g(u)(-\mathrm{d}u)$

$$=\int_0^x (x-u)g(u)\,\mathrm{d}u$$

$$=x\int_0^x g(u)\,\mathrm{d}u-\int_0^x ug(u)\,\mathrm{d}u$$

$$=\begin{cases}x-\sin x, & x\leqslant\frac{\pi}{2},\\ x-1, & x>\frac{\pi}{2}.\end{cases}$$

例 3.4 已知 $f(x)=\frac{(x+1)^2(x-1)}{x^3(x-2)}$，求：$I=\int_{-1}^{+\infty}\frac{f'(x)}{1+f^2(x)}\mathrm{d}x$.

解 注意到，积分有奇点 $x=0$，$x=2$，$x=+\infty$，因此

$$I=\int_{-1}^0\frac{f'(x)}{1+f^2(x)}\mathrm{d}x+\int_0^2\frac{f'(x)}{1+f^2(x)}\mathrm{d}x+\int_2^{+\infty}\frac{f'(x)}{1+f^2(x)}\mathrm{d}x$$

$$=\lim_{x\to0^-}\arctan\frac{(x+1)^2(x-1)}{x^3(x-2)}-0+\lim_{x\to2^-}\arctan\frac{(x+1)^2(x-1)}{x^3(x-2)}$$

$$-\lim_{x\to0^+}\arctan\frac{(x+1)^2(x-1)}{x^3(x-2)}+\lim_{x\to+\infty}\arctan\frac{(x+1)^2(x-1)}{x^3(x-2)}-\lim_{x\to2^+}\arctan\frac{(x+1)^2(x-1)}{x^3(x-2)}$$

$$=-\frac{\pi}{2}-0+\left(-\frac{\pi}{2}\right)-\frac{\pi}{2}+0-\frac{\pi}{2}$$

$$=-2\pi.$$

例 3.5 设 $f(x)$ 在 $[1,a]$ 上具有一阶连续导数，证明：

$$\int_1^a [x]f'(x)\mathrm{d}x=[a]f(a)-\{f(1)+f(2)+\cdots+f([a])\},a>1,$$

并给出$\int_1^a [x^2]f'(x)\mathrm{d}x$ 与上式相应的表达式.

证

$$\begin{aligned}\int_1^a [x]f'(x)\mathrm{d}x &=\int_1^2 1f'(x)\mathrm{d}x+\int_2^3 2f'(x)\mathrm{d}x+\cdots+\int_{[a]}^a [a]f'(x)\mathrm{d}x\\&=f(x)\Big|_1^2+2f(x)\Big|_2^3+\cdots+[a]f(x)\Big|_{[a]}^a\\&=f(2)-f(1)+2(f(3)-f(2))+\cdots+[a](f(a)-f([a]))\\&=[a]f(a)-(f(1)+f(2)+\cdots+f([a])).\end{aligned}$$

利用上述思想方法，可得

$$\begin{aligned}&\int_1^a [x^2]f'(x)\mathrm{d}x\\&=\int_1^{\sqrt{2}} [x^2]f'(x)\mathrm{d}x+\int_{\sqrt{2}}^{\sqrt{3}} [x^2]f'(x)\mathrm{d}x+\cdots+\int_{\sqrt{[a^2]}}^a [x^2]f'(x)\mathrm{d}x\\&=[a^2]f(a)-\{f(1)+f(\sqrt{2})+\cdots+f(\sqrt{[a^2]})\}.\end{aligned}$$

例 3.6 设$f(x)$在$(-\infty,+\infty)$上连续，且$g(x)=f(x)\int_0^x f(t)\mathrm{d}t$单调减少，证明：

$$f(x)\equiv 0,x\in(-\infty,+\infty).$$

证 设$F(x)=\int_0^x f(t)\mathrm{d}t$，则$F(0)=0$. 由于$g(x)=F'(x)F(x)$和$g(0)=0$，故

$$\int_0^x g(t)\mathrm{d}t=\int_0^x F'(t)F(t)\mathrm{d}t=\frac{1}{2}F^2(x).$$

因$g(x)$为单调减少函数，故对于$x\geqslant 0$，有$g(x)\leqslant 0$，且

$$\frac{1}{2}F^2(x)=\int_0^x g(t)\mathrm{d}t\leqslant 0\Rightarrow F(x)\equiv 0\Rightarrow f(x)\equiv 0.$$

例 3.7 设$f(x)$在$[0,+\infty)$上单调增加，且$\lim\limits_{x\to+\infty}\frac{1}{x}\int_0^x f(t)\mathrm{d}t=c$，那么$\lim\limits_{x\to+\infty}f(x)=c$.

证 **方法 1** 因为$f(x)$在$[0,+\infty)$上单调增加，设$\lim\limits_{x\to+\infty}f(x)=a$（$a$为有限数或$+\infty$），若$a=c$（$a$和$c$都为有限数或$+\infty$），则结论成立.

若$a\neq c$，用反证法.

（1）c为有限数.

1）a为有限数，且$a\neq c$. 对给定$\varepsilon>0$，则存在$M_1>0$和$M_2>M_1>0$，使得当$x>M_1$时，有

$$a-\varepsilon<f(x)<a+\varepsilon.$$

当 $x>M_2$ 时，有 $\dfrac{\left|\int_0^{M_1} f(t)\,\mathrm{d}t\right|}{x}<\varepsilon$，那么

$$\left|\frac{1}{x}\int_0^x f(t)\,\mathrm{d}t-a\right|=\left|\frac{1}{x}\left(\int_0^{M_1} f(t)\,\mathrm{d}t+\int_{M_1}^x f(t)\,\mathrm{d}t\right)-a\right|\leqslant\frac{1}{x}\left|\int_0^{M_1} f(t)\,\mathrm{d}t\right|+\left|\frac{1}{x}\int_{M_1}^x f(t)\,\mathrm{d}t-a\right|$$

$$\leqslant\varepsilon+\frac{M_1}{x}(|a|+\varepsilon)\leqslant 2\varepsilon(x>M_2).$$

因此 $\lim\limits_{x\to+\infty}\dfrac{1}{x}\int_0^x f(t)\,\mathrm{d}t=a$，这与 $a\neq c$ 相矛盾.

2）$a=+\infty$. 对任意给定 $M>0$，则存在 $X>0$，使得当 $x>X$ 时，有 $f(x)>M$，那么

$$\frac{1}{x}\int_0^x f(t)\,\mathrm{d}t=\frac{1}{x}\int_0^X f(t)\,\mathrm{d}t+\frac{1}{x}\int_X^x f(t)\,\mathrm{d}t$$

$$\geqslant\frac{1}{x}\int_0^X f(t)\,\mathrm{d}t+\frac{M}{x}(x-X)\to M\quad(x\to+\infty),$$

且得到 $c\geqslant M$，这与 c 为有限数矛盾.

（2）c 为无穷.

1）a 为有限数，则由（1）中 1）的证明过程得到矛盾.

2）$a=+\infty$，$c=-\infty$，则由（1）中 1）的证明过程得到矛盾.

方法 2　当 $x>0$，且充分大时，有

$$f(x)\leqslant\frac{1}{x}\int_x^{2x} f(t)\,\mathrm{d}t\leqslant f(2x),$$

即

$$f(x)\leqslant 2\frac{\int_0^{2x} f(t)\,\mathrm{d}t}{2x}-\frac{\int_0^x f(t)\,\mathrm{d}t}{x}\leqslant f(2x).$$

从而可得 $\overline{\lim\limits_{x\to+\infty}}f(x)=2c-c=c$，$\underline{\lim\limits_{x\to+\infty}}f(x)=c$，故 $\lim\limits_{x\to+\infty}f(x)=c$.

例 3.8　设 $f(x)$ 在 $[0,1]$ 上一阶连续可导，$f(0)=0$，$0\leqslant f'(x)\leqslant 1$，证明：

$$\left[\int_0^1 f(x)\,\mathrm{d}x\right]^2\geqslant\int_0^1 f^3(x)\,\mathrm{d}x.$$

且等号仅在 $f(x)\equiv x$ 或 0 时成立.

证　因为 $0\leqslant f'(x)\leqslant 1, f(0)=0$，故 $f(x)\geqslant 0(0\leqslant x\leqslant 1)$. 令

$$F(t)=\left[\int_0^t f(x)\,\mathrm{d}x\right]^2-\int_0^t f^3(x)\,\mathrm{d}x,$$

那么

$$F(0)=0,\ F'(t)=f(t)\left[2\int_0^t f(x)\,dx-f^2(t)\right].$$

(1) 若$f'(x)\equiv 0$，则$f(x)\equiv 0$，结论成立.

(2) 若$f'(x)\not\equiv 0$，由于$f'(x)\geqslant 0$，$f(x)$单调增加，故存在$a\in[0,1]$使得$f(x)\equiv 0$，$x\in[0,a]$并且$f(x)>0$，$x\in(a,1]$. 记$G(x)=2\int_0^x f(t)\,dt-f^2(x)$，则有$G(0)=0$和

$$G'(x)=2f(x)-2f(x)f'(x)=2f(x)(1-f'(x))\geqslant 0.$$

1) 若$1-f'(x)\equiv 0$，则有$f(x)\equiv x$，结论成立.

2) 若$1-f'(x)\not\equiv 0$，由于$f'(x)\leqslant 1$，所以存在$b\in[a,1]$，使得$0<f(x)<x$，$x\in(a,b]$，并且$f(x)\equiv x$，$x\in(b,1]$. 另一方面因为$G'(x)>0$，$x\in(a,b)$，所以$G(x)$在$x\in[a,b]$上严格单调增加，因此

$$0=G(a)<G(x)<G(b)=2\int_0^b x\,dx-b^2=0.$$

所以$a=0$，$b=1$，进一步得到$F'(x)\geqslant 0$和$F(x)>0$.

例 3.9 设$f(x)$是$[0,1]$上单调不增的连续函数，证明：对任意$a\in(0,1)$，有

$$\int_0^a f(x)\,dx\geqslant a\int_0^1 f(x)\,dx.$$

证 **方法 1** 因为$0<a<1$，则对$t>0$，有$0<at<t$和$f(at)\geqslant f(t)$，进一步，有

$$\int_0^a f(x)\,dx \overset{x=at}{=\!=\!=} a\int_0^1 f(at)\,dt\geqslant a\int_0^1 f(t)\,dt=a\int_0^1 f(x)\,dx.$$

方法 2 利用积分中值定理，有

$$\begin{aligned}\int_0^a f(x)\,dx-a\int_0^1 f(t)\,dt &=\int_0^a f(x)\,dx-a\int_0^a f(x)\,dx-a\int_a^1 f(x)\,dx\\&=a(1-a)f(\xi_1)-a(1-a)f(\xi_2)\\&=a(1-a)(f(\xi_1)-f(\xi_2))\geqslant 0,\xi_1\in(0,a),\xi_2\in(a,1).\end{aligned}$$

方法 3 令$F(t)=\int_0^t f(x)\,dx-t\int_0^1 f(x)\,dx$，那么$F(0)=F(1)=0$，且存在$\xi\in(0,1)$，使得$F'(\xi)=0$. 又$F'(t)=f(t)-\int_0^1 f(x)\,dx$，从$f(x)$在$[0,1]$上单调不增知$F'(x)$单调不增.

当$0<x<\xi$时，$F'(x)>0$；当$\xi<x<1$时，$F'(x)<0$. 因此$F(\xi)$为$F(x)$的最大值，所以$F(x)\geqslant 0$.

例 3.10 设$f(x)$是$[0,1]$上的连续函数，且$f(x)>0$，证明：

$$\ln\int_0^1 f(x)\,\mathrm{d}x \geqslant \int_0^1 \ln f(x)\,\mathrm{d}x.$$

证 **方法1** 记 $A=\int_0^1 f(x)\,\mathrm{d}x$. 因为 $f(x)>0$，故 $A>0$. 又

$$\ln\frac{f(x)}{A}=\ln\left(1+\frac{f(x)}{A}-1\right)\leqslant\frac{f(x)}{A}-1,$$

积分得

$$\int_0^1 \ln\frac{f(x)}{A}\mathrm{d}x\leqslant\int_0^1\left(\frac{f(x)}{A}-1\right)\mathrm{d}x=0,$$

因此有

$$\int_0^1 \ln f(x)\,\mathrm{d}x\leqslant\ln A=\ln\int_0^1 f(x)\,\mathrm{d}x.$$

方法2 利用 $y=-\ln u$ 的凸性. 由于 $y''=\frac{1}{u^2}>0$，故 $y=-\ln u$ 在 $(0,+\infty)$ 上为凸函数，因此有

$$-\ln\frac{u_1+u_2+\cdots+u_n}{n}\leqslant-\frac{1}{n}(\ln u_1+\ln u_2+\cdots+\ln u_n)$$

或

$$\ln\frac{f\left(\frac{1}{n}\right)+f\left(\frac{2}{n}\right)+\cdots+f\left(\frac{n}{n}\right)}{n}\geqslant\frac{1}{n}\left(\ln f\left(\frac{1}{n}\right)+\ln f\left(\frac{2}{n}\right)+\cdots+\ln f\left(\frac{n}{n}\right)\right).$$

令 $n\to\infty$，得到

$$\ln\int_0^1 f(x)\,\mathrm{d}x\geqslant\int_0^1 \ln f(x)\,\mathrm{d}x.$$

3.2 含参变量的常义积分

(1) 若 $f(x,t)$ 是矩形 $a\leqslant x\leqslant b$，$c\leqslant t\leqslant d$ 上的二元连续函数，则积分 $F(x)=\int_c^d f(x,t)\,\mathrm{d}t$ 在 $[a,b]$ 上也连续，且 $\int_a^b F(x)\,\mathrm{d}x=\int_c^d\left(\int_a^b f(x,t)\,\mathrm{d}x\right)\mathrm{d}t$.

(2) 若 $f(x,t)$ 是矩形 $a\leqslant x\leqslant b$，$c\leqslant t\leqslant d$ 上的二元连续函数，且关于 x 是连续可微的，则 $F(x)=\int_c^d f(x,t)\,\mathrm{d}t$ 关于 x 也连续可微，且 $F'(x)=\int_c^d f'_x(x,t)\,\mathrm{d}t$.

在上面两个结果中，定积分改为有界闭区域上的重积分，x 改为多元参变量，导数改为偏导数，则结论仍成立.

(3) 若 $a(x)$，$b(x)$ 连续可微，$f(x,t)$ 二元连续且关于 x 连续可微，这里 $\alpha\leqslant x\leqslant\beta$，$a(x)\leqslant t\leqslant b(x)$，则有

$$\left(\int_{a(x)}^{b(x)}f(x,t)\mathrm{d}t\right)_x'=f(x,b(x))b'(x)-f(x,a(x))a'(x)+\int_{a(x)}^{b(x)}f_x'(x,t)\mathrm{d}t.$$

例 3.11　求证：对 $k>0$，成立

$$I(k)=\int_0^{\frac{\pi}{2}}\ln(\sin^2\theta+k^2\cos^2\theta)\mathrm{d}\theta=\pi\ln\frac{1+k}{2}.$$

特别地，$\int_0^{\frac{\pi}{2}}\ln\sin x\mathrm{d}x=-\frac{\pi}{2}\ln 2.$

证　因 $I(1)=0$ 及

$$I'(k)=\int_0^{\frac{\pi}{2}}\frac{2k}{k^2+\tan^2\theta}\mathrm{d}\theta\xlongequal{x=\tan\theta}\int_0^{+\infty}\frac{2k\mathrm{d}x}{(x^2+1)(x^2+k^2)}$$

$$=\frac{2k}{1-k^2}\int_0^{+\infty}\left(\frac{1}{x^2+k^2}-\frac{1}{x^2+1}\right)\mathrm{d}x=\frac{\pi}{1+k},$$

所以 $I(k)=\pi\ln(1+k)+C$，又 $I(1)=0$，则 $C=-\pi\ln 2$，即

$$I(k)=\pi\ln\frac{1+k}{2}.$$

例 3.12　计算：$I=\int_0^{\frac{\pi}{2}}\ln\frac{2+\cos x}{2-\cos x}\frac{\mathrm{d}x}{\cos x}.$

解　记 $I(r)=\int_0^{\frac{\pi}{2}}\ln\frac{1+r\cos x}{1-r\cos x}\frac{\mathrm{d}x}{\cos x}$，$0<r<1$，则

$$I'(r)=\int_0^{\frac{\pi}{2}}\frac{2\mathrm{d}x}{1-r^2\cos^2x}=\int_0^{\frac{\pi}{2}}\frac{2\mathrm{d}(\tan x)}{\sec^2x-r^2}=\int_0^{\frac{\pi}{2}}\frac{2\mathrm{d}(\tan x)}{\tan^2x+1-r^2}$$

$$=\frac{2}{\sqrt{1-r^2}}\arctan\frac{\tan x}{\sqrt{1-r^2}}\Bigg|_0^{\frac{\pi}{2}}=\frac{\pi}{\sqrt{1-r^2}},$$

所以 $I=\int_0^{\frac{1}{2}}\frac{\pi}{\sqrt{1-r^2}}\mathrm{d}r=\frac{\pi^2}{6}.$

3.3　特殊代换及应用

例 3.13　求：$I=\int_{-\infty}^{+\infty}\frac{1+x^2}{1+x^4}\mathrm{d}x.$

解　**方法 1**

$$I=2\int_0^{+\infty}\frac{1+x^2}{1+x^4}\mathrm{d}x=2\int_0^{+\infty}\frac{1+\frac{1}{x^2}}{x^2+\frac{1}{x^2}}\mathrm{d}x$$

$$=2\int_0^{+\infty}\frac{\mathrm{d}\left(x-\frac{1}{x}\right)}{\left(x-\frac{1}{x}\right)^2+2}=\sqrt{2}\pi.$$

方法 2　因 $1+x^4=(x^2-\sqrt{2}x+1)(x^2+\sqrt{2}x+1)$，这样

$$\frac{1+x^2}{1+x^4}=\frac{1}{2}\left(\frac{1}{x^2-\sqrt{2}x+1}+\frac{1}{x^2+\sqrt{2}x+1}\right),$$

又

$$\int\frac{\mathrm{d}x}{x^2\mp\sqrt{2}x+1}=\sqrt{2}\arctan(\sqrt{2}x\mp1)+C,$$

所以

$$I=2\int_0^{+\infty}\frac{1+x^2}{1+x^4}\mathrm{d}x=\sqrt{2}\pi.$$

例 3.14　计算 $I=\int\frac{\mathrm{d}x}{1+\sqrt{x}+\sqrt{x+1}}$.

解　**方法 1**　令 $\sqrt{x+1}=\mu\left(t+\frac{1}{t}\right)$，$\sqrt{x}=\mu\left(t-\frac{1}{t}\right)$，则 $4\mu^2=1$，故 $\mu=\frac{1}{2}$.

$$I=\frac{1}{2}\int\frac{t^4-1}{t^3(t+1)}\mathrm{d}t=\frac{1}{2}\left(t-\ln|t|-\frac{1}{t}+\frac{1}{2t^2}\right)+C$$

$$=\frac{1}{2}\left(2\sqrt{x}-\ln(\sqrt{x}+\sqrt{x+1})+\frac{1}{2(\sqrt{x}+\sqrt{x+1})^2}\right)+C.$$

方法 2　令 $t=\sqrt{x}$，则

$$I=\int\frac{2t\mathrm{d}t}{1+t+\sqrt{t^2+1}}$$

$$=\int(1+t-\sqrt{t^2+1})\mathrm{d}t$$

$$=t+\frac{t^2}{2}-\frac{t}{2}\sqrt{t^2+1}-\frac{1}{2}\ln(t+\sqrt{t^2+1})+C$$

$$=\sqrt{x}+\frac{x}{2}-\frac{\sqrt{x}}{2}\sqrt{x+1}-\frac{1}{2}\ln(\sqrt{x}+\sqrt{x+1})+C.$$

方法 3　分子分母同乘 $1+\sqrt{x}-\sqrt{x+1}$ 得到

$$I=\int\frac{\mathrm{d}x}{1+\sqrt{x}+\sqrt{x+1}}$$

$$=\int\frac{(1+\sqrt{x}-\sqrt{x+1})\mathrm{d}x}{2\sqrt{x}}$$

$$=\sqrt{x}+\frac{x}{2}-\frac{\sqrt{x}}{2}\sqrt{x+1}-\frac{1}{2}\ln(\sqrt{x}+\sqrt{x+1})+C.$$

例 3.15 计算$\int(\ln x+1)\ln(\ln x)\mathrm{d}x$.

解 **方法 1** 令 $t=\ln x$，则

$$\begin{aligned}\int(\ln x+1)\ln(\ln x)\mathrm{d}x&=\int(t+1)\mathrm{e}^t\ln t\mathrm{d}t\\&=\int((t\ln t+(t\ln t)')\mathrm{e}^t-\mathrm{e}^t)\mathrm{d}t\\&=\int(t\ln t+(t\ln t)')\mathrm{e}^t\mathrm{d}t-\int\mathrm{e}^t\mathrm{d}t\\&=(t\ln t)\mathrm{e}^t-\mathrm{e}^t+C\\&=x\ln x\cdot\ln(\ln x)-x+C.\end{aligned}$$

方法 2 分部积分得到

$$\begin{aligned}\int(\ln x+1)\ln(\ln x)\mathrm{d}x&=x(\ln x+1)\ln(\ln x)-\int\left(\ln(\ln x)+\frac{\ln x+1}{\ln x}\right)\mathrm{d}x\\&=x(\ln x+1)\ln(\ln x)-x\ln(\ln x)-x+\int\frac{1}{\ln x}\mathrm{d}x-\int\frac{1}{\ln x}\mathrm{d}x+C\\&=x\ln x\cdot\ln(\ln x)-x+C.\end{aligned}$$

方法 3 凑微分得到

$$\begin{aligned}\int(\ln x+1)\ln(\ln x)\mathrm{d}x&=\int\ln(\ln x)\mathrm{d}(x\ln x)\\&=x\ln x\cdot\ln(\ln x)-\int\mathrm{d}x\\&=x\ln x\cdot\ln(\ln x)-x+C.\end{aligned}$$

例 3.16 计算 $I=\int\frac{\mathrm{d}x}{ax+bx^n}$ （$n\neq1,a,b,n$ 为非零常数）.

解 **方法 1** 做代换 $x=\mathrm{e}^t$，则

$$I=\int\frac{\mathrm{d}x}{ax+bx^n}=\int\frac{\mathrm{e}^t}{a\mathrm{e}^t+b\mathrm{e}^{nt}}\mathrm{d}t.$$

设 $J=\int\frac{\mathrm{e}^{nt}}{a\mathrm{e}^t+b\mathrm{e}^{nt}}\mathrm{d}t$，则

$$aI+bJ=\int\frac{a\mathrm{e}^t\mathrm{d}t}{a\mathrm{e}^t+b\mathrm{e}^{nt}}+\int\frac{b\mathrm{e}^{nt}\mathrm{d}t}{a\mathrm{e}^t+b\mathrm{e}^{nt}}=t+D_1$$

和 $aI+bnJ=\ln|ae^{t}+be^{nt}|+D_2$，其中 D_1，D_2 为任意常数.

从上面两式可得

$$I=\int\frac{dx}{ax+bx^n}=\frac{n\ln x-\ln|ax+bx^n|}{a(n-1)}+C.$$

方法2 因为$\frac{1}{ax+bx^n}=\frac{1}{ax}-\frac{bx^{n-2}}{a(a+bx^{n-1})}$，故

$$I=\int\frac{dx}{ax+bx^n}=\frac{1}{a}\ln|x|-\frac{1}{a(n-1)}\ln|a+bx^{n-1}|+C.$$

方法3 做代换 $x=\frac{1}{t}$，则

$$\begin{aligned}I&=\int\frac{dx}{ax+bx^n}=-\int\frac{t^{n-2}dt}{at^{n-1}+b}=-\frac{1}{a(n-1)}\ln|at^{n-1}+b|+C\\&=\frac{1}{a}\ln|x|-\frac{1}{a(n-1)}\ln|a+bx^{n-1}|+C.\end{aligned}$$

例3.17 设 $y(x)$ 由方程 $x^2=(x+y)y^2$ 所确定，计算积分$\int\frac{dx}{y^3}$.

解 令 $y=tx$，则

$$x=\frac{1}{t^2(1+t)},\ y=\frac{1}{t(1+t)},\ dx=-\frac{3t+2}{t^3(1+t)^2}dt,$$

从而

$$\begin{aligned}\int\frac{dx}{y^3}&=-\int(3t^2+5t+2)dt=-\left(t^3+\frac{5}{2}t^2+2t\right)+C\\&=-\left(\left(\frac{y}{x}\right)^3+\frac{5}{2}\left(\frac{y}{x}\right)^2+2\frac{y}{x}\right)+C.\end{aligned}$$

3.4 能力提升

例3.18 求 $I=\int\frac{1-\ln x}{(x-\ln x)^2}dx$.

解 **方法1** 令 $u=\frac{1}{x}$，有

$$\begin{aligned}I&=\int\frac{1+\ln u}{\left(\frac{1}{u}+\ln u\right)^2}\left(-\frac{1}{u^2}\right)du=-\int\frac{1+\ln u}{(1+u\ln u)^2}du\\&=-\int\frac{d(u\ln u)}{(1+u\ln u)^2}=\frac{1}{1+u\ln u}+C=\frac{x}{x-\ln x}+C.\end{aligned}$$

方法 2 因为$\left(\frac{\ln x}{x}\right)'=\frac{1-\ln x}{x^2}$，故

$$I=\int\frac{1-\ln x}{(x-\ln x)^2}\mathrm{d}x=\int\frac{1}{\left(1-\frac{\ln x}{x}\right)^2}\frac{1-\ln x}{x^2}\mathrm{d}x$$

$$=\int\frac{1}{\left(1-\frac{\ln x}{x}\right)^2}\mathrm{d}\,\frac{\ln x}{x}=\frac{x}{x-\ln x}+C.$$

方法 3 凑微分得到

$$I=\int\frac{1-\ln x}{(x-\ln x)^2}\mathrm{d}x=\int\frac{1-\ln x}{1-\frac{1}{x}}\cdot\frac{\mathrm{d}(x-\ln x)}{(x-\ln x)^2}$$

$$=\frac{x(\ln x-1)}{(x-1)(x-\ln x)}-\int\frac{\mathrm{d}x}{(x-1)^2}$$

$$=\frac{x}{x-\ln x}+C.$$

例 3.19 设$f(x)$是连续函数，$a>0$，证明：

$$\int_0^{+\infty}f\left(\frac{a}{x}+\frac{x}{a}\right)\frac{\ln x}{x}\mathrm{d}x=\ln a\int_0^{+\infty}f\left(\frac{a}{x}+\frac{x}{a}\right)\frac{\mathrm{d}x}{x}.$$

证 设$t=\frac{x}{a}$，那么

$$\int_0^{+\infty}f\left(\frac{a}{x}+\frac{x}{a}\right)\frac{\ln x}{x}\mathrm{d}x=\int_0^{+\infty}f\left(\frac{1}{t}+t\right)\frac{\ln(at)}{t}\mathrm{d}t$$

$$=\ln a\int_0^{+\infty}f\left(t+\frac{1}{t}\right)\frac{\mathrm{d}t}{t}+\int_0^{+\infty}f\left(t+\frac{1}{t}\right)\frac{\ln t\mathrm{d}t}{t},$$

令$s=\frac{1}{t}$可得$\int_0^{+\infty}f\left(t+\frac{1}{t}\right)\frac{\ln t\mathrm{d}t}{t}=-\int_0^{+\infty}f\left(s+\frac{1}{s}\right)\frac{\ln s\mathrm{d}s}{s}=0$，因此

$$\int_0^{+\infty}f\left(\frac{a}{x}+\frac{x}{a}\right)\frac{\ln x}{x}\mathrm{d}x=\ln a\int_0^{+\infty}f\left(\frac{a}{x}+\frac{x}{a}\right)\frac{\mathrm{d}x}{x}.$$

例 3.20 设$f(x)$是连续函数，$a>0$，证明：

$$\int_1^a f\left(x^2+\frac{a^2}{x^2}\right)\frac{\mathrm{d}x}{x}=\int_1^a f\left(x+\frac{a^2}{x}\right)\frac{\mathrm{d}x}{x}.$$

证 设$x^2=u$，那么

$$左边=\frac{1}{2}\int_1^a f\left(x^2+\frac{a^2}{x^2}\right)\frac{\mathrm{d}(x^2)}{x^2}=\frac{1}{2}\int_1^{a^2}f\left(u+\frac{a^2}{u}\right)\frac{\mathrm{d}u}{u}$$

$$=\frac{1}{2}\int_{1}^{a}f\left(u+\frac{a^{2}}{u}\right)\frac{\mathrm{d}u}{u}+\frac{1}{2}\int_{a}^{a^{2}}f\left(u+\frac{a^{2}}{u}\right)\frac{\mathrm{d}u}{u}.$$

再设 $u=\frac{a^{2}}{t}$，可得$\frac{1}{2}\int_{a}^{a^{2}}f\left(u+\frac{a^{2}}{u}\right)\frac{\mathrm{d}u}{u}=\frac{1}{2}\int_{1}^{a}f\left(t+\frac{a^{2}}{t}\right)\frac{\mathrm{d}t}{t}$. 得证.

例 3.21　设$f(x)$是连续的偶函数，且$\int_{0}^{a}f(x)\mathrm{d}x=A$，计算：$\int_{-a}^{a}\frac{f(x)}{1+\mathrm{e}^{x}}\mathrm{d}x$.

解　由于

$$\int_{-a}^{a}\frac{f(x)}{1+\mathrm{e}^{x}}\mathrm{d}x=\int_{0}^{a}\frac{f(x)}{1+\mathrm{e}^{x}}\mathrm{d}x+\int_{-a}^{0}\frac{f(x)}{1+\mathrm{e}^{x}}\mathrm{d}x,$$

又

$$\int_{-a}^{0}\frac{f(x)}{1+\mathrm{e}^{x}}\mathrm{d}x=\int_{0}^{a}\frac{f(-t)}{1+\mathrm{e}^{-t}}\mathrm{d}t=\int_{0}^{a}\frac{\mathrm{e}^{t}f(t)}{1+\mathrm{e}^{t}}\mathrm{d}t,$$

故

$$\int_{-a}^{a}\frac{f(x)}{1+\mathrm{e}^{x}}\mathrm{d}x=\int_{0}^{a}f(x)\mathrm{d}x=A.$$

例 3.22　利用分部积分法证明$\int_{0}^{+\infty}\frac{\sin x}{x}\mathrm{d}x$ 收敛.

提示：将积分写成$\int_{0}^{+\infty}\frac{\sin x}{x}\mathrm{d}x=\int_{0}^{1}\frac{\sin x}{x}\mathrm{d}x+\int_{1}^{+\infty}\frac{\sin x}{x}\mathrm{d}x$，分别讨论.

证　因为$\lim\limits_{x\to 0}\frac{\sin x}{x}=1$，故 $x=0$ 是$\frac{\sin x}{x}$的可去奇点，因此只需证明积分$\int_{1}^{+\infty}\frac{\sin x}{x}\mathrm{d}x$ 收敛就足够了. 利用分部积分

$$\int_{1}^{+\infty}\frac{\sin x}{x}\mathrm{d}x=\int_{1}^{+\infty}\frac{1}{x}\mathrm{d}(-\cos x)=-\frac{1}{x}\cos x\bigg|_{1}^{+\infty}+\int_{1}^{+\infty}\cos x\mathrm{d}\frac{1}{x}=\cos 1-\int_{1}^{+\infty}\frac{\cos x}{x^{2}}\mathrm{d}x,$$

因为$\left|\frac{\cos x}{x^{2}}\right|\leqslant\frac{1}{x^{2}}$，所以积分$\int_{1}^{+\infty}\frac{\cos x}{x^{2}}\mathrm{d}x$ 绝对收敛，因此得证$\int_{0}^{+\infty}\frac{\sin x}{x}\mathrm{d}x$ 收敛.

例 3.23　设$f(x)$在$[a,b]$上具有连续的导数，求证：$\lim\limits_{p\to+\infty}\int_{a}^{b}f(x)\sin px\mathrm{d}x=0$.

证　因为$f(x)\in C^{1}[a,b]$，故存在 $M>0$，使得对任意 $x\in[a,b]$，有

$$|f(x)|<M,\ |f'(x)|\leqslant M,$$

又

$$I=\int_{a}^{b}f(x)\sin px\mathrm{d}x=-\frac{f(x)\cos px}{p}\bigg|_{a}^{b}+\int_{a}^{b}\frac{f'(x)\cos px}{p}\mathrm{d}x,$$

注意到

$$\left|\frac{f(x)\cos px}{p}\right|\leqslant\frac{2M}{p},\quad\left|\int_{a}^{b}\frac{f'(x)\cos px}{p}\mathrm{d}x\right|\leqslant\frac{M}{p}(b-a),\quad\lim_{p\to+\infty}\frac{2M}{p}=0,$$

从而$\lim\limits_{p\to+\infty}\int_a^b f(x)\sin px\mathrm{d}x=0$. 得证.

例 3.24 设$u(x)$在$[a,b]$上连续且可微，且$u(a)=0$，则成立

$$\int_a^b u^2(x)\mathrm{d}x\leqslant\frac{(b-a)^2}{2}\int_a^b(u'(x))^2\mathrm{d}x.$$

证 因为

$$\begin{aligned}\int_a^b u^2(x)\mathrm{d}x&=\int_a^b u(x)\left(\int_a^x u'(t)\mathrm{d}t\right)\mathrm{d}x\\&\leqslant\int_a^b|u(x)|\left(\int_a^x|u'(t)|\mathrm{d}t\right)\mathrm{d}x\\&\leqslant\int_a^b|u(x)|\left(\int_a^x|u'(t)|^2\mathrm{d}t\right)^{\frac{1}{2}}\left(\int_a^x 1^2\mathrm{d}t\right)^{\frac{1}{2}}\mathrm{d}x\\&=\int_a^b|u(x)|\left(\int_a^x|u'(t)|^2\mathrm{d}t\right)^{\frac{1}{2}}\sqrt{x-a}\,\mathrm{d}x\\&\leqslant\left(\int_a^b|u'(t)|^2\mathrm{d}t\right)^{\frac{1}{2}}\int_a^b|u(x)|\sqrt{x-a}\,\mathrm{d}x\\&\leqslant\left(\int_a^b|u'(t)|^2\mathrm{d}t\right)^{\frac{1}{2}}\left(\int_a^b u^2(x)\mathrm{d}x\right)^{\frac{1}{2}}\left(\frac{1}{2}(b-a)^2\right)^{\frac{1}{2}},\end{aligned}$$

从而得到

$$\int_a^b u^2(x)\mathrm{d}x\leqslant\frac{(b-a)^2}{2}\int_a^b(u'(x))^2\mathrm{d}x.$$

例 3.25 设$f(x)$在$[a,b]$上连续可微，且$\int_a^b f(x)\mathrm{d}x=0$，则成立

$$\int_a^b f^2(x)\mathrm{d}x\leqslant\frac{1}{8}(b-a)^2\int_a^b(f'(x))^2\mathrm{d}x.$$

证 记$m=f\left(\frac{a+b}{2}\right)$和$g(x)=f(x)-m$，那么有$g\left(\frac{a+b}{2}\right)=0$和$f'(x)=g'(x)$.

因为

$$\begin{aligned}\int_a^b(f^2(x)-g^2(x))\mathrm{d}x&=\int_a^b(f(x)-g(x))(f(x)+g(x))\mathrm{d}x\\&=m\int_a^b(2f(x)-m)\mathrm{d}x\\&=-m^2(b-a)<0.\end{aligned}$$

进一步，有

$$\int_a^b f^2(x)\mathrm{d}x\leqslant\int_a^b g^2(x)\mathrm{d}x$$

和

$$\int_a^b f^2(x)\,\mathrm{d}x \leqslant \int_a^b g^2(x)\,\mathrm{d}x = \int_a^{\frac{a+b}{2}} g^2(x)\,\mathrm{d}x + \int_{\frac{a+b}{2}}^b g^2(x)\,\mathrm{d}x.$$

利用例 3.24 的结论，可以得到

$$\begin{aligned}\int_a^b f^2(x)\,\mathrm{d}x &\leqslant \frac{1}{2}\left(\frac{b-a}{2}\right)^2 \int_a^{\frac{a+b}{2}} (g'(x))^2\mathrm{d}x + \frac{1}{2}\left(\frac{b-a}{2}\right)^2 \int_{\frac{a+b}{2}}^b (g'(x))^2\mathrm{d}x \\ &= \frac{1}{8}(b-a)^2 \int_a^b (f'(x))^2\mathrm{d}x.\end{aligned}$$

例 3.26 证明：$\int_0^{\frac{\pi}{2}} \frac{\sin x}{1+x^2}\mathrm{d}x \leqslant \int_0^{\frac{\pi}{2}} \frac{\cos x}{1+x^2}\mathrm{d}x$.

证 **方法 1** 因为

$$\begin{aligned}\int_0^{\frac{\pi}{2}} \frac{\sin x}{1+x^2}\mathrm{d}x - \int_0^{\frac{\pi}{2}} \frac{\cos x}{1+x^2}\mathrm{d}x &= \int_0^{\frac{\pi}{2}} \frac{\sin x-\cos x}{1+x^2}\mathrm{d}x \\ &= \int_0^{\frac{\pi}{4}} \frac{\sin x-\cos x}{1+x^2}\mathrm{d}x + \int_{\frac{\pi}{4}}^{\frac{\pi}{2}} \frac{\sin x-\cos x}{1+x^2}\mathrm{d}x,\end{aligned}$$

而

$$\int_{\frac{\pi}{4}}^{\frac{\pi}{2}} \frac{\sin x-\cos x}{1+x^2}\mathrm{d}x = \int_0^{\frac{\pi}{4}} \frac{\cos t-\sin t}{1+\left(t-\frac{\pi}{2}\right)^2}\mathrm{d}t,$$

因此

$$\int_0^{\frac{\pi}{2}} \frac{\sin x-\cos x}{1+x^2}\mathrm{d}x = \int_0^{\frac{\pi}{4}} (\sin t-\cos t)\frac{\frac{\pi}{2}\left(\frac{\pi}{2}-2t\right)}{(1+t^2)\left(1+\left(t-\frac{\pi}{2}\right)^2\right)}\mathrm{d}t \leqslant 0.$$

方法 2

$$\begin{aligned}\int_0^{\frac{\pi}{2}} \frac{\sin x}{1+x^2}\mathrm{d}x - \int_0^{\frac{\pi}{2}} \frac{\cos x}{1+x^2}\mathrm{d}x &= \int_0^{\frac{\pi}{4}} \frac{\sin x-\cos x}{1+x^2}\mathrm{d}x + \int_{\frac{\pi}{4}}^{\frac{\pi}{2}} \frac{\sin x-\cos x}{1+x^2}\mathrm{d}x \\ &= \frac{1}{1+x_1^2}\int_0^{\frac{\pi}{4}} (\sin x-\cos x)\,\mathrm{d}x + \frac{1}{1+x_2^2}\int_{\frac{\pi}{4}}^{\frac{\pi}{2}} (\sin x-\cos x)\,\mathrm{d}x \\ &= (1-\sqrt{2})\left(\frac{1}{1+x_1^2} - \frac{1}{1+x_2^2}\right) \leqslant 0.\end{aligned}$$

例 3.27 设$f(x)$在$(-\infty,+\infty)$上具有二阶连续导数，$f(0)=1, f'(0)=0$, $f''(x)-5f'(x)-6f(x)\geqslant 0$，证明：$f(x)\geqslant 3\mathrm{e}^{2x}-2\mathrm{e}^{3x}$.

证 令 $g(x)=\mathrm{e}^{-2x}f(x)$，那么 $g(0)=1$ 和

$$g''(x)-g'(x)=\mathrm{e}^{-2x}(f''(x)-5f'(x)+6f(x))\geqslant 0,$$

故$(g'(x)\mathrm{e}^{-x})'\geqslant 0$，因此$g'(x)\mathrm{e}^{-x}$单调增加，这样当$x>0$时，有

$$g'(x)\mathrm{e}^{-x}\geqslant g'(0)=-2,$$

或$g'(x)\geqslant -2\mathrm{e}^{x}$，积分可得$g(x)-g(0)\geqslant 2(1-\mathrm{e}^{x})$，或$g(x)\geqslant 3-2\mathrm{e}^{x}$，即

$$f(x)\geqslant \mathrm{e}^{2x}(3-2\mathrm{e}^{x}).$$

对$x<0$的情形同样讨论.

例 3.28 设$f(x)$在$[0,1]$上连续，$0<m\leqslant f(x)\leqslant M$，证明：

$$1\leqslant \int_0^1 f(x)\mathrm{d}x\int_0^1\frac{1}{f(x)}\mathrm{d}x\leqslant\frac{(m+M)^2}{2mM}.$$

证 左边不等式用柯西不等式即可.

下面证明右边不等式. 因为

$$\begin{aligned}(f(x)-m)(f(x)-M)\leqslant 0&\Rightarrow\frac{(f(x)-m)(f(x)-M)}{f(x)}\leqslant 0\\&\Rightarrow\int_0^1 f(x)\mathrm{d}x+mM\int_0^1\frac{1}{f(x)}\mathrm{d}x\leqslant m+M\\&\Rightarrow\left(\int_0^1 f(x)\mathrm{d}x\right)^2+(mM)^2\left(\int_0^1\frac{1}{f(x)}\mathrm{d}x\right)^2+2mM\int_0^1 f(x)\mathrm{d}x\int_0^1\frac{1}{f(x)}\mathrm{d}x\\&\leqslant(m+M)^2\\&\Rightarrow\int_0^1 f(x)\mathrm{d}x\int_0^1\frac{1}{f(x)}\mathrm{d}x\leqslant\frac{(m+M)^2}{4mM}.\end{aligned}$$

例 3.29 设$f(x)$在$(-\infty,+\infty)$上单调且可导，$f^{-1}(x)$是它的反函数，且$\int f(x)\mathrm{d}x=F(x)+C$，求：$\int f^{-1}(x)\mathrm{d}x$.

解 因为$x=f(f^{-1}(x))$，$\int f(x)\mathrm{d}x=F(x)+C$，故

$$\begin{aligned}\int f^{-1}(x)\mathrm{d}x&=xf^{-1}(x)-\int x\mathrm{d}(f^{-1}(x))\\&=xf^{-1}(x)-\int f(f^{-1}(x))\mathrm{d}(f^{-1}(x))\\&=xf^{-1}(x)-F(f^{-1}(x))+C.\end{aligned}$$

例 3.30 设二阶可微函数$f(x)$满足关系$f(x)=\int_0^x f(1-t)\mathrm{d}t+1$，求：$f(x)$.

解 由$f(x)=\int_0^x f(1-t)\mathrm{d}t+1$得到

$$f(0)=1\text{ 和 }f'(x)=f(1-x).$$

又

$$f(1-x)=\int_0^{1-x} f(1-t)\,\mathrm{d}t+1=-\int_1^x f(u)\,\mathrm{d}u+1,$$

因此得到

$$f''(x)+f(x)=0,\ f(0)=1,\ f'(1)=1.$$

这样我们有 $f(x)=\cos x+\dfrac{1+\sin 1}{\cos 1}\sin x$.

例 3.31　设 $f(0)=1$，$f'(x)=\dfrac{1}{\mathrm{e}^x+|f(x)|}(x\geqslant 0)$，且 $\lim\limits_{x\to+\infty} f(x)=A$，证明：$\sqrt{2}\leqslant A\leqslant 1+\ln 2$.

证　因为 $f'(x)=\dfrac{1}{\mathrm{e}^x+|f(x)|}>0$，因此当 $x\geqslant 0$ 时，$f(x)$ 单调增加，故当 $x\geqslant 0$ 时，有 $f(x)>f(0)=1$. 由于

$$\int_0^{+\infty} f'(x)\,\mathrm{d}x=\lim_{t\to+\infty}\int_0^t f'(x)\,\mathrm{d}x=A-1$$

和

$$\int_0^{+\infty}\frac{\mathrm{d}x}{\mathrm{e}^x+|f(x)|}=\int_0^{+\infty}\frac{\mathrm{d}x}{\mathrm{e}^x+f(x)}\leqslant\int_0^{+\infty}\frac{\mathrm{d}x}{\mathrm{e}^x+1}=\ln 2,$$

因此得到 $A\leqslant 1+\ln 2$.

另一方面，

$$\int_0^{+\infty}\frac{\mathrm{d}x}{\mathrm{e}^x+f(x)}\geqslant\int_0^{+\infty}\frac{\mathrm{d}x}{\mathrm{e}^x+A}=\int_1^{+\infty}\frac{\mathrm{d}t}{t^2+At}\geqslant\int_1^{+\infty}\frac{\mathrm{d}t}{t^2(1+A)}=\frac{1}{1+A},$$

于是有 $A-1\geqslant\dfrac{1}{1+A}$，从而得到 $A\geqslant\sqrt{2}$.

例 3.32　计算 $\lim\limits_{n\to\infty}\dfrac{(1^p+3^p+\cdots+(2n-1)^p)^{q+1}}{(2^q+4^q+\cdots+(2n)^q)^{p+1}}$　$(p,q\neq-1)$.

解

$$\begin{aligned}
&\lim_{n\to\infty}\frac{(1^p+3^p+\cdots+(2n-1)^p)^{q+1}}{(2^q+4^q+\cdots+(2n)^q)^{p+1}}\\
&=\lim_{n\to\infty}\frac{\left[\dfrac{1}{n}\left(\left(\dfrac{1}{2n}\right)^p+\left(\dfrac{3}{2n}\right)^p+\cdots+\left(\dfrac{2n-1}{2n}\right)^p\right)\right]^{q+1}}{\left[\dfrac{1}{n}\left(\left(\dfrac{2}{2n}\right)^q+\left(\dfrac{4}{2n}\right)^q+\cdots+\left(\dfrac{2n}{2n}\right)^q\right)\right]^{p+1}}2^{p-q}\\
&=2^{p-q}\frac{\left(\displaystyle\int_0^1 t^p\,\mathrm{d}t\right)^{q+1}}{\left(\displaystyle\int_0^1 t^q\,\mathrm{d}t\right)^{p+1}}
\end{aligned}$$

$$=2^{p-q}\frac{(q+1)^{p+1}}{(p+1)^{q+1}}.$$

例 3.33　设 $f(x)$ 在 $[a,b]$ 上连续，$f(x)>0$，计算：$\lim\limits_{t\to 0^+}\left(\frac{1}{b-a}\int_a^b (f(x))^t\mathrm{d}x\right)^{\frac{1}{t}}$ 和 $\lim\limits_{t\to 0^+}\left(\int_0^1 (\mathrm{e}^{x^2})^t\mathrm{d}x\right)^{\frac{1}{t}}$.

解　利用洛必达法则，有

$$\lim_{t\to 0^+}\left(\frac{1}{b-a}\int_a^b (f(x))^t\mathrm{d}x\right)^{\frac{1}{t}}=\lim_{t\to 0^+}\mathrm{e}^{\frac{1}{\frac{1}{b-a}\int_a^b (f(x))^t\mathrm{d}x}\cdot\frac{1}{b-a}\int_a^b (f(x))^t\ln f(x)\mathrm{d}x}$$
$$=\mathrm{e}^{\frac{1}{b-a}\int_a^b \ln f(x)\mathrm{d}x}.$$

因此

$$\lim_{t\to 0^+}\left(\int_0^1 (\mathrm{e}^{x^2})^t\mathrm{d}x\right)^{\frac{1}{t}}=\mathrm{e}^{\int_0^1 x^2\mathrm{d}x}=\mathrm{e}^{\frac{1}{3}}.$$

例 3.34　证明：$F(x)=\int_{\mathrm{e}}^{+\infty}\frac{\cos t\mathrm{d}t}{t^x}$ 在 $(1,+\infty)$ 内有连续导数.

证　令 $f(x,t)=\frac{\cos t}{t^x}$，对任意 $[a,b]\subset(1,+\infty)$，显然 $f(x,t)$ 在 $[a,b]\times[\mathrm{e},+\infty)$ 上连续，对一切 $x\in[a,b]$，有 $\left|\frac{\cos t}{t^x}\right|<\frac{1}{t^x}$，而 $\int_{\mathrm{e}}^{+\infty}\frac{\mathrm{d}t}{t^x}$ 收敛，从而 $F(x)$ 在 $[a,b]$ 上一致收敛. 因此 $F(x)$ 在 $[a,b]$ 上连续，由 $[a,b]$ 的任意性知，$F(x)$ 在 $(1,+\infty)$ 上连续.

另一方面，$f'_x(x,t)=-\frac{\cos t}{t^x}\ln t$，这样 $f'_x(x,t)$ 在 $[a,b]\times[\mathrm{e},+\infty)$ 上也连续.
又对于 $y\in[\mathrm{e},+\infty)$，$\int_{\mathrm{e}}^{y}(-\cos t)\mathrm{d}t$ 有界，而 $\frac{\ln t}{t^x}$ 关于 t 单调递减，且对任意 $x\in[a,b]\subset(1,+\infty)$，由于 $\frac{\ln t}{t^x}<\frac{\ln t}{t}\to 0(t\to+\infty)$，所以 $\int_{\mathrm{e}}^{+\infty}f'_x(x,t)\mathrm{d}t$ 在 $x\in[a,b]$ 上一致收敛. 故 $F'(x)$ 在 $[a,b]$ 上连续，由 $[a,b]$ 的任意性可知：$F'(x)$ 在 $(1,+\infty)$ 上连续.

例 3.35　设 $S=\left\{f(x)\mid f(x)\text{在}[0,1]\text{上连续},\int_0^1|f(x)|\mathrm{d}x=1\right\}$，求：$\min\limits_{f\in S}\int_0^1(1+x^2)f^2(x)\mathrm{d}x$.

解　对于 $f(x)\in S$，利用柯西不等式，可得

$$1=\int_0^1|f(x)|\mathrm{d}x$$

$$\leqslant\left(\int_0^1(1+x^2)f^2(x)\,\mathrm{d}x\right)^{\frac{1}{2}}\left(\int_0^1\frac{\mathrm{d}x}{1+x^2}\right)^{\frac{1}{2}}$$

$$=\frac{\sqrt{\pi}}{2}\left(\int_0^1(1+x^2)f^2(x)\,\mathrm{d}x\right)^{\frac{1}{2}}.$$

故$\int_0^1(1+x^2)f^2(x)\,\mathrm{d}x\geqslant\frac{4}{\pi}$.

由于$f_0(x)=\frac{4}{\pi(1+x^2)}\in S$，且$\int_0^1(1+x^2)f_0^2(x)\,\mathrm{d}x=\frac{4}{\pi}$，因此

$$\min_{f\in S}\int_0^1(1+x^2)f^2(x)\,\mathrm{d}x=\frac{4}{\pi}.$$

例 3.36　设非常数函数$f(x)$在区间$[0,1]$上有连续导数，且$f(0)=f(1)=0$，证明：

$$\left|\int_0^1 f(x)\,\mathrm{d}x\right|<\frac{1}{4}\max_{0\leqslant x\leqslant 1}|f'(x)|.$$

证　由题设可知，若令$M=\max\limits_{0\leqslant x\leqslant 1}|f'(x)|$，则必有$M>0$. 于是只要证明

$$\frac{1}{4}M-\left|\int_0^1 f(x)\,\mathrm{d}x\right|>0.$$

因为$f(0)=f(1)=0$，根据微分中值定理，当$x\in\left[0,\frac{1}{2}\right]$时，有

$$xM-|f(x)|=xM-|f(x)-f(0)|=x(M-|f'(\theta_1 x)|)\geqslant 0; \tag{3-1}$$

当$x\in\left[\frac{1}{2},1\right]$时，有

$$(1-x)M-|f(x)|=(1-x)M-|f(x)-f(1)|=(1-x)(M-|f'(\theta_2 x)|)\geqslant 0, \tag{3-2}$$

其中$\theta_i\in(0,1)$，$i=1$，2.

又因为$M-|f'(x)|$在区间$[0,1]$上不恒为零，从而可知式(3-1)在区间$\left[0,\frac{1}{2}\right]$上和式(3-2)在区间$\left[\frac{1}{2},1\right]$上，至少有一个等号不恒成立. 由非负连续函数的积分性质，可得到

$$\frac{1}{4}M-\left|\int_0^1 f(x)\,\mathrm{d}x\right|\geqslant\frac{1}{4}M-\int_0^1|f(x)|\,\mathrm{d}x$$

$$=\int_0^{\frac{1}{2}}Mx\,\mathrm{d}x+\int_{\frac{1}{2}}^1 M(1-x)\,\mathrm{d}x-\left(\int_0^{\frac{1}{2}}|f(x)-f(0)|\,\mathrm{d}x+\int_{\frac{1}{2}}^1|f(x)-f(1)|\,\mathrm{d}x\right)$$

$$=\int_0^{\frac{1}{2}}x(M-|f'(\theta_1 x)|)\,\mathrm{d}x+\int_{\frac{1}{2}}^1(1-x)(M-|f'(\theta_2 x)|)\,\mathrm{d}x>0.$$

习　题　3

1. 计算下列积分：

（1）$\int_0^{\frac{\pi}{2}}\frac{\mathrm{d}x}{1+\tan^{2023}x}$；　$\left(提示：t=\frac{\pi}{2}-x；答案：\frac{\pi}{4}\right)$

（2）$\int_0^{+\infty}\frac{\mathrm{d}x}{x\sqrt{1+x^5+x^{10}}}$；　$\left(提示：x=\frac{1}{t}；答案：\frac{1}{5}\ln\left(1+\frac{2\sqrt{3}}{3}\right)\right)$

（3）$\int\arctan\sqrt{\frac{2x-1}{5x+3}}\mathrm{d}x$.　$\left(提示：令 t=\arctan\sqrt{\frac{2x-1}{5x+3}}；答案：x\arctan\sqrt{\frac{2x-1}{5x+3}}+\frac{2}{7}\arctan\sqrt{\frac{2x-1}{5x+3}}-\frac{11\sqrt{10}}{140}\ln\left|\frac{\sqrt{10x-5}+\sqrt{10x+6}}{\sqrt{10x-5}-\sqrt{10x+6}}\right|+C\right)$

2. 确定积分 $I=\int_{-2}^{2}x^3\cdot 2^x\mathrm{d}x$ 的符号.（答案：$I>0$）

3. 证明积分中值定理中的中值 ξ 可在 (a,b) 内部取得.

4. 证明：若 $f(x)$ 为 $[0,1]$ 上的连续函数，且对一切 $x\in(0,1)$，有

$$\int_0^x f(u)\mathrm{d}u\geqslant f(x)\geqslant 0，则 f(x)\equiv 0.$$

参考证明：方法 1　设 M 为 $f(x)$ 在 $[0,1]$ 上的最大值，则 $M\geqslant 0$.

对任意 $x_0\in(0,1)$，有 $0\leqslant f(x_0)\leqslant\int_0^{x_0}f(u)\mathrm{d}u=f(t_1)x_0$，$0\leqslant t_1\leqslant x_0$，

对于 t_1，则又有

$$0\leqslant f(t_1)\leqslant\int_0^{t_1}f(u)\mathrm{d}u=f(t_2)t_1,\ 0\leqslant t_2\leqslant t_1\leqslant x_0\Rightarrow f(x_0)\leqslant f(t_2)x_0^2\leqslant Mx_0^2,\ \cdots,$$

$f(x_0)\leqslant f(t_n)x_0^n\leqslant Mx_0^n\to 0\quad(n\to\infty)$. 由 x_0 的任意性知结论成立.

方法 2　记 $F(x)=\int_0^x f(u)\mathrm{d}u$，则因 $0\leqslant f(x)\leqslant\int_0^x f(u)\mathrm{d}u$，有

$$f^2(x)\leqslant f(x)\int_0^x f(u)\mathrm{d}u=F(x)F'(x).$$

从而　$\int_0^1 f^2(x)\mathrm{d}x\leqslant\int_0^1 F(x)F'(x)\mathrm{d}x=\frac{1}{2}F^2(1)=\frac{1}{2}\left(\int_0^1 f(u)\mathrm{d}u\right)^2$，

或 $2\int_0^1 f^2(x)\mathrm{d}x\leqslant\left(\int_0^1 f(u)\mathrm{d}u\right)^2$. 另一方面，利用柯西不等式，得到

$$\left(\int_0^1 f(u)\mathrm{d}u\right)^2\leqslant\int_0^1 1^2\mathrm{d}u\int_0^1 f^2(u)\mathrm{d}u=\int_0^1 f^2(u)\mathrm{d}u,$$

即有 $\int_0^1 f^2(x)\mathrm{d}x\leqslant 0$，所以 $f(x)\equiv 0$.

5. 若 $f(x)$ 为 $[a,b]$ 上的连续函数，则 $2\int_a^b f(x)\left(\int_x^b f(t)\mathrm{d}t\right)\mathrm{d}x=\left(\int_a^b f(t)\mathrm{d}t\right)^2$.

$\left(提示：令 F(x)=\int_b^x f(t)\mathrm{d}t\right)$

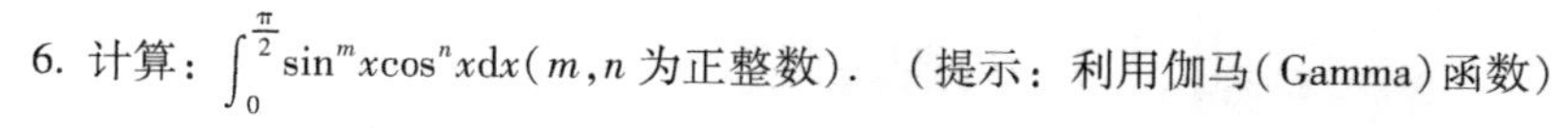

6. 计算：$\int_0^{\frac{\pi}{2}} \sin^m x\cos^n x\mathrm{d}x$（$m,n$ 为正整数）.（提示：利用伽马（Gamma）函数）

7. 计算：$\lim\limits_{\delta\to 0^+}\int_\delta^1\left(\left[\frac{2}{x}\right]-2\left[\frac{1}{x}\right]\right)\mathrm{d}x$.（答案：$2\ln2-1$）

8. 设 y 是由方程 $y^3(x+y)=x^3$ 所确定的隐函数，求：$\int\frac{\mathrm{d}x}{y^3}$.（提示：令 $y=tx$；答案：$-\left(\frac{y^3}{x^3}+\frac{7}{4}\frac{y^4}{x^4}+\frac{4}{5}\frac{y^5}{x^5}\right)+C$）

9. 对任意的自然数 n，求证：

$$\int_0^n\frac{1-\left(1-\frac{t}{n}\right)^n}{t}\mathrm{d}t=1+\frac{1}{2}+\frac{1}{3}+\cdots+\frac{1}{n}.$$

10. 求证：$\mathrm{e}\left(\frac{n}{\mathrm{e}}\right)^n\leqslant n!\leqslant\frac{\mathrm{e}^2}{4}\left(\frac{n+1}{\mathrm{e}}\right)^{n+1}$.（提示：对不等式两边取对数）

11. 若 $f(x)$ 为 $(-\infty,+\infty)$ 上的连续函数，且对任何 x 有 $\int_x^{x+1}f(t)\mathrm{d}t=3$ 成立，求证：$f(x)$ 是周期函数.（提示：设 $F(x)$ 为 $f(x)$ 的原函数）

12. 若 $f(x)$ 为 $[a,b]$ 上的连续函数，$f(x)\geqslant 0$，证明：$\lim\limits_{n\to\infty}\sqrt[n]{\int_a^b(f(x))^n\mathrm{d}x}=\max\limits_{[a,b]}f(x)$.

13. 设 $f(x)$ 在 $[0,1]$ 上可积，证明：$\lim\limits_{n\to\infty}\sum\limits_{i=1}^{n-1}\ln\left(1+\frac{1}{n}f\left(\frac{i}{n}\right)\right)=\int_0^1 f(x)\mathrm{d}x$.

14. 已知 $\sinh x\cdot\sinh y=1$，计算 $I=\int_0^{+\infty}y\mathrm{d}x$.

参考解法：令 $t=\mathrm{e}^{-x}$，则 $\sinh x=\frac{1}{2}(\mathrm{e}^x-\mathrm{e}^{-x})=\frac{1-t^2}{2t}$，且 $\sinh y=\frac{2t}{1-t^2}$，那么 $y=\operatorname{arsinh}\left(\frac{2t}{1-t^2}\right)=\ln\frac{1+t}{1-t}$，又 $\mathrm{d}x=-\frac{1}{t}\mathrm{d}t$，于是

$$\int_0^{+\infty}y\mathrm{d}x=\int_0^1\frac{1}{t}\ln\frac{1+t}{1-t}\mathrm{d}t=\int_0^1\frac{1}{t}\ln(1+t)\mathrm{d}t-\int_0^1\frac{1}{t}\ln(1-t)\mathrm{d}t,$$

又因为 $\frac{1}{t}\ln(1+t)=\sum\limits_{n=1}^{+\infty}(-1)^{n-1}\frac{t^{n-1}}{n}(0\leqslant t\leqslant 1)$，则

$$\int_0^1\frac{1}{t}\ln(1+t)\mathrm{d}t=\sum_{n=1}^{+\infty}\frac{(-1)^{n-1}}{n^2}=\frac{\pi^2}{12}.$$

同样可证 $\int_0^1\frac{1}{t}\ln(1-t)\mathrm{d}t=-\frac{\pi^2}{6}$，所以 $I=\frac{\pi^2}{4}$.

15. 设 $f(t)$ 是已知可微函数，求解微分方程 $\frac{\mathrm{d}y}{\mathrm{d}t}+y\frac{\mathrm{d}f}{\mathrm{d}t}=f(t)\frac{\mathrm{d}f}{\mathrm{d}t}$.（答案：$y(t)=c\mathrm{e}^{-f(x)}+f(x)-1$）

16. 设 $f(x)$，$g(x)$ 在 $[0,1]$ 上连续，两者同为单调递增或同为单调递减函数，求证：

$$\int_0^1 f(x)g(x)\,\mathrm{d}x \geqslant \int_0^1 f(x)\,\mathrm{d}x \int_0^1 g(x)\,\mathrm{d}x.$$

参考证法：不失一般性，假设$f(x)\geqslant 0$，$g(x)\geqslant 0$，$f(x)$，$g(x)$均单调递增且均不为常数. 首先$g(0)<\int_0^1 g(x)\,\mathrm{d}x<g(1)$，故存在$\xi\in(0,1)$，使$\int_0^1 g(x)\,\mathrm{d}x=g(\xi)$. 于是

$$\int_0^1 f(x)(g(x)-g(\xi))\,\mathrm{d}x=\int_\xi^1 f(x)(g(x)-g(\xi))\,\mathrm{d}x+\int_0^\xi f(x)(g(x)-g(\xi))\,\mathrm{d}x,$$

利用推广的积分中值定理：$\int_0^1 f(x)g(x)\,\mathrm{d}x=f(\xi)\int_0^1 g(x)\,\mathrm{d}x$，得到

$$\begin{aligned}&\int_0^1 f(x)(g(x)-g(\xi))\,\mathrm{d}x\\&=f(\eta_1)\int_\xi^1 (g(x)-g(\xi))\,\mathrm{d}x-f(\eta_2)\int_0^\xi (g(\xi)-g(x))\,\mathrm{d}x\left(\eta_1\in(\xi,1),\eta_2\in(0,\xi)\right)\\&\geqslant f(\eta_2)\int_0^1 (g(x)-g(\xi))\,\mathrm{d}x=0.\end{aligned}$$

第4章 导数与积分的应用

主要知识点：微分中值定理；利用导数证明不等式；极值与最值的求法；定积分的几何应用.

4.1 中值定理

4.1.1 罗尔(Rolle)定理

设$f(x)$在$[a,b]$上连续，在(a,b)内可导，且$f(a)=f(b)$，则必定存在$\xi\in(a,b)$满足$f'(\xi)=0$.

4.1.2 拉格朗日中值定理

设$f(x)$在$[a,b]$上连续，在(a,b)内可导，则必存在$\xi\in(a,b)$，使得

$$f(b)-f(a)=f'(\xi)(b-a).$$

4.1.3 柯西中值定理

设$f(x)$，$g(x)$在$[a,b]$上连续，在(a,b)内可导，且$f'(x)$，$g'(x)$($x\in[a,b]$)不同时为零，且$g(a)\neq g(b)$，则必存在$\xi\in(a,b)$，满足$g'(\xi)\neq 0$，使得

$$\frac{f(b)-f(a)}{g(b)-g(a)}=\frac{f'(\xi)}{g'(\xi)}.$$

4.1.4 泰勒公式

设$f(x)$在$x=x_0$的某邻域内有n阶导数，则

$$f(x)=f(x_0)+f'(x_0)(x-x_0)+\frac{f''(x_0)}{2!}(x-x_0)^2+\cdots+\frac{f^{(n)}(x_0)}{n!}(x-x_0)^{(n)}+o((x-x_0)^n).$$

注 几个重要函数的泰勒公式已在1.4.2小节中给出.

例4.1 设$f(x)$在$[0,1]$上可导，且$f'_+(0)>0,f'_-(1)<0$，则存在$\xi\in(0,1)$，使$f'(\xi)=0$.

证 因$f'_+(0)>0$，即$\lim\limits_{x\to0^+}\frac{f(x)-f(0)}{x}>0$，故存在$\delta_1\in(0,1)$，使得对$x\in[0,\delta_1]$，成立$f(x)>f(0)$. 同样因$f'_-(1)<0$，故存在$\delta_2>0$，使得对$x\in[1-\delta_2,1]$，成立

$f(x)>f(1)$.

因此$f(x)$必在$(0,1)$内取得其最大值，即存在$\xi\in(0,1)$，使得$f'(\xi)=0$.

例 4.2 设$f(x)$在$[a,b]$上连续，在(a,b)内可导，$f(a)=f(b)$，且$f(x)$不为常数，则必存在ξ_1，$\xi_2\in(a,b)$，满足$f'(\xi_1)>0$和$f'(\xi_2)<0$.

证 因为$f(x)$不为常数，故必存在$c\in(a,b)$，使得$f(c)\neq f(a)=f(b)$，不妨设

$$f(c)>f(a).$$

在$[a,c]$上，利用拉格朗日中值定理，存在$\xi_1\in[a,c]$，使得

$$f'(\xi_1)=\frac{f(c)-f(a)}{c-a}>0.$$

在$[c,b]$上，利用拉格朗日中值定理，存在$\xi_2\in[c,b]$，使得

$$f'(\xi_2)=\frac{f(b)-f(c)}{b-c}<0.$$

4.1.5 中值定理的应用

罗尔定理、拉格朗日中值定理、柯西中值定理和泰勒公式的应用，关键在于引进合适的辅助函数.

例 4.3 设$a>0$，$f(x)$在$[a,b]$上连续，$f(x)$在(a,b)内可导，且$f'(x)\neq 0$，求证：存在ξ，$\eta\in(a,b)$，使得$f'(\xi)=\dfrac{b+a}{2\eta}f'(\eta)$.

证 根据拉格朗日中值定理知存在$\xi\in(a,b)$，有

$$f'(\xi)=\frac{f(b)-f(a)}{b-a}=(b+a)\frac{f(b)-f(a)}{b^2-a^2},$$

利用柯西中值定理，存在$\eta\in(a,b)$，使得

$$\frac{f(b)-f(a)}{b^2-a^2}=\frac{f'(\eta)}{2\eta}.$$

因此结论成立.

例 4.4 设$f(x)$在$[0,+\infty)$上可导，$f(0)=0$，$f'(x)$严格单调递减，$0<a<b$，则

$$f(a+b)<f(a)+f(b).$$

证 **方法 1** 利用拉格朗日中值定理，有

$$\begin{aligned}f(a+b)-f(a)-f(b)&=f(a+b)-f(b)-(f(a)-f(0))\\&=f'(\xi_2)a-f'(\xi_1)a,\xi_1\in(0,a),\xi_2\in(b,a+b).\end{aligned}$$

由于$f'(x)$严格单调递减，因此$f'(\xi_2)<f'(\xi_1)$，从而结论成立.

方法 2 利用单调性. 设$F(x)=f(x+a)-f(x)-f(a)$，那么

$$F(0)=0,\ F'(x)=f'(x+a)-f'(x).$$

由于$f'(x)$严格单调递减，因此$F'(x)<0$，$0\leqslant x\leqslant b$，故$F(x)<0$，$0\leqslant x\leqslant b$.

例 4.5　设$f(x)$，$g(x)$在$[a,b]$上连续，在(a,b)内可导，且$f(a)=f(b)=0$，求证：存在$\xi\in(a,b)$，使得$f'(\xi)+f(\xi)g'(\xi)=0$.

分析：$f'(\xi)+f(\xi)g'(\xi)=0\Leftrightarrow(f(\xi)\mathrm{e}^{g(\xi)})'=0$.

证　设$F(x)=f(x)\mathrm{e}^{g(x)}$，那么$F(a)=F(b)=0$，利用罗尔定理，存在$\xi\in(a,b)$使得$F'(\xi)=0$. 又

$$F'(x)=(f'(x)+f(x)g'(x))\mathrm{e}^{g(x)},$$

因此$f'(\xi)+f(\xi)g'(\xi)=0$.

例 4.6　设$f(x)$在$[0,2]$上二阶可微，且对任意$x\in[0,2]$有$|f(x)|\leqslant 1$，$|f''(x)|\leqslant 1$，求证：$|f'(x)|\leqslant 2$，$x\in[0,2]$.

证　用反证法. 设存在$c\in[0,2]$，使得$|f'(c)|>2$，不妨认为$f'(c)>2$. 在$x=c$处将$f(x)$展开成二阶泰勒公式，有

$$f(x)=f(c)+f'(c)(x-c)+\frac{1}{2!}f''(\xi)(x-c)^2,\ \xi\text{ 介于 }x\text{ 与 }c\text{ 之间},$$

那么

$$f(0)=f(c)+f'(c)(0-c)+\frac{1}{2!}f''(\xi_1)(0-c)^2,\ \xi_1\text{ 介于 }0\text{ 与 }c\text{ 之间},$$

$$f(2)=f(c)+f'(c)(2-c)+\frac{1}{2!}f''(\xi_2)(2-c)^2,\ \xi_2\text{ 介于 }c\text{ 与 }2\text{ 之间}.$$

两式相减，得

$$\begin{aligned}f(2)-f(0)&=2f'(c)+\frac{1}{2}f''(\xi_2)(2-c)^2-\frac{1}{2}f''(\xi_1)c^2\\&>4-\frac{1}{2}[(2-c)^2+c^2]\geqslant 2,\end{aligned}$$

即$f(2)-f(0)>2$. 又从$|f(x)|\leqslant 1$得到$f(2)-f(0)\leqslant 2$. 矛盾.

4.2　函数的单调性

设$f(x)$在区间I内连续且可导，则$f(x)$单调增加(或单调减少)[⊖]$\Leftrightarrow f'(x)\geqslant 0$(或$f'(x)\leqslant 0$).

例 4.7　设$f(x)$连续且单调增加，记$F(x)=\int_0^a f(x+y)\,\mathrm{d}y\ (a>0)$，求证：$F(x)$单调增加.

⊖　单调增加也称为单调递增，单调减少也称为单调递减. ——编辑注

证 **方法1** 设 $t=x+y$，那么有 $F(x)=\int_x^{a+x} f(t)\,\mathrm{d}t$ 和 $F'(x)=f(x+a)-f(x)$. 从 $f(x)$ 单调增加得到 $F(x)$ 单调增加.

方法2 设 $x_1<x_2$，那么对于 $0<y<a$，有 $x_1+y<x_2+y$ 和 $f(x_1+y)<f(x_2+y)$，因此

$$F(x_2)-F(x_1)=\int_0^a f(x_2+y)\,\mathrm{d}y-\int_0^a f(x_1+y)\,\mathrm{d}y=\int_0^a (f(x_2+y)-f(x_1+y))\,\mathrm{d}y\geqslant 0.$$

所以 $F(x_2)\geqslant F(x_1)$.

例 4.8 求证：$\left\{\left(1+\frac{1}{n}\right)^{n+1}\right\}$ 关于 n 单调减少.

证 令 $f(x)=\left(1+\frac{1}{x}\right)^{x+1}$，$x>1$. 由于 $f(x)=\mathrm{e}^{(x+1)[\ln(1+x)-\ln x]}$ 和

$$f'(x)=\mathrm{e}^{(x+1)[\ln(1+x)-\ln x]}\left[\ln(1+x)-\ln x-\frac{1}{x}\right]\text{（利用微分中值定理）}$$

$$=f(x)\left(\frac{1}{\xi}-\frac{1}{x}\right),\xi\in(x,x+1),$$

所以 $f'(x)<0$，即 $\left\{\left(1+\frac{1}{n}\right)^{n+1}\right\}$ 单调减少.

例 4.9 当 $n>8$ 时，试比较 $(\sqrt{n})^{\sqrt{n+1}}$ 与 $(\sqrt{n+1})^{\sqrt{n}}$ 的大小.

分析 令 $x=\sqrt{n}$，$y=\sqrt{n+1}\,(n>8)$，则 $\mathrm{e}<x<y$，故

比较 x^y 与 y^x 的大小 $\Leftrightarrow$ 比较 $\mathrm{e}^{y\ln x}$ 与 $\mathrm{e}^{x\ln y}$ 的大小 $\Leftrightarrow$ 比较 $\frac{\ln x}{x}$ 与 $\frac{\ln y}{y}$ 的大小.

证 设 $f(x)=\frac{\ln x}{x}(x>0)$，那么有 $f'(x)=\frac{1-\ln x}{x^2}$. 当 $x>\mathrm{e}$ 时，$f'(x)<0$. 从而当 $\mathrm{e}\leqslant x<y$ 时，成立 $f(x)>f(y)$，且

$$\frac{\ln x}{x}>\frac{\ln y}{y}\Leftrightarrow y\ln x>x\ln y$$

$$\Leftrightarrow \mathrm{e}^{y\ln x}>\mathrm{e}^{x\ln y}\Leftrightarrow x^y>y^x\Rightarrow(\sqrt{n})^{\sqrt{n+1}}>(\sqrt{n+1})^{\sqrt{n}}.$$

例 4.10 设 $b>a>\mathrm{e}^2$，证明：$\int_a^b \frac{\mathrm{d}t}{\ln t}<\frac{2b}{\ln b}$.

证 令 $f(x)=\frac{2x}{\ln x}-\int_a^x \frac{\mathrm{d}t}{\ln t}$，因 $b>a>\mathrm{e}^2$，故 $f(a)=\frac{2a}{\ln a}>0$. 又

$$f'(x)=\frac{2\ln x-2}{\ln^2 x}-\frac{1}{\ln x}=\frac{\ln x-2}{\ln^2 x}.$$

当 $x\in(a,b)$ 时，$\ln x>2$，所以有 $f'(x)>0$ 和 $f(b)>f(a)>0$，即有 $\int_a^b \frac{\mathrm{d}t}{\ln t}<\frac{2b}{\ln b}$.

例 4.11　设 $0<x<\frac{\pi}{2}$，求证：$\frac{x}{\sin x}<\frac{\tan x}{x}$.

证　**方法 1**　因为

$$\frac{x}{\sin x}<\frac{\tan x}{x}\Leftrightarrow\ln(\tan x)+\ln(\sin x)-2\ln x>0.$$

令 $f(x)=\ln(\tan x)+\ln(\sin x)-2\ln x$，则有

$$f'(x)=\frac{x\cos^2x-2\sin x\cos x+x}{x\sin x\cos x}.$$

因为 $x\sin x\cos x>0\quad\left(0<x<\frac{\pi}{2}\right)$，故只要考虑上式分子的符号. 再令

$$g(x)=x\cos^2x-2\sin x\cos x+x,$$

那么 $g(0)=0$ 和

$$g'(x)=\sin x\cos x(3\tan x-2x)>0,$$

故 $g(x)>0$. 因此 $f'(x)>0$，从而 $f(x)$ 单调增加. 又 $\lim\limits_{x\to0^+}f(x)=0$，便得到

$$f(x)>0\quad\left(0<x<\frac{\pi}{2}\right).$$

方法 2　令 $g(x)=\tan x\sin x-x^2$，那么 $g(0)=0$，又

$$g'(x)=\sec^2x\sin x+\sin x-2x,\ g'(0)=0,$$

$$\begin{aligned}g''(x)&=2\sec^2x\tan x\sin x+\sec^2x\cos x+\cos x-2\\&=2\sec^2x\tan x\sin x+\frac{1}{\cos x}+\cos x-2>0,\ x\in\left(0,\frac{\pi}{2}\right),\end{aligned}$$

因此 $g'(x)>0$，进一步有 $g(x)>0$.

4.3　极值与最值

例 4.12　求椭圆 $\frac{x^2}{a^2}+\frac{y^2}{b^2}=1\quad(a\neq b)$ 在第一象限中的切线，使它被坐标轴所截的线段最短.

解　设 (x_0,y_0) 为椭圆上的任意一点，因 $y'=-\frac{b^2x}{a^2y}$，故过 (x_0,y_0) 的切线方程为

$$y-y_0=-\frac{b^2x_0}{a^2y_0}(x-x_0),$$

且截距为 $l_x=\dfrac{a^2}{x_0}$，$l_y=\dfrac{b^2}{y_0}$. 因此该切线被坐标轴所截的线段长为

$$L(x_0,y_0)=\sqrt{\frac{a^4}{x_0^2}+\frac{b^4}{y_0^2}}\quad(0\leqslant x_0\leqslant a).$$

注意到 $y'=-\dfrac{b^2x_0}{a^2y_0}$，从 $L'_{x_0}=0$，得到$\dfrac{x_0^2}{a^3}=\dfrac{y_0^2}{b^3}$. 求解$\dfrac{x_0^2}{a^3}=\dfrac{y_0^2}{b^3}$和$\dfrac{x_0^2}{a^2}+\dfrac{y_0^2}{b^2}=1$ 的联立方程组，得到

$$x_0=\frac{a^{\frac{3}{2}}}{\sqrt{a+b}},\quad y_0=\frac{b^{\frac{3}{2}}}{\sqrt{a+b}}.$$

故所求切线方程为

$$\frac{x}{\sqrt{a}\sqrt{a+b}}+\frac{y}{\sqrt{b}\sqrt{a+b}}=1.$$

例 4.13　求函数 $z=x^2+12xy+2y^2$ 在区域 D：$4x^2+y^2\leqslant 25$ 上的最值.

解　第一步，在 D 内$(4x^2+y^2<25)$找可能的极值点. 解$\begin{cases}z_x=0,\\z_y=0,\end{cases}$得到驻点$(0,0)$.

第二步，在 D 的边界 $4x^2+y^2=25$ 上找可能的极值点. 记

$$L=x^2+12xy+2y^2+\lambda(4x^2+y^2-25).$$

解方程组

$$\begin{cases}2x+12y+8\lambda x=0,\\12x+4y+2\lambda y=0,\\4x^2+y^2=25,\end{cases}$$

得

$$(x,y,\lambda)=(\pm2,\mp3,2),\left(\pm\frac{3}{2},\pm4,-\frac{17}{4}\right).$$

第三步，比较各可能极值点的函数值. 通过前面两步得到函数可能的极值点为

$$z(0,0)=0,z=(\pm2,\mp3)=-50,z\left(\pm\frac{3}{2},\pm4\right)=106\frac{1}{4},$$

所以，$f_{\max}=106\dfrac{1}{4}$，$f_{\min}=-50$.

例 4.14　求由方程 $2x^2+y^2+z^2+2xy-2x-2y-4z+4=0$ 所确定的函数 $z=z(x,y)$ 的极值.

解　利用隐函数求导方法，得

$$\begin{cases}4x+2zz_x+2y-2-4z_x=0,\\2y+2zz_y+2x-2-4z_y=0.\end{cases}$$

令 $z_x=z_y=0$，解上述方程组，得驻点$(0,1)$，此时有

$$z_1=z(0,1)=1,\quad z_2=z(0,1)=3.$$

对上述方程组再求偏导数，得

$$\begin{cases}4+2(z_x)^2+2zz_{xx}-4z_{xx}=0,\\2+2(z_y)^2+2zz_{yy}-4z_{yy}=0,\\2z_xz_y+2zz_{xy}+2-4z_{xy}=0.\end{cases}$$

用 $x=0$，$y=1$，$z_1=1$ 代入上式，得 $A_1=2>0$，$B_1=1$，$C_1=1$ 和 $A_1C_1-B_1^2=1>0$，所以隐函数 $z_1(x,y)$ 在点$(0,1)$有极小值 1；

用 $x=0$，$y=1$，$z_2=3$ 代入上式，得 $A_2=-2$，$B_2=-1$，$C_2=-1$ 和 $A_2C_2-B_2^2=1>0$，所以隐函数 $z_2(x,y)$ 在点$(0,1)$有极大值 3.

4.4　积分的应用

（1）计算平面图形的面积；

（2）计算曲线的弧长；

（3）计算体积：用定积分；用二重积分；

（4）计算曲面的面积.

1）曲面 Σ 在 xOy 面上投影为 D，则 $S_\Sigma=\iint\limits_D\sqrt{1+z_x^2+z_y^2}\,\mathrm{d}x\mathrm{d}y$.

2）旋转曲面的侧面积：设 $y=f(x)$，$a\leqslant x\leqslant b, f(x)\geqslant 0$，则曲线 $y=f(x)$ $(a\leqslant x\leqslant b)$绕 x 轴旋转所成曲面的侧面积为

$$S_{侧}=2\pi\int_a^b y\sqrt{1+(y')^2}\,\mathrm{d}x.$$

例 4.15　半径为 r 的球的球心在半径为 a(a 为定值)的定球面上，试求当前者在定球面内部的表面积 $S(r)$ 最大时的 r 值.

解　如图 4-1 所示，利用初等几何知识，知 $x=\dfrac{r^2}{2a}$. 根据旋转曲面表面积公式，有

$$S(r)=2\pi\int_{\frac{r^2}{2a}}^{r}y\sqrt{1+(y')^2}\,\mathrm{d}x=2\pi r^2\left(1-\frac{r}{2a}\right),$$

又 $S'(r)=2\pi r\left(2-\dfrac{3r}{2a}\right)$，从 $S'(r)=0$ 得到唯一驻点 $r=\dfrac{4}{3}a$，故当 $r=\dfrac{4}{3}a$ 时，$S(r)$取最大.

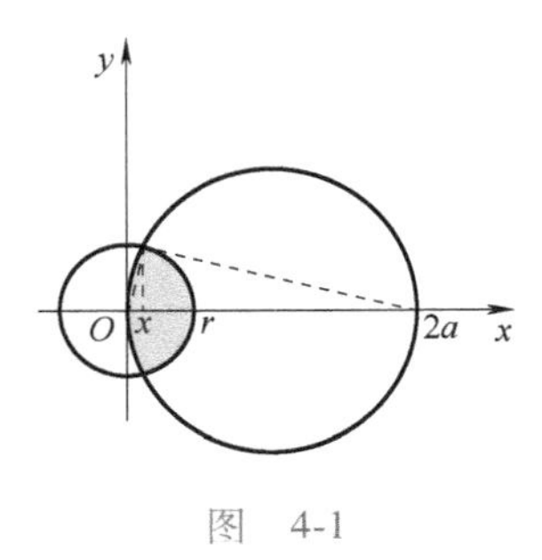

图 4-1

例 4.16 求圆的渐伸线 $x=a(\cos t+t\sin t)$，$y=a(\sin t-t\cos t)$ $(0\leqslant t\leqslant 2\pi)$ 和连接两个端点：起点 $A(a,0)$ 与终点 $B(a,-2\pi a)$ 的直线段 AB 所围成图形的面积(见图 4-2).

解 **方法 1**

$$S=-\int_0^{2\pi}y(t)x'(t)\mathrm{d}t=\int_0^{2\pi}a^2(t\cos t-\sin t)t\cos t\mathrm{d}t=\frac{4}{3}\pi^3a^2+\pi a^2.$$

方法 2

$$\begin{aligned}S&=\frac{1}{2}\int_0^{2\pi}x\mathrm{d}y-y\mathrm{d}x+\triangle OAB\text{ 的面积}\\&=\frac{a^2}{2}\int_0^{2\pi}[(\cos t+t\sin t)t\sin t+(t\cos t-\sin t)t\cos t]\mathrm{d}t+\pi a^2\\&=\frac{4}{3}\pi^3a^2+\pi a^2.\end{aligned}$$

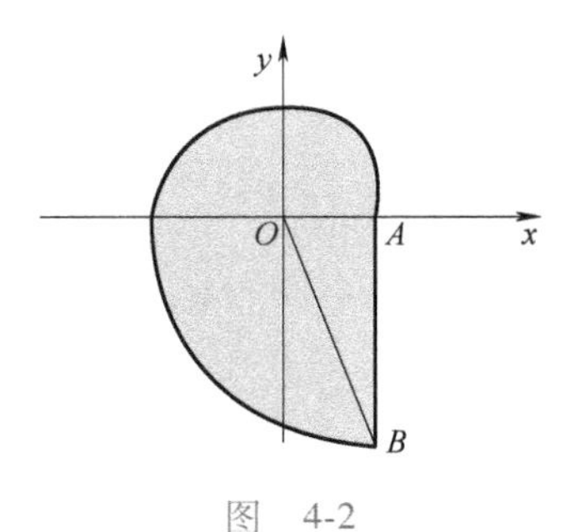

图 4-2

例 4.17 一个瓷质容器，外高为 10cm，内壁和外壁的形状分别为抛物线 $y=\frac{x^2}{10}+1$ 和 $y=\frac{x^2}{10}$绕 y 轴旋转所得的旋转面，瓷质材料的相对密度为$\frac{25}{19}$. 将此容器铅直地浮在水中，现注入相对密度为 3 的溶液，为保持不沉没，注入溶液的最大高度是多少？

解　$V_{外}=\int_0^{10}\pi 10y\mathrm{d}y=500\pi$，$V_{内}=\int_1^{10}\pi 10(y-1)\mathrm{d}y=405\pi$.

设注入溶液的最大高度是 h，则利用浮力等于容器重力与深度为 h 的溶液重量之和的原理，得

$$500\pi=(500\pi-405\pi)\frac{25}{19}+3\int_1^h 10\pi(y-1)\mathrm{d}y,$$

即

$$500\pi=125\pi+15\pi(h-1)^2,$$

故 $h=6(\mathrm{cm})$.

例 4.18　设有一高度为 $h(t)$（t 为时间）的雪堆在融化过程中，其侧面满足方程 $z=h(t)-\frac{2(x^2+y^2)}{h(t)}$（设长度单位为 cm，时间单位为 h），已知体积减少的速率与侧面积成正比（比例系数为 0.9），问高度为 130cm 的雪堆全部融化需多长时间?

解　设 t 时刻雪堆的体积为 $V(t)$，侧面积为 $S(t)$.

首先，计算 $V(t)$ 和 $S(t)$.

因为 $V(t)=\int_0^{h(t)}\mathrm{d}z\iint\limits_{D(z)}\mathrm{d}x\mathrm{d}y$，其中 $D(z)$：$x^2+y^2\leqslant\frac{1}{2}(h^2(t)-h(t)z)$，故

$$V(t)=\int_0^{h(t)}\mathrm{d}z\iint\limits_{D(z)}\mathrm{d}x\mathrm{d}y=\int_0^{h(t)}\frac{\pi}{2}(h^2(t)-h(t)z)\mathrm{d}z=\frac{\pi}{4}h^3(t).$$

又

$$S(t)=\iint\limits_{D_{xy}}\sqrt{1+z_x^2+z_y^2}\,\mathrm{d}x\mathrm{d}y=\iint\limits_{D_{xy}}\frac{\sqrt{h^2(t)+16(x^2+y^2)}}{h(t)}\mathrm{d}x\mathrm{d}y,$$

其中 D_{xy}：$x^2+y^2\leqslant\frac{1}{2}h^2(t)$. 令 $x=r\cos\theta$，$y=r\sin\theta$，则

$$S(t)=\frac{1}{h(t)}\int_0^{2\pi}\mathrm{d}\theta\int_0^{h(t)/\sqrt{2}}\sqrt{h^2(t)+16r^2}\,r\mathrm{d}r=\frac{13\pi}{12}h^2(t).$$

其次，按题意列出微分方程与初始条件.

$$\frac{\mathrm{d}V}{\mathrm{d}t}=-0.9S\Rightarrow\frac{\mathrm{d}h}{\mathrm{d}t}=-\frac{13}{10},\ h(0)=130.$$

最后，求解微分方程. 从微分方程 $\frac{\mathrm{d}h}{\mathrm{d}t}=-\frac{13}{10}$ 和 $h(0)=130$，得 $h(t)=-\frac{13}{10}t+130$. 当 $h(t)=0$ 时，雪堆全部融化，此时 $t=100\mathrm{h}$.

例 4.19　椭圆余弦曲面是许多湖泊的湖床形状的很好的近似，假定湖面的

边界为椭圆$\frac{x^2}{a^2}+\frac{y^2}{b^2}=1$，若湖的最大深度为$h_M$，则椭圆余弦曲面由

$$f(x,y)=-h_M\cos\left(\frac{\pi}{2}\sqrt{\frac{x^2}{a^2}+\frac{y^2}{b^2}}\right)$$

给出，其中$\frac{x^2}{a^2}+\frac{y^2}{b^2}\leqslant 1$. 试计算湖水的总体积和平均水深.

解　湖水的总体积为

$$V=h_M\iint\limits_{\frac{x^2}{a^2}+\frac{y^2}{b^2}\leqslant 1}\cos\left(\frac{\pi}{2}\sqrt{\frac{x^2}{a^2}+\frac{y^2}{b^2}}\right)\mathrm{d}x\mathrm{d}y.$$

做变量代换$x=\rho a\cos\theta$，$y=\rho b\sin\theta$，则

$$V=abh_M\int_0^{2\pi}\mathrm{d}\theta\int_0^1\cos\left(\frac{\pi}{2}\rho\right)\rho\mathrm{d}\rho=4abh_M\left(1-\frac{2}{\pi}\right).$$

平均深度为
$$\bar{h}=\frac{1}{|D|}4abh_M\left(1-\frac{2}{\pi}\right)=\frac{4}{\pi}h_M\left(1-\frac{2}{\pi}\right).$$

例 4.20　试求摆线$\begin{cases}x=a(\theta-\sin\theta),\\y=a(1-\cos\theta)\end{cases}(0\leqslant\theta\leqslant 2\pi)$与$x$轴所围图形分别绕$y$轴或直线$y=2a$旋转一周所形成的旋转体的体积.

解　
$$\begin{aligned}V_y&=\int_0^{2\pi a}2\pi xy\mathrm{d}x\\&=\int_0^{2\pi}2\pi a(\theta-\sin\theta)a^2(1-\cos\theta)^2\mathrm{d}\theta\\&=2\pi a^3\int_0^{2\pi}(\theta-\sin\theta)a^2(1-\cos\theta)^2\mathrm{d}\theta\\&=6\pi^3a^3.\end{aligned}$$

$$\begin{aligned}V_{y=2a}&=\pi\int_0^{2\pi a}[(2a)^2-(2a-y)^2]\mathrm{d}x\\&=8\pi^2a^3-\pi\int_0^{2\pi}[2a-a(1-\cos\theta)]^2a(1-\cos\theta)\mathrm{d}\theta\\&=8\pi^2a^3-\pi a^3\int_0^{2\pi}(1+\cos\theta)^2(1-\cos\theta)\mathrm{d}\theta\\&=8\pi^2a^3-\pi a^3\int_0^{2\pi}\sin^2\theta(1+\cos\theta)\mathrm{d}\theta\\&=8\pi^2a^3-\pi a^3\int_0^{2\pi}\left[\frac{1}{2}(1-\cos 2\theta)+\sin^2\theta\cos\theta\right]\mathrm{d}\theta\\&=7\pi^2a^3.\end{aligned}$$

例 4.21　曲线 $y=\dfrac{e^{x}+e^{-x}}{2}$ 与直线 $x=0$，$x=t(t>0)$ 及 $y=0$ 围成一曲边梯形，该曲边梯形绕 x 轴旋转一周得一旋转体，其体积为 $V(t)$，侧面积为 $S(t)$，在 $x=t$ 处的底面积为 $F(t)$.

(1) 求 $\dfrac{S(t)}{V(t)}$ 的值；(2) 计算极限 $\lim\limits_{t\to+\infty}\dfrac{S(t)}{F(t)}$.

解　(1) $S(t)=\int_0^t 2\pi y\sqrt{1+(y')^2}\,dx$

$$=2\pi\int_0^t\left(\frac{e^{x}+e^{-x}}{2}\right)\sqrt{1+\frac{e^{2x}-2+e^{-2x}}{4}}\,dx$$

$$=2\pi\int_0^t\left(\frac{e^{x}+e^{-x}}{2}\right)^2 dx.$$

$V(t)=\pi\int_0^t\left(\dfrac{e^{x}+e^{-x}}{2}\right)^2 dx$，所以 $\dfrac{S(t)}{V(t)}=2$.

(2) 由于 $F(t)=\pi y^2\big|_{x=t}=\pi\left(\dfrac{e^{t}+e^{-t}}{2}\right)^2$，故

$$\lim_{t\to+\infty}\frac{S(t)}{F(t)}=\lim_{t\to+\infty}\frac{2\pi\int_0^t\left(\frac{e^{x}+e^{-x}}{2}\right)^2 dx}{\pi\left(\frac{e^{t}+e^{-t}}{2}\right)^2}=\lim_{t\to+\infty}\frac{2\left(\frac{e^{t}+e^{-t}}{2}\right)^2}{\frac{(e^{t}+e^{-t})(e^{t}-e^{-t})}{2}}=\lim_{t\to+\infty}\frac{e^{t}+e^{-t}}{e^{t}-e^{-t}}=1.$$

例 4.22　设 $u(x,y)=75-x^2-y^2+xy$，其定义域为 $D=\{(x,y)\mid x^2+y^2-xy\leqslant 75\}$.

(1) 设点 $M_0(x_0,y_0)\in D$，求过 M_0 的方向向量 $\boldsymbol{l}=(\cos\alpha,\cos\beta)$，使得 $\left.\dfrac{\partial u}{\partial \boldsymbol{l}}\right|_{M_0}$ 为最大，并记此最大值为 $g(x_0,y_0)$.

(2) 设 M_0 在 D 的边界 $x^2+y^2-xy=75$ 上变动，求：$g(x_0,y_0)$ 的最大值.

解　(1) 因为 $\dfrac{\partial u}{\partial x}=-2x+y$，$\dfrac{\partial u}{\partial y}=-2y+x$，故 $\left.\dfrac{\partial u}{\partial \boldsymbol{l}}\right|_{M_0}=\dfrac{\partial u}{\partial x}\cos\alpha+\dfrac{\partial u}{\partial y}\cos\beta$.

只有当 $\boldsymbol{l}=(\cos\alpha,\cos\beta)$ 与梯度方向一致时，$\left.\dfrac{\partial u}{\partial \boldsymbol{l}}\right|_{M_0}$ 取最大值，且 $\left.\dfrac{\partial u}{\partial \boldsymbol{l}}\right|_{M_0}$ 的最大值为

$$g(x_0,y_0)=\left.\frac{\partial u}{\partial \boldsymbol{l}}\right|_{M_0}=\sqrt{5x_0^2+5y_0^2-8x_0y_0}.$$

(2) 令 $G(x_0,y_0)=5x_0^2+5y_0^2-8x_0y_0+\lambda(x_0^2+y_0^2-x_0y_0-75)$，通过解方程组

$$\begin{cases}10x_0-8y_0+\lambda(2x_0-y_0)=0,\\10y_0-8x_0+\lambda(2y_0-x_0)=0,\\x_0^2+y_0^2-x_0y_0=75,\end{cases}$$

得到 $x_0=y_0=\pm5\sqrt{5}$，因此 $g(x_0,y_0)$ 在 $x^2+y^2-xy=75$ 上的最大值为 $\max g(x_0,y_0)=5\sqrt{10}$.

4.5 能力提升

例 4.23 达布[(Darboux)定理]若函数 $f(x)$ 在 $[a,b]$ 上可导，且 $f'_+(a)\neq f'_-(b)$，k 是介于 $f'_+(a)$, $f'_-(b)$ 之间的任一实数，则至少存在一点 $\xi\in(a,b)$，使得 $f'(\xi)=k$.

证 设 $F(x)=f(x)-kx$，则 $F(x)$ 在 $[a,b]$ 上可导，且 $F'_+(a)F'_-(b)<0$，不妨设 $F'_+(a)>0$，$F'_-(b)<0$，利用例 4.1，则存在 $\xi\in(a,b)$，使得 $F'(\xi)=0$.

例 4.24 设 $f(x)$ 在 $(a,+\infty)$ 上二阶可导，且满足 $\lim\limits_{x\to a^+}f(x)=0$，$\lim\limits_{x\to+\infty}f(x)=0$，求证：存在 $\xi\in(a,+\infty)$，使得 $f''(\xi)=0$.

证 **方法 1** 若 $f(x)\equiv0$，结论显然成立. 下面证明 $f(x)\not\equiv0$ 时，结论也成立. 用反证法. 若不存在 ξ 使得 $f''(\xi)=0$，则由达布定理知 $f''(x)$ 恒正或恒负，不妨设 $f''(x)$ 恒正. 因为 $\lim\limits_{x\to a^+}f(x)=0$，$\lim\limits_{x\to+\infty}f(x)=0$，则必存在 $\eta_1>0$，使得 $f(\eta_1)=\min\limits_{x\in(a,+\infty)}f(x)<0$. 取 $\eta_2(0<\eta_1<\eta_2)$ 满足 $f(\eta_2)>f(\eta_1)$，则存在 $x_0\in(\eta_1,\eta_2)$，使得 $f'(x_0)=\dfrac{f(\eta_1)-f(\eta_2)}{\eta_1-\eta_2}>0$. 利用泰勒公式有

$$f(x)=f(x_0)+f'(x_0)(x-x_0)+\frac{f''(\zeta)}{2}(x-x_0)^2,\qquad x_0<\zeta<x$$

$f''(x)$ 恒正，因此有

$$f(x)>f(x_0)+f'(x_0)(x-x_0). \tag{4-1}$$

从式(4-1)可知 $\lim\limits_{x\to+\infty}f(x)=+\infty$，与 $\lim\limits_{x\to+\infty}f(x)=0$ 矛盾.

方法 2 若 $f(x)\equiv0$，结论显然成立. 下面证明 $f(x)\not\equiv0$ 时，结论也成立. 用反证法. 设 $f''(x)\neq0$ 在 $(a,+\infty)$ 内恒成立，则 $f''(x)$ 不变号，不妨设 $f''(x)$ 恒正. 于是 $f'(x)$ 单调递增，因此 $\lim\limits_{x\to+\infty}f'(x)$ 存在(有限或者无穷). 利用洛必达法则，得到 $\lim\limits_{x\to+\infty}\dfrac{f(x)}{x}=\lim\limits_{x\to+\infty}f'(x)$. 由于 $\lim\limits_{x\to+\infty}f(x)=0$，从而 $\lim\limits_{x\to+\infty}\dfrac{f(x)}{x}=0$. 故 $\lim\limits_{x\to+\infty}f'(x)=0$.

根据 $f'(x)$ 单调递增，则得到 $f'(x)\leqslant0$，因此 $f(x)$ 在 $(a,+\infty)$ 内单调递减. 再根据条件 $\lim\limits_{x\to a^+}f(x)=0$，$\lim\limits_{x\to+\infty}f(x)=0$ 知 $f(x)\equiv0$. 矛盾.

例 4.25 设 $f(x)$ 在 $[a,b]$ 上连续，$f'(x)$ 在 $[a,b]$ 上连续，$f'_+(a)=f'_-(b)$，则存在 $c\in(a,b)$，使得

$$f'(c)=\frac{f(c)-f(a)}{c-a}.$$

证　设 $F(x)=\begin{cases}\dfrac{f(x)-f(a)}{x-a}-f'_+(a), & x\in(a,b],\\ 0, & x=a,\end{cases}$ 显然 $F(x)$ 在 $[a,b]$ 上连续.

(1) 若 $f'_+(a)=0$.

1) 若 $f(b)>f(a)$. 由于 $F'(x)$ 在 $(a,b]$ 内处处存在，且

$$F'(x)=\frac{f'(x)}{x-a}-\frac{f(x)-f(a)}{(x-a)^2},x\in(a,b)$$

和

$$F'_-(b)=-\frac{f(b)-f(a)}{(b-a)^2}<0,$$

故由导数定义得，存在 $a<\xi<b$，使得 $F(\xi)>F(b)=\dfrac{f(b)-f(a)}{b-a}>0$. 又因为 $F(a)=0$，所以 $F(x)$ 在 (a,b) 内部取得最大值，从而存在 $c\in(a,b)$，使得 $F'(c)=0$，即 $f'(c)=\dfrac{f(c)-f(a)}{c-a}$.

2) $f(b)<f(a)$. 类似可证.

3) $f(b)=f(a)$.

情形 1：$f(x)$ 为常数，结论显然成立.

情形 2：利用罗尔定理，存在 $x_1\in(a,b)$ 使得 $f'(x_1)=0$，但 $f(x_1)\neq f(a)$. 不妨设 $f(x_1)>f(a)$，在 $[a,x_1]$ 上继续 (1) 中 1) 的做法.

(2) 若 $f'_+(a)\neq 0$. 由于 $F(a)=0$，$F(b)=\dfrac{f(b)-f(a)}{b-a}-f'_+(a)$，$F'_-(b)=\dfrac{f'_-(b)}{b-a}-\dfrac{f(b)-f(a)}{(b-a)^2}$，注意到 $F(b)=-(b-a)F'_-(b)$.

1) $F(b)\neq 0$. 如果 $F(b)>0$，则 $F'_-(b)<0$，结论成立；如果 $F(b)<0$，则 $F'_-(b)>0$，结论仍成立.

2) $F(b)=0$. 因为 $F(a)=0$，利用罗尔定理可得结论成立.

例 4.26　求最小正数 β 和最大正数 α，使得对所有自然数 n，都成立

$$\left(1+\frac{1}{n}\right)^{n+\alpha}\leqslant \mathrm{e}\leqslant\left(1+\frac{1}{n}\right)^{n+\beta}.$$

证　由于

$$\left(1+\frac{1}{n}\right)^{n+\alpha}\leqslant \mathrm{e}\leqslant\left(1+\frac{1}{n}\right)^{n+\beta}\Leftrightarrow(n+\alpha)\ln\left(1+\frac{1}{n}\right)\leqslant 1\leqslant(n+\beta)\ln\left(1+\frac{1}{n}\right)$$

$$\Leftrightarrow \alpha \leqslant \frac{1}{\ln\left(1+\frac{1}{n}\right)}-n \leqslant \beta.$$

因此

$$\alpha=\inf_{n\in\mathbf{N}_+}\left(\frac{1}{\ln\left(1+\frac{1}{n}\right)}-n\right),\ \beta=\sup_{n\in\mathbf{N}_+}\left(\frac{1}{\ln\left(1+\frac{1}{n}\right)}-n\right).$$

令

$$f(x)=\frac{1}{\ln(1+x)}-\frac{1}{x},\ x\in(0,1].$$

由于$f'(x)=\dfrac{(1+x)\ln^2(1+x)-x^2}{x^2(1+x)\ln^2(1+x)}$，$x\in(0,1)$. 设$g(x)=(1+x)\ln^2(1+x)-x^2$，则

$$g'(x)=2\ln(1+x)+\ln^2(1+x)-2x,\ g'(0)=0.$$

又

$$g''(x)=\frac{2(\ln(1+x)-x)}{1+x}<0,\ x\in(0,1),$$

由此可见，$g'(x)$严格单调递减，因此$g'(x)<g'(0)=0$，$x\in(0,1)$，这表明$g(x)$严格单调递减. 又因$g(0)=0$，便得到$g(x)<0$，$x\in(0,1)$. 从而有$f'(x)<0$，$x\in(0,1)$，也即$f(x)$单调递减. 进一步得到

$$\alpha=f(1)=\frac{1}{\ln 2}-1,$$

$$\beta=\lim_{x\to 0^+}f(x)=\lim_{x\to 0^+}\left(\frac{1}{\ln(1+x)}-\frac{1}{x}\right)=\frac{1}{2}.$$

例 4.27 设函数$y=f(x)$在$[x_1,x_2]$上有连续导数，那么由曲线$y=f(x)$及直线$y=kx+b(k\neq 0)$，$y=-\dfrac{x}{k}+b_1$，$y=-\dfrac{x}{k}+b_2(b_1<b_2)$所围成的曲边梯形(见图4-3)绕直线$y=kx+b(k\neq 0)$旋转所成立体的体积为

$$V=\frac{\pi}{(1+k^2)^{3/2}}\int_{x_1}^{x_2}(f(x)-kx-b)^2\,|1+kf'(x)|\,\mathrm{d}x.$$

证 如图4-3所示，设$M(x,y)$为曲线$y=f(x)$上的任意一点，那么曲线在$M(x,y)$点的切线为

$$MT:Y=f(x)+f'(x)(X-x).$$

过$M(x,y)$点作直线$L:y=kx+b$的垂线为

$$MM':\overline{Y}=f(x)-\frac{1}{k}(\overline{X}-x),$$

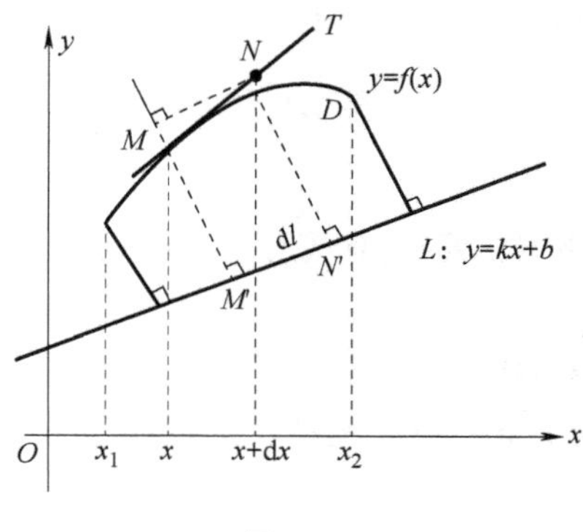

图　4-3

即 $\bar{X}+k\bar{Y}-(x+kf(x))=0$.

应用定积分的元素法，考虑子区间$[x,x+\mathrm{d}x]$. 设相应于$[x,x+\mathrm{d}x]$的曲线弧段在直线 L 上的投影长为 $\mathrm{d}l$，则当子区间的长充分小时，切线 MT 上对应于右端点 $x+\mathrm{d}x$ 的点 $N(x+\mathrm{d}x,f(x)+f'(x)\mathrm{d}x)$ 到垂线 MM' 的距离为 $\mathrm{d}l$，故

$$\mathrm{d}l=\frac{1}{\sqrt{1+k^2}}\left|(x+\mathrm{d}x)+k(f(x)+f'(x)\mathrm{d}x)-(x+kf(x))\right|$$

$$=\frac{1}{\sqrt{1+k^2}}\left|1+kf'(x)\right|\mathrm{d}x.$$

而 M 点到直线 L 的距离为

$$d=\frac{|f(x)-kx-b|}{\sqrt{1+k^2}}.$$

从而得到

$$\mathrm{d}V=\pi d^2\cdot\mathrm{d}l=\pi\frac{(f(x)-kx-b)^2}{1+k^2}\frac{|1+kf'(x)|}{\sqrt{1+k^2}}\mathrm{d}x$$

$$=\frac{\pi}{(1+k^2)^{\frac{3}{2}}}[f(x)-kx-b]^2\left|1+kf'(x)\right|\mathrm{d}x.$$

所以曲边梯形绕直线 $y=kx+b(k\neq0)$旋转所成立体的体积为

$$V=\frac{\pi}{(1+k^2)^{3/2}}\int_{x_1}^{x_2}(f(x)-kx-b)^2\left|1+kf'(x)\right|\mathrm{d}x.$$

例如，求由曲线 $y=-x^2-3x+6$ 和直线 $x+y=3$ 所围成的图形绕直线 $x+y=3$ 旋转所成的立体的体积.

利用上述公式，得到

$$V=\frac{\pi}{\sqrt{2}}\int_{-2}^{1}|x+2|(x^2+2x-3)^2\mathrm{d}x-\frac{\pi}{\sqrt{2}}\int_{-3}^{-2}|x+2|(x^2+2x-3)^2\mathrm{d}x$$

$$=\frac{256\sqrt{2}}{15}\pi.$$

例 4.28 地球的质量是 5.983×10^{24}kg，今有一块质量为 10^6kg 的陨石正在朝着地球方向运动.

（1）当陨石与地球表面相距 1000km 时，求它们之间的引力；

（2）如果陨石继续朝地球的方向运动，则在相距 1000km 时，引力的递增速率是多少？

解 （1）由牛顿万有引力知 $F=G\frac{m_1m_2}{r^2}$，其中 $G=6.673\times10^{-11}\mathrm{N}\cdot\mathrm{m}^2/\mathrm{kg}^2$，从而当陨石与地球相距 1000km 时，陨石与地球之间的引力为

$$F=6.673\times10^{-11}\frac{(5.983\times10^{24})\times10^6}{r^2}=6.673\times10^{-11}\frac{(5.983\times10^{24})\times10^6}{(6371+1000)^2\times10^6}\approx7348000(\mathrm{N}).$$

（2）先求引力关于 r 的变化率：

$$\frac{\mathrm{d}F}{\mathrm{d}r}=-13.346\times10^{-11}\frac{(5.983\times10^{24})\times10^6}{r^3},$$

因此在陨石距地球表面 1000km 时，引力的递增速率为

$$\frac{\mathrm{d}F}{\mathrm{d}r}=-13.346\times10^{-11}\frac{5.983\times10^{24}\times10^6}{(6371+1000)^3\times10^9}\approx-1.9938(\mathrm{N/m}).$$

例 4.29 清除井底污泥，用缆绳将抓斗放入井底，抓起污泥后提出井口，已知井深 30m，抓斗自重 400N，缆绳每米重 50N，抓斗抓起的污泥重 2000N，提升速度为 3m/s，在提升过程中，污泥以 20N/s 的速率从抓斗中漏掉，现将抓起污泥的抓斗提升至井口，问克服重力需做多少功？

解 作 x 轴铅直向上，将抓起污泥的抓斗提升至井口需做功

$$W=W_1+W_2+W_3,$$

其中 W_1 是克服抓斗自重所做的功，W_2 是克服缆绳重力所做的功，W_3 是为提出污泥所做的功. 由题意知

$$W_1=400\times30=12000(\mathrm{J})$$

将抓斗由 x 处提升到 $x+\mathrm{d}x$ 处，克服缆绳重力所做的功为

$$\mathrm{d}W_2=50(30-x)\mathrm{d}x$$

从而
$$W_2=\int_0^{30}50(30-x)\mathrm{d}x=22500(\mathrm{J}).$$

时间间隔 $[t,t+\mathrm{d}t]$ 内提升污泥需做功为

$$\mathrm{d}W_3=3(2000-20t)\,\mathrm{d}t.$$

将污泥从井底提升到井口共需时间$\frac{30}{3}=10(\mathrm{s})$. 所以

$$W_3=\int_0^{10}3(2000-20t)\,\mathrm{d}t=57000(\mathrm{J}).$$

因此，共需做功

$$W=12000+22500+57000=91500(\mathrm{J}).$$

例 4.30　设函数$f(x)$在$[0,1]$上可导，$f(0)=0, f(1)=1$，k_1，k_2，…，k_n 为n个正数，证明：在$[0,1]$内存在互不相等的数x_1，x_2，…，x_n，使得$\sum\limits_{i=1}^{n}\frac{k_i}{f'(x_i)}=\sum\limits_{i=1}^{n}k_i$.

证　不妨设$\sum\limits_{i=1}^{n}k_i=1$$\left(否则记 K=\sum\limits_{i=1}^{n}k_i，那么\sum\limits_{i=1}^{n}k_i'=1，其中 k_i'=\frac{k_i}{K}\right)$.
因为$f(0)=0, f(1)=1$，$0<k_1<1$，那么存在$c_1\in(0,1)$，使得$f(c_1)=k_1$；
因为$0<k_1<k_1+k_2<1=f(1)$，那么存在$c_2\in(c_1,1)$，使得$f(c_2)=k_1+k_2$；
因为$0<k_1+k_2<k_1+k_2+k_3<1=f(1)$，那么存在$c_3\in(c_2,1)$，使得$f(c_3)=k_1+k_2+k_3$；
因为$0<k_1+k_2+\cdots+k_{n-2}<k_1+k_2+\cdots+k_{n-1}<1=f(1)$，那么存在$c_{n-1}\in(c_{n-2},1)$，使得

$$f(c_{n-1})=k_1+k_2+\cdots+k_{n-1}.$$

记$c_0=0$，$c_n=1$，利用中值定理，存在$x_i\in(c_{i-1},c_i)$，使得

$$f'(x_i)=\frac{f(c_i)-f(c_{i-1})}{c_i-c_{i-1}}=\frac{k_i}{c_i-c_{i-1}},$$

或$c_i-c_{i-1}=\frac{k_i}{f'(x_i)}$，故$\sum\limits_{i=1}^{n}\frac{k_i}{f'(x_i)}=\sum\limits_{i=1}^{n}(c_i-c_{i-1})=1$.

例 4.31　若当$0\leqslant x\leqslant\frac{\pi}{4}$时，不等式$\tan x+k\sin x\leqslant(k+1)x$均成立，试求$k$的取值范围.

解　**方法 1**　由于$\tan x+\sin x\geqslant 2x\quad\left(0<x<\frac{\pi}{2}\right)$，必有$k>1$. 令

$$f(x)=\tan x+k\sin x-(k+1)x,$$

那么$f(0)=0, f'(x)=\sec^2 x+k\cos x-(k+1)$. 又$f'(0)=0$,

$$\begin{aligned}f'(x)&=\sec^2 x(1+k\cos^3 x-(k+1)\cos^2 x)\\&=\sec^2 x(1-\cos^2 x+k\cos^3 x-k\cos^2 x)\\&=\sec^2 x[(1-\cos x)(1+\cos x)-k\cos^2 x(1-\cos x)]\\&=\sec^2 x(\cos x-1)(k\cos^2 x-\cos x-1)\\&=k\sec^2 x(\cos x-1)\left(\cos x-\frac{1+\sqrt{1+4k}}{2k}\right)\left(\cos x-\frac{1-\sqrt{1+4k}}{2k}\right),\end{aligned}$$

故存在 x_1，当 $0<x<x_1$ 时，有 $f'(x)<0$；当 $x_1<x<\frac{\pi}{4}$ 时，有 $f'(x)>0$.

因此 $f(x)$ 在 $x=0$ 或 $x=\frac{\pi}{4}$ 取最大值，但 $f(0)=0$，又

$$f\left(\frac{\pi}{4}\right)=1+\frac{k}{\sqrt{2}}-(k+1)\frac{\pi}{4},$$

由 $f\left(\frac{\pi}{4}\right)\leqslant 0$ 得到 $k\geqslant\frac{4-\pi}{\pi-2\sqrt{2}}$.

方法 2 由于 $\tan x+k\sin x\leqslant(k+1)x$，则 $k\geqslant\frac{\tan x-x}{x-\sin x}$.

记 $f(x)=\begin{cases}\frac{\tan x-x}{x-\sin x}, & x\in\left(0,\frac{\pi}{4}\right],\\ 2, & x=0,\end{cases}$ 计算得到

$$f'(x)=\frac{(\sec^2x-1)(x-\sin x)-(\tan x-x)(1-\cos x)}{(x-\sin x)^2}$$

$$=\frac{\frac{(1-\cos x)}{\cos^2x}[(1+\cos x)(x-\sin x)-\cos x(\sin x-x\cos x)]}{(x-\sin x)^2}.$$

令 $g(x)=(1+\cos x)(x-\sin x)-\cos x(\sin x-x\cos x)$，有

$$g'(x)=\sin x(3\sin x-x-2x\cos x).$$

再考虑 $h(x)=3\sin x-x-2x\cos x$，则

$$h'(x)=\cos x-1+2x\sin x,\quad h(0)=0,\quad h'(0)=0$$

并且 $h''(x)=\sin x+2x\cos x>0$，$x\in\left(0,\frac{\pi}{4}\right)$，所以 $f'(x)>0$，从而 $f(x)$ 在 $\left(0,\frac{\pi}{4}\right]$ 上严格增，因此只要

$$k\geqslant f\left(\frac{\pi}{4}\right)=\frac{\tan\frac{\pi}{4}-\frac{\pi}{4}}{\frac{\pi}{4}-\sin\frac{\pi}{4}}=\frac{4-\pi}{\pi-2\sqrt{2}}$$

即可.

例 4.32 证明：当 $x>y>1$ 时，成立不等式 $x^{y^x}>y^{x^y}$.

证 由于

$$x^{y^x}>y^{x^y}\Leftrightarrow\ln(\ln x)+x\ln y>\ln(\ln y)+y\ln x$$

$$\Leftrightarrow\ln\frac{\ln x}{\ln y}>\ln y\left(y\frac{\ln x}{\ln y}-x\right).$$

若记 $t=\frac{\ln x}{\ln y}>1$，$s=\ln y>0$，则原问题又等价于

$$\ln t>s(te^{s}-e^{st}),\ t>1,\ s>0. \tag{4-2}$$

令 $f(s)=te^{s}-e^{st}$，$t>1$，$s>0$，那么 $f'(s)=t(e^{s}-e^{st})<0$，所以 $f(s)<f(0)=t-1$.

若 $f(s)\leqslant 0$，由 $\ln t>0$，$s>0$ 可知 $\ln t>0>sf(s)$，即式(4-2)成立.

若 $f(s)>0$，即 $te^{s}-e^{st}=e^{s}(t-e^{s(t-1)})>0$，由此可得 $t-e^{s(t-1)}>0$，或 $\ln t>(t-1)s$. 注意到对任意 $s>0$，成立 $f(s)<t-1$. 因此从 $\ln t>(t-1)s$ 得到 $\ln t>(t-1)s>sf(s)$. 故式(4-2)也成立.

习　题　4

1. 当 $n>2$ 时，试比较 $\ln(n+1)\cdot\ln(n-1)$ 与 $\ln^{2}n$ 的大小.（答案：$\ln(n+1)\cdot\ln(n-1)<\ln^{2}n$）

2. 设 $f'(x)$ 在 $(0,+\infty)$ 上存在，且单调增加，$f(0)=0$，则 $\frac{f(x)}{x}$ 在 $(0,+\infty)$ 上也单调增加.

3. 设 $f(x)$ 在 $[0,1]$ 上连续，$f(x)$ 在 $(0,1)$ 内可导，且 $f(0)=0, f(1)=1$，求证：

（1）存在 $x_0\in(0,1)$，使得 $f(x_0)=2-3x_0$；

（2）存在 α，$\beta\in(0,1)$，且 $\alpha\neq\beta$，使得 $(1+f'(\alpha))(1+f'(\beta))=4$.

4. 设 $f(x)$ 在 $(0,+\infty)$ 内具有连续导数，且 $f(x)$ 在 $(0,+\infty)$ 为凹函数，又 $\lim\limits_{x\to+\infty}f(x)$ 存在且有限，则 $\lim\limits_{x\to+\infty}f'(x)=0$.

（提示：因为 $f(x)$ 在 $(0,+\infty)$ 为凹函数，则 $f'(x)$ 单调减少，$f(x)=\int_{1}^{x}f'(t)\mathrm{d}t+f(1)\ (x>0)$，由于 $\lim\limits_{x\to+\infty}f(x)$ 存在且有限，则 $\int_{1}^{+\infty}f'(t)\mathrm{d}t$ 收敛，进一步有 $\lim\limits_{x\to+\infty}f'(x)=0$）

5. 讨论方程 $x^{a}=a^{x}$ 的正根个数及范围，其中常数 $a>0$.

$\left(\right.$提示：记 $f(x)=\frac{\ln x}{x}$. 答案：当 $0<a\leqslant 1$ 时，有唯一根 $x=a$；当 $1<a<e$ 或 $a>e$ 时，有两个实根；当 $a=e$ 时，有唯一根.$\left.\right)$

6. 设 $h(x)=\ln x+bx$ 有两个不相等的零点 x_1，x_2.

（1）求 b 的取值范围；（2）证明：$x_1x_2>e^{2}$.（答案：$-e^{-1}<b<0$）

7. 当 $e<a<b<e^{2}$ 时，证明：$\ln^{2}b-\ln^{2}a>\frac{4}{e^{2}}(b-a)$.

8. 当 $0<x<\frac{\pi}{2}$ 时，证明：$\left(\frac{x}{\sin x}\right)^{2}<\frac{\tan x}{x}$.

9. 确定最小正数 A 和最大负数 B，使得对任意 $x>0$，$y>0$ 成立不等式

$$\frac{B}{xy}\leqslant\ln(x^{2}+y^{2})\leqslant A(x^{2}+y^{2}).$$

$\left(\text{答案：}A=\frac{1}{e},\ B=-\frac{1}{2e}\right)$

10. 设$f(x)$，$g(x)$在$[a,b]$上连续，在(a,b)内具有二阶导数，且存在相等的最大值，又$f(a)=g(a)$,$f(b)=g(b)$，证明：至少存在$x_0\in(a,b)$，使得$f''(x_0)=g''(x_0)$．（提示：考察相等最大值点的位置）

11. 设$f''(x)$在$[0,1]$上存在，$f(0)=f(1)=0$，又$\min\limits_{[0,1]}f(x)=-1$，证明：$\max\limits_{[0,1]}f''(x)\geqslant 8$.

$\Big($提示：设$c\in(0,1)$为$f(x)$在$[0,1]$上的最小值点，则有泰勒公式$f(x)=f(c)+f'(c)(x-c)+\frac{1}{2}f''(\xi)(x-c)^2=-1+\frac{1}{2}f''(\xi)(x-c)^2$，再分别考察$f(0)$和$f(1)$$\Big)$

12. 设$f(x)$，$g(x)$在$[a,b]$上二阶可导，$g''(x)\neq 0$，又$f(a)=f(b)=g(a)=g(b)=0$，求证：

（1）在(a,b)内，$g(x)\neq 0$；（2）存在$\xi\in(a,b)$，使得$\dfrac{f''(\xi)}{g''(\xi)}=\dfrac{f(\xi)}{g(\xi)}$.

（提示：（1）用反证法；（2）令$h(x)=f(x)g'(x)-g(x)f'(x)$）

13. 求两椭圆$\dfrac{x^2}{a^2}+\dfrac{y^2}{b^2}=1$，$\dfrac{x^2}{b^2}+\dfrac{y^2}{a^2}=1(a>b>0)$公共部分的面积. $\left(\text{答案：}4ab\arctan\dfrac{b}{a}\right)$

14. 设$f(x)$在$[0,1]$上连续，$I=\int_0^1 f(x)\mathrm{d}x\neq 0$，证明：存在$x_1$，$x_2\in(0,1)(x_1\neq x_2)$，使得$\dfrac{1}{f(x_1)}+\dfrac{1}{f(x_2)}=\dfrac{2}{I}$.

15. 一根弹簧按阿基米德螺线$\rho=a\theta$盘旋，共有10圈，每圈间隔10mm，求弹簧全长.

（提示：通过分析第一圈与第二圈的间隔定出常数a，且$a=\dfrac{5}{\pi}$. 答案：$\dfrac{5}{2\pi}(20\pi\sqrt{1+400\pi^2}+\ln(20\pi+\sqrt{1+400\pi^2}))$）

16. 求圆盘$(x-c)^2+y^2\leqslant r^2(c>r)$绕$y$轴旋转一周所成圆环的体积和表面积.

（答案：圆环体积为$2c\pi^2r^2$；圆环表面积为$4c\pi^2r$）

17. 半径分别为R和$2R$的木质球体，从各球中间凿去一个以直径为轴的正圆柱体及圆柱体的上、下方的球冠，剩下环状物体的高都为h. 问哪个环状物体的体积更大？（答案：一样大）

18. 求证由曲线$y=\dfrac{1}{2}(\mathrm{e}^x+\mathrm{e}^{-x})$，直线$x=a(a>0)$以及$x$轴和$y$轴围成的曲边梯形$D$的面积$A$在数值上等于弧段$y=\dfrac{1}{2}(\mathrm{e}^x+\mathrm{e}^{-x})(0\leqslant x\leqslant a)$的长度$L$.

19. 已知在直角坐标系下两点$A(1,0,0)$与$B(0,1,1)$，线段AB绕z轴旋转一周所成的旋转曲面为S，求由S及平面$z=0$和$z=1$所围成的立体体积.

$\left(\text{提示：线段}AB\text{方程：}x=1-z,\ y=z\text{，截面半径为}r(z)=\sqrt{(1-z)^2+z^2}\text{，}V=\dfrac{2}{3}\pi\right)$

20. 一颗地球同步轨道通信卫星的轨道位于地球的赤道平面内，且可近似认为是圆轨道. 通信卫星运行的角速度与地球自转的角速度相同，即人们看到它在天空上不动. 若地球半径为6400km.

（1）问卫星距地面高度h应为多少？

（2）试计算卫星覆盖的面积.

（3）至少需要几颗这样的卫星，才能覆盖地球的全部表面？

$\left(\text{答案：}h=36000\text{km}，S=\dfrac{2\pi R^2 h}{R+h}，3\text{ 颗}\right)$

21. 将长度为 L 的均匀细棒放入半径为 a 的半球面杯中，已知 $2a<L<4a$，不计摩擦力，试求棒平衡的位置. $\left(\text{答案：平衡时细棒位于半球面杯中长度为}\dfrac{L}{8}+\sqrt{\dfrac{L^2}{64}+2a^2}\right)$

22.（1）设 $f(x)$ 在 $[a,b]$ 上连续，在 (a,b) 内可导，且 $f(x)$ 不为线性函数，则存在 ξ，$\eta\in(a,b)$，$\xi\neq\eta$，使得 $f'(\xi)f'(\eta)=\left(\dfrac{f(b)-f(a)}{b-a}\right)^2$.

（2）设 $f(x)$，$g(x)$ 在 $[a,b]$ 上连续，在 (a,b) 内可导，且 $g'(x)\neq 0$，$x\in(a,b)$，则存在 ξ，$\eta\in(a,b)$，$\xi\neq\eta$，使得 $\dfrac{f'(\xi)}{g'(\xi)}\cdot\dfrac{f'(\eta)}{g'(\eta)}=\left(\dfrac{f(b)-f(a)}{g(b)-g(a)}\right)^2$.

（提示：利用导数的介值性）

第5章 重积分

主要知识点：重积分的定义及性质；重积分的存在性；重积分化累次积分；重积分的变量代换.

5.1 基本概念及基本计算

5.1.1 可积性

设 D 是一个有界区域，其边界 ∂D 由有限条光滑曲线组成. 如果 $f(x,y)$ 在 D 内除有限个点以及有限条光滑曲线外连续，则 $f(x,y)$ 于 D 上二重可积 $\Leftrightarrow f(x,y)$ 于 D 上二重绝对可积. 三重积分也有类似结果.

注 5.1 对于一元函数，如果在有限区间上函数可积，那么一定绝对可积；但是绝对可积函数不一定可积. 例如

$f(x)=\begin{cases}1, & x\text{ 为有理数},\\ -1, & x\text{ 为无理数}\end{cases}$ 在 $[0,1]$ 上不可积，但 $|f(x)|\equiv 1$ 在 $[0,1]$ 上可积.

5.1.2 累次积分

计算重积分的关键步骤是选择积分次序和确定积分的上、下限.

(1) 二重积分的情形：如果平面区域 D 由不等式 $a\leqslant x\leqslant b$, $y_1(x)\leqslant y\leqslant y_2(x)$ 所给出，$f(x,y)$ 于 D 上可积，且对任意的 $x\in[a,b]$，$\int_{y_1(x)}^{y_2(x)}f(x,y)\,\mathrm{d}y$ 存在，则

$$\iint_D f(x,y)\,\mathrm{d}x\mathrm{d}y=\int_a^b\mathrm{d}x\int_{y_1(x)}^{y_2(x)}f(x,y)\,\mathrm{d}y.$$

如果 D 由 $c\leqslant y\leqslant d$, $x_1(y)\leqslant x\leqslant x_2(y)$ 所给出，对任意的 $y\in[a,b]$，$\int_{x_1(y)}^{x_2(y)}f(x,y)\,\mathrm{d}x$ 存在，则在 $f(x,y)$ 可积的条件下成立

$$\iint_D f(x,y)\,\mathrm{d}x\mathrm{d}y=\int_c^d\mathrm{d}y\int_{x_1(y)}^{x_2(y)}f(x,y)\,\mathrm{d}x.$$

在区域 D 是由四条直线 $x=a$，$x=b$，$y=c$，$y=d(a<b,\ c<d)$ 所围成的矩形时，上述等式可化简为

$$\iint_D f(x,y)\,\mathrm{d}x\mathrm{d}y=\int_a^b \mathrm{d}x\int_c^d f(x,y)\,\mathrm{d}y=\int_c^d \mathrm{d}y\int_a^b f(x,y)\,\mathrm{d}x.$$

（2）三重积分的情形：如果空间区域 Ω 可以表成

$$a\leqslant x\leqslant b,\ y_1(x)\leqslant y\leqslant y_2(x),\ z_1(x,y)\leqslant z\leqslant z_2(x,y),$$

则当 $f(x,y,z)$ 在 Ω 上可积时，成立等式

$$I=\iiint_\Omega f(x,y,z)\,\mathrm{d}v=\int_a^b \mathrm{d}x\int_{y_1(x)}^{y_2(x)}\mathrm{d}y\int_{z_1(x,\ y)}^{z_2(x,\ y)}f(x,y,z)\,\mathrm{d}z.$$

如果 Ω 在 xOy 平面上的投影区域为集合 D_{xy}，则有

$$I=\iiint_\Omega f(x,y,z)\,\mathrm{d}v=\iint_{D_{xy}}\mathrm{d}x\mathrm{d}y\int_{z_1(x,y)}^{z_2(x,y)}f(x,y,z)\,\mathrm{d}z.$$

如果对每个 $z\in[e,f]$，Ω 的 z 截面为 $\sigma_{xy}(z)$，则有

$$I=\int_e^f \mathrm{d}z\iint_{\sigma_{xy}(z)}f(x,y,z)\,\mathrm{d}x\mathrm{d}y.$$

5.1.3　积分中值定理

以二重积分为例.

（1）（积分中值定理）设 $f(x,y)$ 在有界闭区域 D 上连续，则存在 $(\xi,\eta)\in D$，使得

$$\iint_D f(x,y)\,\mathrm{d}x\mathrm{d}y=f(\xi,\eta)\,|D|,$$

其中 $|D|$ 表示区域 D 的面积.

（2）（推广的积分中值定理）设 $f(x,y)$，$g(x,y)$ 在有界闭区域 D 上连续，且 $g(x,y)\geqslant 0$，则存在 $(\xi,\eta)\in D$，使得

$$\iint_D f(x,y)g(x,y)\,\mathrm{d}x\mathrm{d}y=f(\xi,\eta)\iint_D g(x,y)\,\mathrm{d}x\mathrm{d}y.$$

例 5.1　设 Ω 是有界闭区域，Ω 在三个坐标轴上的投影区间长度分别为 l_x，l_y，l_z，证明：对一切 $(a,b,c)\in\Omega$，成立

$$\left|\iiint_\Omega (x-a)(y-b)(z-c)\,\mathrm{d}v\right|\leqslant l_xl_yl_z\,|\Omega|.$$

证　根据积分第一中值定理可得存在 $(\xi_1,\xi_2,\xi_3)\in\Omega$，使得

$$\left|\iiint_\Omega (x-a)(y-b)(z-c)\,\mathrm{d}v\right|=\left|(\xi_1-a)(\xi_2-b)(\xi_3-c)\iiint_\Omega \mathrm{d}v\right|$$

$$=\left|(\xi_1-a)(\xi_2-b)(\xi_3-c)|\Omega|\right|\leqslant l_x l_y l_z|\Omega|.$$

例 5.2　计算二重积分 $I=\iint\limits_D\frac{y\mathrm{d}x\mathrm{d}y}{(1+x^2+y^2)^{\frac{3}{2}}}$，其中 D：$0\leqslant x\leqslant 1$，$0\leqslant y\leqslant 1$.

解　容易发现先对 y 积分更便利.

$$\begin{aligned}I&=\iint\limits_D\frac{y\mathrm{d}x\mathrm{d}y}{(1+x^2+y^2)^{\frac{3}{2}}}=\int_0^1\left(-\frac{1}{\sqrt{1+x^2+y^2}}\bigg|_0^1\right)\mathrm{d}x\\&=\int_0^1\left(\frac{1}{\sqrt{1+x^2}}-\frac{1}{\sqrt{2+x^2}}\right)\mathrm{d}x\\&=\left(\ln(x+\sqrt{1+x^2})-\ln(x+\sqrt{2+x^2})\right)\Big|_0^1=\ln\frac{2+\sqrt{2}}{1+\sqrt{3}}.\end{aligned}$$

例 5.3　求：$I=\int_0^1\mathrm{d}x\int_x^1\mathrm{e}^{-y^2}\mathrm{d}y$.

解　交换积分次序，得

$$I=\int_0^1\mathrm{d}y\int_0^y\mathrm{e}^{-y^2}\mathrm{d}x=\frac{1}{2}\left(1-\frac{1}{\mathrm{e}}\right).$$

例 5.4　设 D：$|x|+|y|\leqslant 1$，证明：$\iint\limits_D\sin(x^3+y^3)\mathrm{d}x\mathrm{d}y=0$.

证　令 $u=-x$，$v=-y$，那么

$$\begin{aligned}\iint\limits_D\sin[(-x)^3+(-y)^3]\mathrm{d}x\mathrm{d}y&=\iint\limits_D\sin(u^3+v^3)\left|\frac{\partial(x,y)}{\partial(u,v)}\right|\mathrm{d}u\mathrm{d}v\\&=\iint\limits_D\sin(u^3+v^3)\begin{vmatrix}-1&0\\0&-1\end{vmatrix}\mathrm{d}u\mathrm{d}v\\&=\iint\limits_D\sin(x^3+y^3)\mathrm{d}x\mathrm{d}y,\end{aligned}$$

从而有

$$\iint\limits_D\sin(x^3+y^3)\mathrm{d}x\mathrm{d}y=-\iint\limits_D\sin(x^3+y^3)\mathrm{d}x\mathrm{d}y,$$

即 $\iint\limits_D\sin(x^3+y^3)\mathrm{d}x\mathrm{d}y=0$.

例 5.5　已知 $f(x,y)=\frac{x-y}{(x+y)^3}$，求证：$f(x,y)$ 在 $D=\{(x,y)\mid 1\leqslant x<+\infty,$ $1\leqslant y<+\infty\}$ 上不可积.

证　**方法 1**　因 $\int_1^{+\infty}\frac{x-y}{(x+y)^3}\mathrm{d}y=-\frac{1}{(x+1)^2}$，故 $I_1=\int_1^{+\infty}\mathrm{d}x\int_1^{+\infty}\frac{x-y}{(x+y)^3}\mathrm{d}y=-\frac{1}{2}$.

另一方面，$I_2=\int_1^{+\infty}\mathrm{d}y\int_1^{+\infty}\frac{x-y}{(x+y)^3}\mathrm{d}x=\frac{1}{2}$. 故$f(x,y)$在 D 上不可积.

方法 2　由于$\iint\limits_D|f(x,y)|\mathrm{d}x\mathrm{d}y=\iint\limits_D\frac{|x-y|}{(x+y)^3}\mathrm{d}x\mathrm{d}y$，而

$$\iint\limits_{D\cap\{x\geqslant y\}}\frac{|x-y|}{(x+y)^3}\mathrm{d}x\mathrm{d}y=\int_1^{+\infty}\mathrm{d}x\int_1^x\frac{x-y}{(x+y)^3}\mathrm{d}y=+\infty,$$

因此$\iint\limits_D|f(x,y)|\mathrm{d}x\mathrm{d}y$ 发散，从而$f(x,y)$在 D 上不可积.

例 5.6　计算$\iint\limits_{\mathbf{R}^2}\mathrm{e}^{-(x^2+y^2)}\mathrm{d}x\mathrm{d}y$，并求$\int_0^{+\infty}\mathrm{e}^{-x^2}\mathrm{d}x$ 的值.

解　设 $x=r\cos\theta$，$y=r\sin\theta$，那么

$$\iint\limits_{\mathbf{R}^2}\mathrm{e}^{-(x^2+y^2)}\mathrm{d}x\mathrm{d}y=\int_0^{2\pi}\mathrm{d}\theta\int_0^{+\infty}\mathrm{e}^{-r^2}r\mathrm{d}r=\pi.$$

因为

$$\left(\int_0^{-\infty}\mathrm{e}^{-x^2}\mathrm{d}x\right)^2=\int_0^{+\infty}\mathrm{e}^{-x^2}\mathrm{d}x\int_0^{+\infty}\mathrm{e}^{-y^2}\mathrm{d}y=\int_0^{+\infty}\mathrm{d}x\int_0^{+\infty}\mathrm{e}^{-(x^2+y^2)}\mathrm{d}y=\frac{1}{4}\iint\limits_{\mathbf{R}^2}\mathrm{e}^{-(x^2+y^2)}\mathrm{d}x\mathrm{d}y=\frac{\pi}{4},$$

所以$\int_0^{+\infty}\mathrm{e}^{-x^2}\mathrm{d}x=\frac{\sqrt{\pi}}{2}$.

例 5.7　设 $D=\{(x,y)\mid a\leqslant x\leqslant b,c\leqslant y\leqslant d\}$，$F(x,y)$在 D 上具有二阶连续偏导数，且$\frac{\partial^2F}{\partial x\partial y}=f(x,y)$，则

$$\iint\limits_D f(x,y)\mathrm{d}x\mathrm{d}y=F(b,d)-F(b,c)-F(a,d)+F(a,c).$$

证　因为$f(x,y)$在 D 上连续，所以积分$\iint\limits_D f(x,y)\mathrm{d}x\mathrm{d}y$ 存在，故

$$\begin{aligned}\iint\limits_D f(x,y)\mathrm{d}x\mathrm{d}y&=\int_a^b\mathrm{d}x\int_c^d\frac{\partial^2F}{\partial x\partial y}\mathrm{d}y=\int_a^b\frac{\partial F}{\partial x}\bigg|_c^d\mathrm{d}x\\&=\int_a^b\left(\frac{\partial F(x,d)}{\partial x}-\frac{\partial F(x,c)}{\partial x}\right)\mathrm{d}x=F(b,d)-F(b,c)-F(a,d)+F(a,c).\end{aligned}$$

例 5.8　已知$f(x)\in C[0,1]$，$\int_0^1 f(x)\mathrm{d}x=2$，计算

(1) $\int_0^1\mathrm{d}x\int_x^1 f(x)f(y)\mathrm{d}y$;

(2) $\int_0^1\mathrm{d}x\int_0^x\mathrm{d}y\int_x^y f(x)f(y)f(z)\mathrm{d}z$.

解 (1) $\int_0^1 dx\int_x^1 f(x)f(y)dy=-\int_0^1\left(f(x)\int_1^x f(y)dy\right)dx$

$$=-\int_0^1\left(\int_1^x f(y)dy\right)d\left(\int_1^x f(y)dy\right)$$

$$=-\frac{1}{2}\left(\int_1^x f(y)dy\right)^2\Big|_0^1=2.$$

(2) $\int_0^1 dx\int_0^x dy\int_x^y f(x)f(y)f(z)dz$

$$=\int_0^1 f(x)dx\int_0^x f(y)dy\left(\int_0^y f(z)dz-\int_0^x f(z)dz\right)$$

$$=\int_0^1 f(x)dx\int_0^x\left(\int_0^y f(z)dz\right)d\left(\int_0^y f(z)dz\right)-\int_0^1 f(x)\left(\int_0^x f(z)dz\right)^2dx$$

$$=-\frac{1}{2}\int_0^1 f(x)\left(\int_0^x f(z)dz\right)^2dx$$

$$=-\frac{4}{3}.$$

例 5.9 已知$f(z)$连续，求证：$I=\iiint\limits_{x^2+y^2+z^2\leqslant 1}f(z)dv=\pi\int_{-1}^1 f(z)(1-z^2)dz.$

证 积分区域Ω为单位球$x^2+y^2+z^2\leqslant 1$，它的z截口$\sigma(z)$是半径为$\sqrt{1-z^2}$的圆，面积为$\pi(1-z^2)$，故

$$I=\int_{-1}^1 dz\iint\limits_{\sigma(z)}f(z)dxdy=\pi\int_{-1}^1 f(z)(1-z^2)dz.$$

例 5.10 计算$I=\iiint\limits_{\Omega}(lx^2+my^2+nz^2)dxdydz$，其中$\Omega$：$\frac{x^2}{a^2}+\frac{y^2}{b^2}+\frac{z^2}{c^2}\leqslant 1.$

解 设$I=I_1+I_2+I_3$，而

$$I_1=l\iiint\limits_{\Omega}x^2dxdydz,\ I_2=m\iiint\limits_{\Omega}y^2dxdydz,\ I_3=n\iiint\limits_{\Omega}z^2dxdydz.$$

因$\iiint\limits_{\Omega}x^2dv=\int_{-a}^a x^2dx\iint\limits_{D_{yz}}d\sigma_{yz}$，$D_{yz}$：$\frac{y^2}{b^2}+\frac{z^2}{c^2}\leqslant 1-\frac{x^2}{a^2}$，则

$$\iiint\limits_{\Omega}x^2dv=\int_{-a}^a x^2\pi bc\left(1-\frac{x^2}{a^2}\right)dx=\frac{4}{15}\pi a^3bc.$$

同样方法可得$\iiint\limits_{\Omega}y^2dxdydz=\frac{4}{15}\pi ab^3c$，$\iiint\limits_{\Omega}z^2dxdydz=\frac{4}{15}\pi abc^3$，所以

$$I=\frac{4\pi abc}{15}(la^2+mb^2+nc^2).$$

5.2 重积分的换元法

5.2.1 二重积分情形

设 $x=x(u,v)$，$y=y(u,v)$，变换 T：$x=x(u,v)$，$y=y(u,v)$ 将 uv 平面上由按段光滑封闭曲线所围的闭区域 D_{uv} 一对一地映成 xy 平面上的闭区域 D，并且 $x=x(u,v)$，$y=y(u,v)$ 连续可微且雅可比行列式

$$J=\left|\frac{D(x,y)}{D(u,v)}\right|=\begin{vmatrix}x_u & x_v\\ y_u & y_v\end{vmatrix}\neq 0,$$

则

$$\iint_D f(x,y)\,\mathrm{d}x\mathrm{d}y=\iint_{D_{uv}} f(x(u,v),y(u,v))\,|J|\,\mathrm{d}u\mathrm{d}v.$$

这里的 $|J|$ 是 J 的绝对值，D_{uv} 是 D 的 (u,v) 表示.

特别地，对极坐标代换，有

$$\iint_D f(x,y)\,\mathrm{d}x\mathrm{d}y=\iint_{D_{\rho\theta}} f(\rho\cos\theta,\rho\sin\theta)\rho\,\mathrm{d}\rho\mathrm{d}\theta.$$

5.2.2 三重积分情形

设 $x=x(u,v,w)$，$y=y(u,v,w)$，$z=z(u,v,w)$ 连续可微，变换 T：$(u,v,w)\to(x,y,z)$ 将 Ω_{uvw} 一对一地映成 Ω，且雅可比行列式

$$J=\left|\frac{D(x,y,z)}{D(u,v,w)}\right|=\begin{vmatrix}x_u & x_v & x_w\\ y_u & y_v & y_w\\ z_u & z_v & z_w\end{vmatrix}\neq 0,$$

则

$$\iiint_\Omega f(x,y,z)\,\mathrm{d}v=\iiint_{\Omega_{uvw}} f(x(u,v,w),y(u,v,w),z(u,v,w))\,|J|\,\mathrm{d}u\mathrm{d}v\mathrm{d}w.$$

特别地，利用柱面坐标代换，有

$$\iiint_\Omega f(x,y,z)\,\mathrm{d}v=\iiint_{\Omega_{r\theta z}} f(r\cos\theta,r\sin\theta,z)\,r\,\mathrm{d}r\mathrm{d}\theta\mathrm{d}z;$$

利用球面坐标代换，有

$$\iiint_\Omega f(x,y,z)\,\mathrm{d}v=\iiint_{\Omega_{r\varphi\theta}} f(r\sin\varphi\cos\theta,r\sin\varphi\sin\theta,r\cos\varphi)\,r^2\sin\varphi\,\mathrm{d}r\mathrm{d}\varphi\mathrm{d}\theta,$$

这里 $r=\sqrt{x^2+y^2+z^2}$，φ 是向量 (x,y,z) 与 z 轴正向的夹角 $(0\leqslant\varphi\leqslant\pi)$，$\theta$ 是 (x,y,z) 的投影向量 $(x,y,0)$ 与 x 轴正向的夹角 $(0\leqslant\theta\leqslant2\pi)$.

例 5.11 计算 $I=\displaystyle\iint_{x^2+y^2\leqslant ax}(x^3y+y^3\sqrt{x^2+y^2}+x\sqrt{x^2+y^2})\,\mathrm{d}x\mathrm{d}y.$

解 利用对称性，前面两项积分为零. 进一步利用极坐标，可得

$$I=0+0+\int_{-\frac{\pi}{2}}^{\frac{\pi}{2}}\mathrm{d}\theta\int_{0}^{a\cos\theta}r^{3}\cos\theta\mathrm{d}r=\frac{a^{4}}{2}\int_{0}^{\frac{\pi}{2}}\cos^{5}\theta\mathrm{d}\theta=\frac{4}{15}a^{4}.$$

例 5.12 计算 $I=\iint\limits_{D}\sqrt{1-\left(\frac{x}{a}\right)^{2}-\left(\frac{y}{b}\right)^{2}}\mathrm{d}x\mathrm{d}y$，$D$：$\left(\frac{x}{a}\right)^{2}+\left(\frac{y}{b}\right)^{2}\leqslant\frac{x}{a}$，$a,b>0$.

解 令 $x=ar\cos\theta$，$y=br\sin\theta$，则 $|J|=abr$，D：$0\leqslant r\leqslant\cos\theta$，$-\frac{\pi}{2}\leqslant\theta\leqslant\frac{\pi}{2}$，因此

$$I=\int_{-\frac{\pi}{2}}^{\frac{\pi}{2}}\int_{0}^{\cos\theta}\sqrt{1-r^{2}}\,r\mathrm{d}r\mathrm{d}\theta\cdot ab=\frac{2}{3}\left(\frac{\pi}{2}-\frac{2}{3}\right)ab.$$

例 5.13 计算 $I=\iint\limits_{D}\sqrt{\sqrt{x}+\sqrt{y}}\,\mathrm{d}x\mathrm{d}y$，$D$：$\sqrt{x}+\sqrt{y}\leqslant1$，$x\geqslant0$，$y\geqslant0$.

解 设 $x=r^{4}\cos^{4}\theta$，$y=r^{4}\sin^{4}\theta$，D：$0\leqslant r\leqslant1$，$0\leqslant\theta\leqslant\frac{\pi}{2}$，

$$|J|=\begin{vmatrix}x_{r}&x_{\theta}\\y_{r}&y_{\theta}\end{vmatrix}=16r^{7}\sin^{3}\theta\cos^{3}\theta,$$

故

$$I=\int_{0}^{\frac{\pi}{2}}\mathrm{d}\theta\int_{0}^{1}16r^{8}\sin^{3}\theta\cos^{3}\theta\mathrm{d}r=\frac{4}{27}.$$

例 5.14 计算 $I=\iint\limits_{D}\frac{x^{2}\sin(xy)}{y}\mathrm{d}x\mathrm{d}y$，$D$：$\frac{\pi}{2}y\leqslant x^{2}\leqslant\pi y$，$x\leqslant y^{2}\leqslant2x$，$x$，$y>0$.

解 设 $u=\frac{x^{2}}{y}$，$v=\frac{y^{2}}{x}$，则 D_{uv}：$\frac{\pi}{2}\leqslant u\leqslant\pi$，$1\leqslant v\leqslant2$，且 $x=u^{\frac{2}{3}}v^{\frac{1}{3}}$，$y=u^{\frac{1}{3}}v^{\frac{2}{3}}$，

$$|J|=\begin{vmatrix}x_{u}&x_{v}\\y_{u}&y_{v}\end{vmatrix}=\frac{1}{3},$$

所以

$$I=\int_{\frac{\pi}{2}}^{\pi}\mathrm{d}u\int_{1}^{2}\frac{1}{3}u\sin(uv)\mathrm{d}v=-\frac{1}{3}.$$

例 5.15 计算 $I=\iint\limits_{|x|+|y|\leqslant1}(x^{2}-y^{2})^{p}\mathrm{d}x\mathrm{d}y$，其中 p 为自然数.

解 设 $x+y=u$，$x-y=v$，则

$$x=\frac{1}{2}(u+v),y=\frac{1}{2}(u-v),\quad D_{uv}:|u|\leqslant1,|v|\leqslant1,\quad |J|=\frac{1}{2},$$

所以

$$I=\int_{-1}^{1}\mathrm{d}u\int_{-1}^{1}u^{p}v^{p}\ \frac{1}{2}\mathrm{d}v=\begin{cases}\dfrac{2}{(1+p)^{2}}, & p=2k,\\ 0, & p=2k+1.\end{cases}$$

例 5.16　设 D：$x^2+y^2\leqslant 1$，求证：

$$I=\iint\limits_{D}f(ax+by)\,\mathrm{d}x\mathrm{d}y=2\int_{-1}^{1}\sqrt{1-u^{2}}f(u\sqrt{a^{2}+b^{2}})\,\mathrm{d}u.$$

证　令 $u=\dfrac{ax+by}{\sqrt{a^2+b^2}}$，$v=\dfrac{-bx+ay}{\sqrt{a^2+b^2}}$，那么 $u^2+v^2=x^2+y^2$，故 $|J|=1$，D_{uv}：$u^2+v^2\leqslant 1$，因此

$$\begin{aligned}\iint\limits_{D}f(ax+by)\,\mathrm{d}x\mathrm{d}y&=\iint\limits_{u^2+v^2\leqslant 1}f(u\sqrt{a^{2}+b^{2}})\,\mathrm{d}u\mathrm{d}v\\&=\int_{-1}^{1}\mathrm{d}u\int_{-\sqrt{1-u^2}}^{\sqrt{1-u^2}}f(u\sqrt{a^{2}+b^{2}})\,\mathrm{d}v\\&=2\int_{-1}^{1}\sqrt{1-u^{2}}f(u\sqrt{a^{2}+b^{2}})\,\mathrm{d}u.\end{aligned}$$

例 5.17　求曲线 $(4x-7y+8)^2+(3x+8y-9)^2=64$ 围成区域 D 的面积.

解　做变换 $u=4x-7y+8$，$v=3x+8y-9$，得到

$$x=\frac{1}{53}(8u+7v-1),\ y=\frac{1}{53}(-3u+4v+60).$$

这样曲线方程变为

$$u^2+v^2=64,\ J=\begin{vmatrix}\dfrac{\partial x}{\partial u} & \dfrac{\partial x}{\partial v}\\ \dfrac{\partial y}{\partial u} & \dfrac{\partial y}{\partial v}\end{vmatrix}=\frac{1}{53}.$$

故所求面积为

$$A=\iint\limits_{D}\mathrm{d}x\mathrm{d}y=\iint\limits_{u^2+v^2\leqslant 64}\frac{1}{53}\mathrm{d}u\mathrm{d}v=\frac{64}{53}\pi.$$

例 5.18　计算 $\iint\limits_{D}\mathrm{e}^{\frac{x+y}{x-y}}\mathrm{d}x\mathrm{d}y$，其中 D 是以 $O(0,0)$，$A(1,0)$，$B(0,-1)$ 为顶点的三角形区域.

解　**方法 1**　设 $x+y=u$，$x-y=v$，则

$$x=\frac{1}{2}(u+v),\ y=\frac{1}{2}(u-v),\ |J|=\frac{1}{2},$$

$$D\to D_{uv}:\ -v\leqslant u\leqslant v,\ 0\leqslant v\leqslant 1,$$

故

$$\iint_D e^{\frac{x+y}{x-y}}dxdy=\frac{1}{2}\int_0^1 dv\int_{-v}^{v}e^{\frac{u}{v}}du=\frac{1}{4}\left(e-\frac{1}{e}\right).$$

方法 2

$$\iint_D e^{\frac{x+y}{x-y}}dxdy=\int_0^1 dx\int_{x-1}^{0}e^{\frac{x+y}{x-y}}dy\xlongequal{u=\frac{x+y}{x-y}}2\int_0^1 xdx\int_{2x-1}^{1}e^u\frac{du}{(1+u)^2}$$

$$=2\int_{-1}^{1}e^u\frac{du}{(1+u)^2}\int_0^{\frac{u+1}{2}}xdx=\frac{1}{4}\int_{-1}^{1}e^u du=\frac{1}{4}\left(e-\frac{1}{e}\right).$$

方法 3 利用极坐标. 设 $x=r\cos\theta$，$y=r\sin\theta$，则

$$\iint_D e^{\frac{x+y}{x-y}}dxdy=\int_{-\frac{\pi}{2}}^{0}d\theta\int_0^{\frac{1}{\cos\theta-\sin\theta}}e^{\frac{\cos\theta+\sin\theta}{\cos\theta-\sin\theta}}rdr$$

$$=\frac{1}{2}\int_{-\frac{\pi}{2}}^{0}e^{\frac{\cos\theta+\sin\theta}{\cos\theta-\sin\theta}}\frac{1}{(\cos\theta-\sin\theta)^2}d\theta$$

$$=\frac{1}{4}e^{\frac{\cos\theta+\sin\theta}{\cos\theta-\sin\theta}}\Bigg|_{-\frac{\pi}{2}}^{0}=\frac{1}{4}\left(e-\frac{1}{e}\right).$$

注意到函数 $f(x,y)=e^{\frac{x+y}{x-y}}$ 在 $O(0,0)$ 的邻域内无界，因此上述计算过程中必要时需要借助极限.

例 5.19 证明：$I=\iint\limits_{x^2+y^2\leqslant 1}e^x\cos y dxdy=\pi$.

证 令 $x=r\cos\theta$，$y=r\sin\theta$，则

$$I=\int_0^1 dr\int_0^{2\pi}re^{r\cos\theta}\cdot\cos(r\sin\theta)d\theta=\int_0^1 dr\int_0^{2\pi}r\mathrm{Re}(e^{r\cos\theta+ir\sin\theta})d\theta$$

$$=\int_0^1 dr\int_0^{2\pi}r\mathrm{Re}(e^{re^{i\theta}})d\theta.$$

因为

$$\mathrm{Re}(e^{re^{i\theta}})=\mathrm{Re}\left(\sum_{k=0}^{\infty}\frac{r^k}{k!}e^{ik\theta}\right)=\sum_{k=0}^{\infty}\frac{r^k}{k!}\cos k\theta,$$

又 $\sum\limits_{k=0}^{\infty}\frac{r^k}{k!}\cos k\theta$ 关于 θ 一致收敛. 对 $k>0$ 有 $\int_0^{2\pi}\cos k\theta d\theta=0$，所以

$$I=\int_0^1 2\pi r dr=\pi.$$

例 5.20 证明：$\int_0^1\int_0^1(xy)^{xy}dxdy=\int_0^1 t^t dt$.

证 因 $\lim\limits_{t\to 0}t^t=1$，因此 $\lim\limits_{\substack{x\to 0\\y\to 0}}(xy)^{xy}=1$，$\lim\limits_{\substack{x\to 0\\y\to y_0}}(xy)^{xy}=1$，$\lim\limits_{\substack{x\to x_0\\y\to 0}}(xy)^{xy}=1$，这里任意

x_0，$y_0\in[0,1]$，故可以认为$(xy)^{xy}$在$[0,1]\times[0,1]$上连续. 利用变量代换及交换积分次序可得

$$\begin{aligned}\int_0^1\int_0^1(xy)^{xy}\mathrm{d}x\mathrm{d}y&=\int_0^1\mathrm{d}x\int_0^1(xy)^{xy}\mathrm{d}y\\&\xlongequal{t=xy}\int_0^1\mathrm{d}x\int_0^x t^t\,\frac{1}{x}\mathrm{d}t=\int_0^1 t^t\mathrm{d}t\int_t^1\frac{\mathrm{d}x}{x}\\&=-\int_0^1 t^t\ln t\mathrm{d}t=-\int_0^1\mathrm{e}^{t\ln t}\cdot\ln t\mathrm{d}t\\&=-\int_0^1\mathrm{e}^{t\ln t}\mathrm{d}(t\ln t)+\int_0^1 t^t\mathrm{d}t=\int_0^1 t^t\mathrm{d}t.\end{aligned}$$

例 5.21　计算 $I=\iiint\limits_{\Omega}\mathrm{e}^{(x^2+y^2+z^2)^{\frac{3}{2}}}\mathrm{d}v$，$\Omega$：$\sqrt{x^2+y^2}\leqslant z\leqslant\sqrt{4-x^2-y^2}$.

解　利用球面坐标，得

$$\begin{aligned}I&=\int_0^{2\pi}\mathrm{d}\theta\int_0^{\frac{\pi}{4}}\sin\varphi\mathrm{d}\varphi\int_0^2\mathrm{e}^{r^3}r^2\mathrm{d}r\\&=\frac{2\pi}{3}\left(1-\frac{\sqrt{2}}{2}\right)(\mathrm{e}^8-1).\end{aligned}$$

例 5.22　证明：$\lim\limits_{n\to\infty}\frac{1}{n^4}\iiint\limits_{x^2+y^2+z^2\leqslant n^2}[\sqrt{x^2+y^2+z^2}]\mathrm{d}x\mathrm{d}y\mathrm{d}z=\pi$，其中$[x]$为取整函数.

证

$$\begin{aligned}\lim_{n\to\infty}\frac{1}{n^4}\iiint\limits_{x^2+y^2+z^2\leqslant n^2}[\sqrt{x^2+y^2+z^2}]\mathrm{d}x\mathrm{d}y\mathrm{d}z&=\frac{4}{3}\pi\lim_{n\to\infty}\frac{1}{n^4}\sum_{i=1}^{n}(i-1)\{[(i-1)+1]^3-(i-1)^3\}\\&=\frac{4\pi}{3}\lim_{n\to\infty}\frac{1}{n^4}\sum_{i=1}^{n}(i-1)[3(i-1)^2+3(i-1)+1]\\&=\frac{4\pi}{3}\lim_{n\to\infty}\frac{1}{n^4}\sum_{i=1}^{n-1}i(3i^2+3i+1)\\&=\frac{4\pi}{3}\lim_{n\to\infty}\frac{1}{n}\sum_{i=1}^{n-1}\frac{i}{n}\left(3\left(\frac{i}{n}\right)^2+3\,\frac{i}{n}\,\frac{1}{n}+\frac{1}{n^2}\right)\\&=\frac{4\pi}{3}\int_0^1 3x^3\mathrm{d}x\\&=\pi.\end{aligned}$$

例 5.23　求曲面$\left(\frac{x}{a}\right)^{\frac{2}{3}}+\left(\frac{y}{b}\right)^{\frac{2}{3}}+\left(\frac{z}{c}\right)^{\frac{2}{3}}=1$所围空间区域的体积.

解　令 $x=ar\cos^3\theta\sin^3\varphi$，$y=br\sin^3\theta\sin^3\varphi$，$z=cr\cos^3\varphi$，则有

$$\Omega_{r\theta\varphi}:\ 0\leqslant r\leqslant1,\ 0\leqslant\theta\leqslant2\pi,\ 0\leqslant\varphi\leqslant\pi,$$

且

$$|J| = 9abcr^2\sin^2\theta\cos^2\theta \cdot \sin^5\varphi\cos^2\varphi.$$

故区域的体积为

$$V = \int_0^{2\pi} d\theta \int_0^{\pi} d\varphi \int_0^1 9abcr^2\sin^2\theta\cos^2\theta \cdot \sin^5\varphi\cos^2\varphi dr$$

$$= 24abc \int_0^{\frac{\pi}{2}} \sin^2\theta\cos^2\theta d\theta \cdot \int_0^{\frac{\pi}{2}} \sin^5\varphi\cos^2\varphi d\varphi = \frac{4\pi}{35}abc.$$

5.3 能力提升

例 5.24 设$f(x)$在 **R** 上具有一阶连续导数且不为常数，$D_t=\{(x,y),0\leqslant x\leqslant t, 0\leqslant y\leqslant t\}$，$g(t)=\iint\limits_{D_t} f(x)f(y)\,dxdy$，且 $g(0)=g(1)=0$，$B=\max\limits_{0\leqslant x\leqslant 1}|f'(x)|$，证明：

$$g(t)\leqslant\frac{B^2}{64}, t\in(0,1)$$

证 记 $h(t)=\int_0^t f(x)\,dx$，$M=\max\limits_{[0,1]}h(t)$，$m=\min\limits_{[0,1]}h(t)$，因为$f(x)$不为常数，又 $h(0)=h(1)=0$，故 M，m 至少有一个不为 0，不妨设 $M>|m|\geqslant 0$，存在 $c\in(0,1)$，使得$f(c)=0$，且 $M=h(c)$. 因此

$$f(x)=f(c)+f'(\xi)(x-c)=f'(\xi)(x-c),$$

从而有 $|f(x)|\leqslant B|x-c|$.

当 $c\in\left[0,\frac{1}{2}\right]$时，可得到

$$h(c)=\int_0^c f(x)\,dx\leqslant B\int_0^c |x-c|\,dx=\frac{B}{2}c^2\leqslant\frac{B}{8}.$$

当 $c\in\left[\frac{1}{2},1\right]$时，可得到

$$h(c)=\int_0^c f(x)\,dx=\int_0^1 f(x)\,dx-\int_c^1 f(x)\,dx\leqslant\frac{B}{8}.$$

所以 $M\leqslant\frac{B}{8}$，从而 $|h(c)|\leqslant\frac{B}{8}$，进一步有 $g(t)\leqslant|h(c)|^2\leqslant\frac{B^2}{64}$.

例 5.25 设 D：$x^2+y^2\leqslant R^2$，计算：$\iint\limits_D\left(\frac{x^2}{a^2}+\frac{y^2}{b^2}\right)^3 dxdy\quad(a>0,b>0)$.

解 设 $x=r\cos\theta$，$y=r\sin\theta$，D：$0\leqslant r\leqslant R$，$0\leqslant\theta\leqslant 2\pi$，故

$$\iint\limits_D\left(\frac{x^2}{a^2}+\frac{y^2}{b^2}\right)^3 dxdy=\int_0^{2\pi}\left(\frac{\cos^2\theta}{a^2}+\frac{\sin^2\theta}{b^2}\right)^3 d\theta\int_0^R r^7 dr$$

$$=\frac{R^8}{2}\int_0^{\frac{\pi}{2}}\left(\frac{\cos^6\theta}{a^6}+3\frac{\cos^4\theta\sin^2\theta}{a^4b^2}+3\frac{\cos^2\theta\sin^4\theta}{a^2b^4}+\frac{\sin^6\theta}{b^6}\right)\mathrm{d}\theta$$

$$=\frac{\pi R^8}{64}\left(\frac{5}{a^6}+\frac{3}{a^4b^2}+\frac{3}{a^2b^4}+\frac{5}{b^6}\right).$$

$\left(\text{以上计算用到结果}\int_0^{\frac{\pi}{2}}\sin^{2n}x\mathrm{d}x=\int_0^{\frac{\pi}{2}}\cos^{2n}x\mathrm{d}x=\frac{(2n-1)(2n-3)\cdot\cdots\cdot3\cdot1}{(2n)(2n-2)\cdot\cdots\cdot4\cdot2}\frac{\pi}{2}\right)$

例 5.26　计算：$I=\int_0^1\mathrm{d}x\int_0^x\mathrm{d}y\int_0^y\frac{\sin z}{(1-z)^2}\mathrm{d}z.$

解　先交换 y 和 z 的积分次序，有

$$I=\int_0^1\mathrm{d}x\int_0^x\frac{\sin z}{(1-z)^2}\mathrm{d}z\int_z^x\mathrm{d}y=\int_0^1\mathrm{d}x\int_0^x\frac{(x-z)\sin z}{(1-z)^2}\mathrm{d}z,$$

再交换 x 和 z 的积分次序，有

$$I=\int_0^1\mathrm{d}x\int_0^x\frac{(x-z)\sin z}{(1-z)^2}\mathrm{d}z=\int_0^1\mathrm{d}z\int_z^1\frac{(x-z)\sin z}{(1-z)^2}\mathrm{d}x$$

$$=\frac{1}{2}\int_0^1\sin z\mathrm{d}z=\frac{1}{2}(1-\cos1).$$

例 5.27　计算

（1）$\iiint\limits_{\Omega}(x+y+z)^2\mathrm{d}v$，$\Omega$：$x^2+y^2+z^2\leqslant1.$

（2）$I=\iiint\limits_{\Omega}(a_0z^4+a_1z^3+a_2z^2+a_3z+a_4)\mathrm{d}v$，$a_i$ 为常数，$i=0$，1，2，3，4，Ω：$x^2+y^2+z^2\leqslant1.$

解　（1）利用积分区域的对称性，可以得到

$$\iiint\limits_{\Omega}(x+y+z)^2\mathrm{d}v=\iiint\limits_{\Omega}(x^2+y^2+z^2)\mathrm{d}x\mathrm{d}y\mathrm{d}z,$$

故利用球面坐标，可得

$$\iiint\limits_{\Omega}(x+y+z)^2\mathrm{d}v=\iiint\limits_{\Omega}(x^2+y^2+z^2)\mathrm{d}x\mathrm{d}y\mathrm{d}z=\int_0^{2\pi}\mathrm{d}\theta\int_0^{\pi}\sin\varphi\mathrm{d}\varphi\int_0^1r^4\mathrm{d}r=\frac{4\pi}{5}.$$

（2）利用积分区域的对称性，可得

$$I=a_0\iiint\limits_{\Omega}z^4\mathrm{d}v+a_2\iiint\limits_{\Omega}z^2\mathrm{d}v+a_4\iiint\limits_{\Omega}\mathrm{d}v,$$

利用球面坐标和第(1)问的结果，可得

$$I=a_0\int_0^{2\pi}\mathrm{d}\theta\int_0^{\pi}\cos^4\phi\sin\phi\mathrm{d}\phi\int_0^1r^6\mathrm{d}r+\frac{4\pi a_2}{15}+\frac{4\pi a_4}{3}$$

$$=\frac{4\pi a_0}{35}+\frac{4\pi a_2}{15}+\frac{4\pi a_4}{3}.$$

例 5.28　一支六角形铅笔，被削成圆锥形，圆锥顶点的夹角为$\frac{\pi}{6}$，设铅笔的两个平行面之间的距离为 $2b$，求削去的部分的体积 V.

解　设 $2\alpha=\frac{\pi}{6}$，故 $\alpha=\frac{\pi}{12}$，又 $\tan\frac{\pi}{12}=2-\sqrt{3}$，$\cot\frac{\pi}{12}=2+\sqrt{3}$.
设 $V=6V_1$，其中 V_1 为

$$0\leqslant x\leqslant b,\ -\frac{\sqrt{3}}{3}x\leqslant y\leqslant\frac{\sqrt{3}}{3}x,\ -(2+\sqrt{3})\sqrt{x^2+y^2}\leqslant z\leqslant 0$$

围成的体积，故

$$V_1=\int_0^b\mathrm{d}x\int_{-\frac{\sqrt{3}}{3}x}^{\frac{\sqrt{3}}{3}x}\mathrm{d}y\int_{-(2+\sqrt{3})\sqrt{x^2+y^2}}^{0}\mathrm{d}z=2(2+\sqrt{3})\left(\frac{1}{3}+\frac{\ln 3}{4}\right)\frac{b^3}{3}$$

则 $V=6V_1=\frac{1}{3}(2+\sqrt{3})(4+3\ln 3)b^3$.

例 5.29　计算积分 $I=\iiint\limits_{x^2+y^2+z^2\leqslant a^2}\frac{(b-x)\,\mathrm{d}x\mathrm{d}y\mathrm{d}z}{[(b-x)^2+y^2+z^2]^{\frac{3}{2}}}(b>a>0)$.

解　考察积分区域形状，容易想到普通球坐标变换，但是这样将使变换后的被积函数变得太复杂，因此对于本例来说，根据被积函数的性质，宜采用如下相似的球坐标变换：

$$\begin{cases}b-x=r\cos\phi,\\ y=r\sin\phi\cos\theta,\\ z=r\sin\phi\sin\theta,\end{cases}$$

那么

$$J=\frac{\partial(x,y,z)}{\partial(r,\phi,\theta)}=-r^2\sin\phi.$$

在此变换下，球面 $x^2+y^2+z^2=a^2$ 变成

$$(b-r\cos\phi)^2+(r\sin\phi\cos\theta)^2+(r\sin\phi\sin\theta)^2=b^2+r^2-2br\cos\phi=a^2,$$

从中解出

$$r=b\cos\phi\pm\sqrt{b^2\cos^2\phi-b^2+a^2},$$

记

$$r_1(\phi,\theta)=b\cos\phi-\sqrt{b^2\cos^2\phi-b^2+a^2},$$
$$r_2(\phi,\theta)=b\cos\phi+\sqrt{b^2\cos^2\phi-b^2+a^2}.$$

由于 $b^2\cos^2\phi-b^2+a^2=a^2-b^2\sin^2\phi\geqslant 0$，那么 $0\leqslant\sin\phi\leqslant\dfrac{a}{b}$，故 $0\leqslant\phi\leqslant\arcsin\dfrac{a}{b}$.

我们可以看出，在上述变换下，球体 $x^2+y^2+z^2\leqslant a^2$ 变成了 (r,ϕ,θ) 空间中的闭区域 Ω'：$0\leqslant\theta\leqslant 2\pi$，$0\leqslant\phi\leqslant\arcsin\dfrac{a}{b}$，$r_1(\phi,\theta)\leqslant r\leqslant r_2(\phi,\theta)$，于是

$$\begin{aligned}
I&=\int_0^{2\pi}\mathrm{d}\theta\int_0^{\arcsin\frac{b}{a}}\mathrm{d}\phi\int_{r_1(\phi,\theta)}^{r_2(\phi,\theta)}\frac{r\cos\phi\cdot r^2\sin\phi}{r^3}\mathrm{d}r\\
&=4\pi\int_0^{\arcsin\frac{b}{a}}\sqrt{b^2\cos^2\phi-b^2+a^2}\cos\phi\sin\phi\mathrm{d}\phi\\
&=2\pi\int_0^{\arcsin\frac{b}{a}}\sqrt{a^2-b^2\sin^2\phi}\,\mathrm{d}(\sin^2\phi)\\
&=\frac{4\pi a^3}{3b^2}.
\end{aligned}$$

例 5.30 将积分 $\iint\limits_D f(x,y)\mathrm{d}x\mathrm{d}y$，$D$：$x\leqslant x^2+y^2\leqslant 2x$，$y\geqslant 0$，分别写出先对 θ 后对 r 积分和先对 r 后对 θ 积分的累次积分.

解 在二重积分中先对 r 后对 θ 积分的思想：从极点 O 任意引一条过区域 D 的射线，它“穿入”与“穿出”区域 D 的两条边界曲线的极坐标分别记为 $r=r_1(\theta)$ 和 $r=r_2(\theta)$，则关于 r 的积分限为 $r_1(\theta)$ 到 $r_2(\theta)$；再让上述射线绕极点逆时针方向转动，使得它“扫过”区域，射线“接触”与“离开”D 的位置处 θ 的值分别为 α 和 β，则关于 θ 的积分限为 α 和 β.

在二重积分中先对 θ 后对 r 积分的思想：从极点开始画同心圆弧，圆弧的角度，也就是圆心角，逆时针从最下方的曲线或直线上的角度，扫到最上方的曲线或直线上的角度，这个角度必须用极坐标方程表示，也就是必须是 r 的函数；然后从扫过的范围中，确定 r 的取值范围. 因此

$$\begin{aligned}
I&=\int_0^{\frac{\pi}{2}}\mathrm{d}\theta\int_{\cos\theta}^{2\cos\theta}f(r\cos\theta,r\sin\theta)r\mathrm{d}r\\
&=\int_0^1 r\mathrm{d}r\int_{\arccos r}^{\arccos(r/2)}f(r\cos\theta,r\sin\theta)\mathrm{d}\theta+\int_1^2 r\mathrm{d}r\int_0^{\arccos(r/2)}f(r\cos\theta,r\sin\theta)\mathrm{d}\theta.
\end{aligned}$$

例 5.31 设 l 是过原点、方向为 (α,β,γ) $(\alpha^2+\beta^2+\gamma^2=1)$ 的直线，均匀椭球 $\dfrac{x^2}{a^2}+\dfrac{y^2}{b^2}+\dfrac{z^2}{c^2}\leqslant 1$ $(0<c<b<a)$（密度为 1）绕 l 旋转.

(1) 求其转运动惯量；(2) 求其转运动惯量关于方向 (α,β,γ) 的最大值和最小值.

解 (1) 设旋转轴 l 的方向向量为 $\boldsymbol{l}=(\alpha,\beta,\gamma)$，椭球内任意一点 $P(x,y,z)$

的径向量为 $\boldsymbol{r}$，则点 P 到旋转轴 l 的距离的平方为

$$\begin{aligned}d^2&=\boldsymbol{r}^2-(\boldsymbol{r}\cdot\boldsymbol{l})^2\\&=(1-\alpha^2)x^2+(1-\beta^2)y^2+(1-\gamma^2)z^2-2\alpha\beta xy-2\beta\gamma yz-2\alpha\gamma xz.\end{aligned}$$

由积分区域 $\Omega=\left\{(x,y,z)\left|\dfrac{x^2}{a^2}+\dfrac{y^2}{b^2}+\dfrac{z^2}{c^2}\leqslant 1\right.\right\}$ 的对称性，可知

$$\iiint_{\Omega}(2\alpha\beta xy+2\beta\gamma yz+2\alpha\gamma xz)\,\mathrm{d}x\mathrm{d}y\mathrm{d}z=0,$$

$$\begin{aligned}\iiint_{\Omega}x^2\mathrm{d}x\mathrm{d}y\mathrm{d}z&=\int_{-a}^{a}x^2\mathrm{d}x\iint_{\frac{y^2}{b^2}+\frac{z^2}{c^2}\leqslant 1-\frac{x^2}{a^2}}\mathrm{d}y\mathrm{d}z\\&=\pi bc\int_{-a}^{a}x^2\left(1-\frac{x^2}{a^2}\right)\mathrm{d}x\\&=\frac{4\pi a^3bc}{15},\end{aligned}$$

$$\iiint_{\Omega}y^2\mathrm{d}x\mathrm{d}y\mathrm{d}z=\int_{-b}^{b}y^2\mathrm{d}y\iint_{\frac{x^2}{a^2}+\frac{z^2}{c^2}\leqslant 1-\frac{y^2}{b^2}}\mathrm{d}x\mathrm{d}z=\frac{4\pi ab^3c}{15},$$

$$\iiint_{\Omega}z^2\mathrm{d}x\mathrm{d}y\mathrm{d}z=\int_{-c}^{c}z^2\mathrm{d}z\iint_{\frac{x^2}{a^2}+\frac{y^2}{b^2}\leqslant 1-\frac{z^2}{c^2}}\mathrm{d}x\mathrm{d}y=\frac{4\pi abc^3}{15}.$$

由转动惯量的定义知

$$J_l=\iiint_{\Omega}d^2\mathrm{d}x\mathrm{d}y\mathrm{d}z=\frac{4\pi abc}{15}[(1-\alpha^2)a^2+(1-\beta^2)b^2+(1-\gamma^2)c^2].$$

（2）考虑目标函数

$$V(\alpha,\beta,\gamma)=(1-\alpha^2)a^2+(1-\beta^2)b^2+(1-\gamma^2)c^2$$

在约束条件 $\alpha^2+\beta^2+\gamma^2=1$ 下的条件极值.

设拉格朗日函数为

$$L(\alpha,\beta,\gamma,\lambda)=(1-\alpha^2)a^2+(1-\beta^2)b^2+(1-\gamma^2)c^2+\lambda(\alpha^2+\beta^2+\gamma^2-1),$$

令

$$L_\alpha=2\alpha(\lambda-a^2)=0,\ L_\beta=2\beta(\lambda-b^2)=0,$$
$$L_\gamma=2\gamma(\lambda-c^2)=0,\ L_\lambda=\alpha^2+\beta^2+\gamma^2-1=0.$$

解得可能的极值点为 $Q_1(\pm1,0,0,a^2)$，$Q_2(0,\pm1,0,b^2)$，$Q_3(0,0,\pm1,c^2)$，比较可知，绕 z 轴（短轴）的转动惯量最大，且

$$J_{\max}=\frac{4\pi abc}{15}(a^2+b^2);$$

绕 x 轴（长轴）的转动惯量最小，且

$$J_{\min}=\frac{4\pi abc}{15}(b^2+c^2).$$

习　题　5

1. 计算下列重积分：

（1）$\iint\limits_D \frac{(x-y)^2}{x^2+y^2}\mathrm{d}x\mathrm{d}y$，其中 D：$y-2\leqslant x\leqslant \sqrt{4-y^2}$，$0\leqslant y\leqslant 2$．（答案：$2\pi-2$）

（2）$I=\iint\limits_D \left|xy-\frac{1}{4}\right|\mathrm{d}x\mathrm{d}y$，$D=[0,1]\times[0,1]$．$\left(答案：\frac{1}{8}\left(\frac{3}{4}+\ln 2\right)\right)$

（3）$I=\iint\limits_D \sqrt{\left|x-|y|\right|}\,\mathrm{d}x\mathrm{d}y$，$D=[0,2]\times[-1,1]$．$\left(答案：\frac{32\sqrt{2}}{15}\right)$

（4）$\iint\limits_D \mathrm{e}^{\frac{x}{x+y}}\mathrm{d}x\mathrm{d}y$，其中 $D=\{(x,y)\mid x+y\leqslant 1, x\geqslant 0, y\geqslant 0\}$．

$\left(提示：令 u=y, v=x+y\Rightarrow x=v-u, y=u，D'=\{(u,v)\mid 0\leqslant v\leqslant 1, 0\leqslant u\leqslant v\}，|J|=1．答案：\frac{1}{2}(\mathrm{e}-1)\right)$

（5）$\iint\limits_D (\sin x^2\cos y^2+x\sqrt{x^2+y^2})\mathrm{d}x\mathrm{d}y$，其中 D：$x^2+y^2\leqslant\pi$．（答案：π）

（6）$I=\iint\limits_{|x|+|y|\leqslant 1} |x^2-y^2|^p\mathrm{d}x\mathrm{d}y$，其中 $p>0$．$\left(答案：\frac{2}{(p+1)^2}\right)$

（7）$I=\iiint (x^2+y^2+z^2)^{\frac{5}{2}}\mathrm{d}x\mathrm{d}y\mathrm{d}z$，其中 Ω：$x^2+y^2+(z-1)^2\leqslant 1$．$\left(提示：利用截面法，答案：\frac{64}{9}\pi\right)$

（8）$I=\iiint\limits_\Omega (px+qy+rz)^2\mathrm{d}x\mathrm{d}y\mathrm{d}z$，其中 Ω：$\frac{x^2}{a^2}+\frac{y^2}{b^2}+\frac{z^2}{c^2}\leqslant 1$，$p$，$q$，$r$ 为常数．

$\left(答案：I=\frac{4\pi abc}{15}(p^2a^2+q^2b^2+r^2c^2)\right)$

（9）$\iiint\limits_\Omega (x^2+y^2)\mathrm{d}x\mathrm{d}y\mathrm{d}z$，其中 Ω 是由 $x^2+y^2+(z-2)^2\leqslant 4$，$x^2+y^2+(z-1)^2\leqslant 9$，$z\geqslant 0$ 所围成的空心立体．$\left(答案：\frac{256}{3}\pi\right)$

2. 设 $f(x)$ 在 $[a,b]$ 上连续，证明：$\int_a^b \mathrm{d}x\int_a^x f(y)\mathrm{d}y=\int_a^b (b-x)f(x)\mathrm{d}x$．

3. 已知 $f(x)\in C[0,1]$，$\int_0^1 f(x)\mathrm{d}x=A$，计算

（1）$\int_0^1 \mathrm{d}x\int_0^1 \mathrm{d}y\int_0^y f(x)f(y)f(z)\mathrm{d}z$；

（2）$\int_0^1 \mathrm{d}x\int_0^1 \mathrm{d}y\int_x^y f(x)f(y)f(z)\mathrm{d}z$．$\left(答案：（1）\frac{A^3}{2}；（2）0\right)$

4. 求由曲线 $\left(\frac{x^2}{a^2}+\frac{y^2}{b^2}\right)^2=\frac{2xy}{c^2}$ 所围成区域的面积．$\left(答案：\left(\frac{ab}{c}\right)^2\right)$

5. 求曲面$\left(\frac{x}{a}\right)^{\frac{2}{5}}+\left(\frac{y}{b}\right)^{\frac{2}{5}}+\left(\frac{z}{c}\right)^{\frac{2}{5}}=1$所围空间立体的体积.

$\left(\text{提示：做变换 } x=ar^5\sin^5\phi\cos^5\theta,\ y=br^5\sin^5\phi\sin^5\theta,\ z=cr^5\cos^5\phi,\ \text{答案：}\frac{20}{3003}\pi abc\right)$

6. 求曲面 Σ：$\sqrt{\frac{x}{2}}+\sqrt{\frac{y}{3}}+\sqrt{\frac{z}{15}}=1$ 与坐标平面所围成立体的体积.（答案：1）

7. 已知$\int_0^{+\infty}\frac{\sin x}{x}\mathrm{d}x=\frac{\pi}{2}$，计算$\int_0^{+\infty}\mathrm{d}x\int_0^{+\infty}\frac{\sin x\sin(x+y)}{x(x+y)}\mathrm{d}y$.$\left(\text{答案：}\frac{\pi^2}{8}\right)$

8. 设$f(x,y)$为有界闭区域 D 上的可微函数，$x=x(u,v)$，$y=y(u,v)$也是可微函数，而变换将 D 变成 $\overline{D}$，如果变换满足：$\frac{\partial x}{\partial u}=\frac{\partial y}{\partial v},\frac{\partial x}{\partial v}=-\frac{\partial y}{\partial u}$. 证明：

$$\iint\limits_D\left[\left(\frac{\partial f}{\partial x}\right)^2+\left(\frac{\partial f}{\partial y}\right)^2\right]\mathrm{d}x\mathrm{d}y=\iint\limits_{\overline{D}}\left[\left(\frac{\partial f}{\partial u}\right)^2+\left(\frac{\partial f}{\partial v}\right)^2\right]\mathrm{d}u\mathrm{d}v.$$

$\left(\text{提示：先计算}\frac{\partial f}{\partial u},\frac{\partial f}{\partial v}\text{，再利用关系}\frac{\partial x}{\partial u}=\frac{\partial y}{\partial v},\frac{\partial x}{\partial v}=-\frac{\partial y}{\partial u}\text{进行化简}\right)$

9. 求极限$\lim\limits_{t\to0^+}\frac{1}{t^4}\iiint\limits_{x^2+y^2+z^2\leqslant t^2}f(\sqrt{x^2+y^2+z^2})\,\mathrm{d}x\mathrm{d}y\mathrm{d}z$，其中$f(u)$为$[0,1]$上的连续函数，且$f(0)=0$，$f'(0)=1$.（提示：利用球面坐标，答案：$\pi$）

10. 计算$I=\iint\limits_D\frac{\mathrm{d}x\mathrm{d}y}{xy}$，其中$D=\left\{(x,y)\,\middle|\,2\leqslant\frac{x}{x^2+y^2}\leqslant4,2\leqslant\frac{y}{x^2+y^2}\leqslant4\right\}$.

参考解法：利用极坐标，D：$\left\{(r,\theta)\,\middle|\,\frac{\cos\theta}{4}\leqslant r\leqslant\frac{\cos\theta}{2},\frac{\sin\theta}{4}\leqslant r\leqslant\frac{\sin\theta}{2}\right\}$，利用对称性，有

$$I=\iint\limits_D\frac{\mathrm{d}x\mathrm{d}y}{xy}=2\int_{\arctan\frac{1}{2}}^{\frac{\pi}{4}}\mathrm{d}\theta\int_{\frac{\cos\theta}{4}}^{\frac{\sin\theta}{2}}\frac{\mathrm{d}r}{r\sin\theta\cos\theta}=(\ln2)^2.$$

第 6 章

曲线积分与曲面积分

主要知识点：两类曲线积分的定义及关系；两类曲线积分的计算方法；两类曲面积分的定义及关系；两类曲面积分的计算方法；对坐标曲线积分与积分路径无关的条件；格林(Green)公式、斯托克斯(Stokes)公式及其应用；高斯(Gauss)公式及其应用.

6.1 曲线积分

6.1.1 对弧长的曲线积分

设$f(x,y,z)$在空间分段光滑曲线L上连续，L：$x=x(t)$，$y=y(t)$，$z=z(t)$，$t_1\leqslant t\leqslant t_2$，则

$$\int_L f(x,y,z)\,\mathrm{d}s=\int_{t_1}^{t_2} f(x(t),y(t),z(t))\sqrt{(x'(t))^2+(y'(t))^2+(z'(t))^2}\,\mathrm{d}t.$$

6.1.2 对坐标的曲线积分

设$P(x,y,z)$，$Q(x,y,z)$，$R(x,y,z)$在空间分段光滑曲线L上连续，

$$L:\ x=x(t),\ y=y(t),\ z=z(t),$$

L：$t=t_1$(起点)$\rightarrow t=t_2$(终点)，则

$$\int_L P(x,y,z)\,\mathrm{d}x+Q(x,y,z)\,\mathrm{d}y+R(x,y,z)\,\mathrm{d}z$$

$$=\int_{t_1}^{t_2}[P(x(t),y(t),z(t))x'(t)+Q(x(t),y(t),z(t))y'(t)+R(x(t),y(t),z(t))z'(t)]\,\mathrm{d}t.$$

6.1.3 积分与路径无关的条件

设D是平面单连通区域，其边界∂D由分段光滑曲线构成，$P(x,y)$，$Q(x,y)$在D上具有一阶连续偏导数，则有

$$\int_L P\mathrm{d}x+Q\mathrm{d}y \text{ 与路径无关}\Leftrightarrow \frac{\partial Q}{\partial x}=\frac{\partial P}{\partial y}$$

$\Leftrightarrow$存在可微函数 $u(x,y)$，使得 $P(x,y)\mathrm{d}x+Q(x,y)\mathrm{d}y=\mathrm{d}(u(x,y))$，且

$$\int_L P\mathrm{d}x+Q\mathrm{d}y=\int_{AB}\mathrm{d}u=u\Big|_A^B=u(B)-u(A)\quad (L:A\to B),$$

而且 $u(x,y)$ 可以由

$$u(x,y)=\int_{x_0}^{x}P(x,y_0)\mathrm{d}x+\int_{y_0}^{y}P(x,y)\mathrm{d}y+C$$

或

$$u(x,y)=\int_{y_0}^{y}Q(x_0,y)\mathrm{d}y+\int_{x_0}^{x}P(x,y)\mathrm{d}x+C$$

给出. 特殊情形时，可以凑微分，如：

$$x\mathrm{d}x+y\mathrm{d}y=\frac{1}{2}\mathrm{d}(x^2+y^2),\ x\mathrm{d}y+y\mathrm{d}x=\mathrm{d}(xy),$$

$$\frac{x\mathrm{d}x+y\mathrm{d}y}{x^2+y^2}=\frac{1}{2}\mathrm{d}(\ln(x^2+y^2)),\ \frac{x\mathrm{d}y-y\mathrm{d}x}{x^2+y^2}=\mathrm{d}\left(\arctan\frac{y}{x}\right).$$

6.1.4 格林公式

格林公式(Ⅰ) 设 D 是平面有界闭区域，∂D 是有限条封闭的彼此不相交的可求长曲线的并集，$P(x,y)$，$Q(x,y)$ 在 D 上具有一阶连续偏导数，则

$$\int_{\partial D^+}P\mathrm{d}x+Q\mathrm{d}y=\iint_D\left(\frac{\partial Q}{\partial x}-\frac{\partial P}{\partial y}\right)\mathrm{d}x\mathrm{d}y,$$

其中 ∂D^+ 表示边界的正向.

格林公式(Ⅱ) 设 D 是平面有界闭区域，∂D 是有限条封闭的彼此不相交的逐段光滑曲线，$P(x,y)$，$Q(x,y)$ 在 D 上具有一阶连续偏导数，则

$$\int_{\partial D^+}(P\cos\langle \boldsymbol{n},x\rangle+Q\cos\langle \boldsymbol{n},y\rangle)\mathrm{d}s=\iint_D\left(\frac{\partial P}{\partial x}+\frac{\partial Q}{\partial y}\right)\mathrm{d}x\mathrm{d}y,$$

其中 $\boldsymbol{n}$ 表示边界的单位外法线方向.

例 6.1 求 $I=\int_L x\sin y\mathrm{d}s$，其中 L 是以 $O(0,0)$，$A\left(\frac{\pi}{2},0\right)$，$B\left(\frac{\pi}{2},\frac{\pi}{2}\right)$ 为顶点的三角形边线.

解 因为 $I=\int_L x\sin y\mathrm{d}s=\int_{OA}+\int_{AB}+\int_{OB}$，而

$$\int_{OA}x\sin y\mathrm{d}s=\int_0^{\frac{\pi}{2}}0\mathrm{d}x=0,$$

$$\int_{AB}x\sin y\mathrm{d}s=\int_0^{\frac{\pi}{2}}\frac{\pi}{2}\sin y\mathrm{d}y=\frac{\pi}{2},$$

$$\int_{OB} x\sin y\mathrm{d}s=\sqrt{2}\int_0^{\frac{\pi}{2}} x\sin x\mathrm{d}x=\sqrt{2}.$$

故 $I=\sqrt{2}+\dfrac{\pi}{2}$.

例 6.2　计算$\oint_L \sqrt{x^2+y^2}\,\mathrm{d}s$，其中 L：$x^2+y^2=4x$.

解　**方法 1**　利用直角坐标方程.

由 $x^2+y^2=4x$ 知 $2x+2yy'=4$，故 $y'=\dfrac{2-x}{y}$，于是

$$\mathrm{d}s=\sqrt{1+(y')^2}\,\mathrm{d}x=\frac{2}{\sqrt{4x-x^2}}\mathrm{d}x.$$

因此

$$\oint_L \sqrt{x^2+y^2}\,\mathrm{d}s=2\int_0^4 \sqrt{4x}\cdot\frac{2}{\sqrt{4x-x^2}}\mathrm{d}x=32.$$

方法 2　利用参数方程.

由于曲线 $x^2+y^2=4x$ 的参数方程为 $x=2+2\cos t$，$y=2\sin t$，$0\leqslant t\leqslant 2\pi$，则

$$\oint_L \sqrt{x^2+y^2}\,\mathrm{d}s=2\int_0^{2\pi} \sqrt{8(1+\cos t)}\,\mathrm{d}t=32.$$

方法 3　利用极坐标方程.

由于 $x^2+y^2=4x$ 的极坐标方程为 $r=4\cos\theta\left(-\dfrac{\pi}{2}\leqslant\theta\leqslant\dfrac{\pi}{2}\right)$，则

$$\mathrm{d}s=\sqrt{r^2+r'^2}\,\mathrm{d}\theta=\sqrt{16\cos^2\theta+16\sin^2\theta}\,\mathrm{d}\theta=4\mathrm{d}\theta,$$

进一步有

$$\oint_L \sqrt{x^2+y^2}\,\mathrm{d}s=\int_{-\frac{\pi}{2}}^{\frac{\pi}{2}} 4\cos\theta\cdot 4\mathrm{d}\theta=32.$$

例 6.3　求 $I=\int_L (x^2-\sin^2 y)\,\mathrm{d}x+\sqrt{x^2+\cos^2 y}\,\mathrm{d}y$，其中 L 是由折线 AOB 及曲线 L_1：$x=\sin y(\pi\leqslant y\leqslant 2\pi)$ 组成的，且 $A(3,0)$，$B(0,\pi)$，如图 6-1 所示.

解　因为 $I=\int_{AO}+\int_{OB}+\int_{L_1}$，而

$$\int_{AO}(x^2-\sin^2 y)\,\mathrm{d}x+\sqrt{x^2+\cos^2 y}\,\mathrm{d}y$$

$$=\int_3^0 x^2\mathrm{d}x=-9,$$

$$\int_{OB}(x^2-\sin^2 y)\,\mathrm{d}x+\sqrt{x^2+\cos^2 y}\,\mathrm{d}y$$
$$=\int_0^{\pi}|\cos y|\,\mathrm{d}y=2,$$
$$\int_{L_1}(x^2-\sin^2 y)\,\mathrm{d}x+\sqrt{x^2+\cos^2 y}\,\mathrm{d}y$$
$$=\int_{\pi}^{2\pi}1\,\mathrm{d}y=\pi,$$

故
$$I=\pi-7.$$

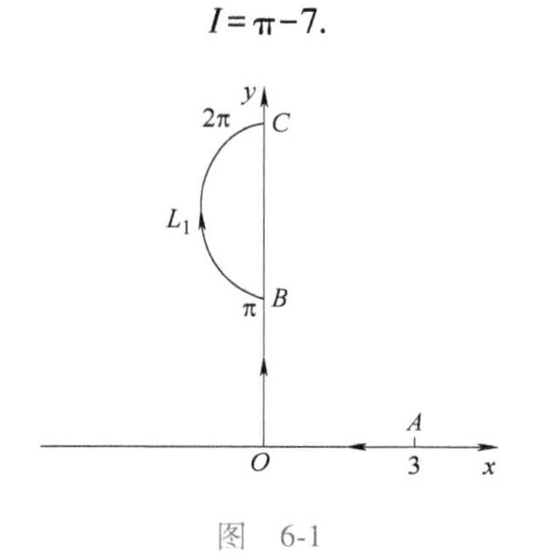

图 6-1

例 6.4 计算对坐标的曲线积分 $I=\oint_L \frac{x\mathrm{d}y-y\mathrm{d}x}{x^2+y^2}$，$L$ 符合下列条件，方向均取正向.

（1）L 是圆周：$x^2+y^2=\varepsilon^2$；

（2）L 是不过原点的简单、可求长闭曲线，且 L 所围成区域 D 不含原点；

（3）L 是环绕原点的简单、可求长闭曲线；

（4）L 是环绕原点两圈的可求长闭曲线.

解 （1）$I=\oint_L \frac{x\mathrm{d}y-y\mathrm{d}x}{x^2+y^2}=\frac{1}{\varepsilon^2}\oint_L x\mathrm{d}y-y\mathrm{d}x=\frac{1}{\varepsilon^2}\iint_D 2\mathrm{d}x\mathrm{d}y=2\pi.$

（2）令 $P=\frac{-y}{x^2+y^2}$，$Q=\frac{x}{x^2+y^2}$，因为 $(0,0)\notin D$，故

$$\frac{\partial P}{\partial y}=\frac{y^2-x^2}{x^2+y^2}=\frac{\partial Q}{\partial x}\in C(D),$$

所以由格林公式得

$$I=\oint_L \frac{x\mathrm{d}y-y\mathrm{d}x}{x^2+y^2}=\iint_D\left(\frac{\partial Q}{\partial x}-\frac{\partial P}{\partial y}\right)\mathrm{d}x\mathrm{d}y=0.$$

（3）以原点为中心，以 ε 为半径作圆 C_ε：$x^2+y^2=\varepsilon^2$，其中 ε 小于原点到集合 L 的距离. 记 L 与 C_ε：$x^2+y^2=\varepsilon^2$ 所围成的区域为 D，C_ε^+表示顺时针方向的圆周，则利用格林公式得

$$\int_L \frac{x\mathrm{d}y-y\mathrm{d}x}{x^2+y^2}+\int_{C_\varepsilon^-}\frac{x\mathrm{d}y-y\mathrm{d}x}{x^2+y^2}=\iint_D\left(\frac{\partial Q}{\partial x}-\frac{\partial P}{\partial y}\right)\mathrm{d}x\mathrm{d}y=0.$$

因此

$$I=\oint_L \frac{x\mathrm{d}y-y\mathrm{d}x}{x^2+y^2}=-\oint_{C_\varepsilon^-}\frac{x\mathrm{d}y-y\mathrm{d}x}{x^2+y^2}=\oint_{C_\varepsilon}\frac{x\mathrm{d}y-y\mathrm{d}x}{x^2+y^2}=2\pi.$$

（4）把绕原点两圈的曲线 L 拆成两段绕原点的简单闭曲线的并集：$L=C_1+C_2$，C_i 为简单闭曲线，则

$$I=\oint_L \frac{x\mathrm{d}y-y\mathrm{d}x}{x^2+y^2}=\oint_{C_1}\frac{x\mathrm{d}y-y\mathrm{d}x}{x^2+y^2}+\oint_{C_2}\frac{x\mathrm{d}y-y\mathrm{d}x}{x^2+y^2}=4\pi.$$

例 6.5　设 $u(x,y)$ 在光滑曲线 L 所围成的闭区域 D 上具有二阶连续偏导数，试证明：

$$\iint_D\left(\frac{\partial^2 u}{\partial x^2}+\frac{\partial^2 u}{\partial y^2}\right)\mathrm{d}x\mathrm{d}y=\oint_L\frac{\partial u}{\partial \boldsymbol{n}}\mathrm{d}s,$$

其中$\dfrac{\partial u}{\partial \boldsymbol{n}}$是 $u(x,y)$ 沿 L 的单位外法线向量 $\boldsymbol{n}$ 的方向导数.

证　设 $\boldsymbol{t}$ 为沿 L 的正向的切线单位向量，则

$$\cos<\boldsymbol{n},x>=\cos<\boldsymbol{t},y>,\cos<\boldsymbol{n},y>=-\cos<\boldsymbol{t},x>,$$

故

$$\frac{\partial u}{\partial \boldsymbol{n}}\mathrm{d}s=\frac{\partial u}{\partial x}\cos<\boldsymbol{n},x>\mathrm{d}s+\frac{\partial u}{\partial y}\cos<\boldsymbol{n},y>\mathrm{d}s=-\frac{\partial u}{\partial y}\mathrm{d}x+\frac{\partial u}{\partial x}\mathrm{d}y.$$

利用格林公式，则有

$$\oint_L\frac{\partial u}{\partial \boldsymbol{n}}\mathrm{d}s=\oint_L\left(-\frac{\partial u}{\partial y}\mathrm{d}x+\frac{\partial u}{\partial x}\mathrm{d}y\right)=\iint_D\Delta u\mathrm{d}x\mathrm{d}y.$$

6.2　曲面积分

6.2.1　对面积的曲面积分

设 $f(x,y,z)$ 在光滑曲面 $\boldsymbol{\Sigma}$：$z=z(x,y)$ 上连续，且 $\boldsymbol{\Sigma}$ 在 xOy 坐标面上的投影为 D_{xy}，则

$$\iint_\Sigma f(x,y,z)\,\mathrm{d}S=\iint_{D_{xy}}f(x,y,z(x,y))\sqrt{1+z_x^2+z_y^2}\,\mathrm{d}x\mathrm{d}y.$$

如果 $f(x,y,z)$ 表示面密度，则 $\iint_\Sigma f(x,y,z)\,\mathrm{d}S$ 表示 $\boldsymbol{\Sigma}$ 的质量.

6.2.2 对坐标的曲面积分

设 $\boldsymbol{\Sigma}$ 是一有向光滑曲面，取定法向量

$$\boldsymbol{n}=(\cos\alpha,\cos\beta,\cos\gamma).$$

在 $\boldsymbol{\Sigma}$ 上给定一向量函数

$$\boldsymbol{A}=(P(x,y,z),Q(x,y,z),R(x,y,z)),$$

则称

$$\iint\limits_{\Sigma}(P\cos\alpha+Q\cos\beta+R\cos\gamma)\mathrm{d}S=\iint\limits_{\Sigma}P\mathrm{d}y\mathrm{d}z+Q\mathrm{d}z\mathrm{d}x+R\mathrm{d}x\mathrm{d}y$$

为 $\boldsymbol{A}$ 在 $\boldsymbol{\Sigma}$ 上的对坐标的曲面积分.

注　此类积分不仅与 $\boldsymbol{\Sigma}$ 的方程有关，还与 $\boldsymbol{\Sigma}$ 的一侧有关.

6.2.3 两类曲面积分之间的关系

$$\iint\limits_{\Sigma}P\mathrm{d}y\mathrm{d}z+Q\mathrm{d}z\mathrm{d}x+R\mathrm{d}x\mathrm{d}y=\iint\limits_{\Sigma}\boldsymbol{A}\cdot\boldsymbol{n}\mathrm{d}S,$$

其中 $\boldsymbol{A}=(P,Q,R)$，$\boldsymbol{n}$ 为有向光滑曲面 $\boldsymbol{\Sigma}$ 上在 (x,y,z) 处的(积分一侧)单位法向量，如果

$$\boldsymbol{n}=(\cos\alpha,\cos\beta,\cos\gamma),$$

则

$$\iint\limits_{\Sigma}P\mathrm{d}y\mathrm{d}z+Q\mathrm{d}z\mathrm{d}x+R\mathrm{d}x\mathrm{d}y=\iint\limits_{\Sigma}(P\cos\alpha+Q\cos\beta+R\cos\gamma)\mathrm{d}S.$$

例 6.6　计算 $\iint\limits_{\Sigma}\frac{\mathrm{d}S}{x^2+y^2+z^2}$，其中 $\boldsymbol{\Sigma}$ 是柱面 $x^2+y^2=R^2$ 夹在 $z=0$ 和 $z=H(H>0)$ 之间的部分.

解　**方法 1**　由于被积函数是关于 x 的偶函数，而 $\boldsymbol{\Sigma}$ 关于 yOz 面对称，则

$$\iint\limits_{\Sigma}\frac{\mathrm{d}S}{x^2+y^2+z^2}=2\iint\limits_{\Sigma_1}\frac{\mathrm{d}S}{x^2+y^2+z^2},$$

其中 $\boldsymbol{\Sigma}_1$ 为 $\boldsymbol{\Sigma}$ 在 yOz 面的前侧的部分，故 $\boldsymbol{\Sigma}_1$ 的方程为 $x=\sqrt{R^2-y^2}$.

又有 $x'_y=\frac{-y}{\sqrt{R^2-y^2}}$，$x'_z=0$ 和 $\mathrm{d}S=\sqrt{1+(x'_y)^2+(x'_z)^2}\mathrm{d}y\mathrm{d}z=\frac{R}{\sqrt{R^2-y^2}}\mathrm{d}y\mathrm{d}z$，

所以

$$\iint\limits_{\Sigma_1}\frac{\mathrm{d}S}{x^2+y^2+z^2}=\iint\limits_{\substack{-R\leqslant y\leqslant R\\0\leqslant z\leqslant H}}\frac{1}{R^2+z^2}\cdot\frac{R}{\sqrt{R^2-y^2}}\mathrm{d}y\mathrm{d}z=\pi\arctan\frac{H}{R},$$

故 $\iint\limits_{\Sigma}\frac{\mathrm{d}S}{x^2+y^2+z^2}=2\pi\arctan\frac{H}{R}$.

方法 2　将柱面方程 $x^2+y^2=R^2$ 代入被积函数，得到

$$\iint_{\Sigma}\frac{\mathrm{d}S}{x^2+y^2+z^2}=\iint_{\Sigma}\frac{\mathrm{d}S}{R^2+z^2}.$$

由于被积函数中只有 z，则面积元素 $\mathrm{d}S$ 可取为柱面 $x^2+y^2=R^2$ 夹在平面 $z=z$ 和 $z=z+\mathrm{d}z$ 之间部分的面积，即 $\mathrm{d}S=2\pi R\mathrm{d}z$，因此

$$\iint_{\Sigma}\frac{\mathrm{d}S}{x^2+y^2+z^2}=2\pi R\int_0^H\frac{\mathrm{d}z}{R^2+z^2}=2\pi\arctan\frac{H}{R}.$$

例 6.7　计算 $\iint_{\Sigma}(Ax+By+Cz+D)^2\mathrm{d}S$，其中 Σ 为球面 $x^2+y^2+z^2=1$.

解　因为

$$\begin{aligned}&(Ax+By+Cz+D)^2\\&=A^2x^2+B^2y^2+C^2z^2+2ABxy+2BCyz+2ACxz+2D(Ax+By+Cz)+D^2,\end{aligned}$$

由被积函数的奇偶性及积分区域的对称性知

$$\iint_{\Sigma}xy\mathrm{d}S=\iint_{\Sigma}yz\mathrm{d}S=\iint_{\Sigma}xz\mathrm{d}S=0,\ \iint_{\Sigma}x\mathrm{d}S=\iint_{\Sigma}y\mathrm{d}S=\iint_{\Sigma}z\mathrm{d}S=0$$

和

$$\iint_{\Sigma}x^2\mathrm{d}S=\iint_{\Sigma}y^2\mathrm{d}S=\iint_{\Sigma}z^2\mathrm{d}S.$$

另外，容易得到

$$\iint_{\Sigma}x^2\mathrm{d}S=\frac{1}{3}\iint_{\Sigma}(x^2+y^2+z^2)\mathrm{d}S=\frac{1}{3}\iint_{\Sigma}1\mathrm{d}S=\frac{4\pi}{3}.$$

因此

$$\begin{aligned}\iint_{\Sigma}(Ax+By+Cz+D)^2\mathrm{d}S&=(A^2+B^2+C^2)\iint_{\Sigma}x^2\mathrm{d}S+\iint_{\Sigma}D^2\mathrm{d}S\\&=(A^2+B^2+C^2)\frac{4\pi}{3}+4\pi D^2.\end{aligned}$$

例 6.8　设 Σ 是抛物面 $z=x^2+y^2$ 与 $z=1$ 围成的闭曲面的外侧，求

$$I_1=\oiint_{\Sigma}|xyz|\mathrm{d}S;\qquad I_2=\oiint_{\Sigma}|xyz|\mathrm{d}x\mathrm{d}y.$$

解　设 Σ_1：$z=1(x^2+y^2\leqslant 1)$，Σ_2：$z=x^2+y^2(0\leqslant z\leqslant 1)$，则

$$\begin{aligned}I_1&=\iint_{\Sigma_1}|xyz|\mathrm{d}S+\iint_{\Sigma_2}|xyz|\mathrm{d}S\\&=\iint_{x^2+y^2\leqslant 1}|xy|\mathrm{d}x\mathrm{d}y+\iint_{x^2+y^2\leqslant 1}|xy|(x^2+y^2)\sqrt{1+4x^2+4y^2}\mathrm{d}x\mathrm{d}y\\&=4\int_0^{\frac{\pi}{2}}\mathrm{d}\theta\int_0^1\cos\theta\sin\theta\, r^3\mathrm{d}r+4\int_0^{\frac{\pi}{2}}\mathrm{d}\theta\int_0^1\cos\theta\sin\theta\, r^5\sqrt{1+4r^2}\mathrm{d}r\end{aligned}$$

$$=\frac{209}{420}+\frac{25}{84}\sqrt{5}.$$

对 Σ_1 取上侧，对 Σ_2 取下侧，则

$$I_2=\iint\limits_{\Sigma_1}+\iint\limits_{\Sigma_2}=\iint\limits_{x^2+y^2\leqslant 1}|xy|\mathrm{d}x\mathrm{d}y-\iint\limits_{x^2+y^2\leqslant 1}|xy|(x^2+y^2)\mathrm{d}x\mathrm{d}y=\frac{1}{6}.$$

例 6.9 已知 Σ：$z=z(x,y)$，$(x,y)\in D$，$z(x,y)\in C(D)$. 求证：

$$\iint\limits_{\Sigma}P\mathrm{d}y\mathrm{d}z+Q\mathrm{d}z\mathrm{d}x+R\mathrm{d}x\mathrm{d}y=\pm\iint\limits_{D}(-P\cdot z_x-Q\cdot z_y+R)\mathrm{d}x\mathrm{d}y.$$

证 因曲面 $z=z(x,y)$ 在任一点 (x,y,z) 的切平面的法线向量为 $(-z_x,-z_y,1)$，故单位法向量为

$$\boldsymbol{n}=\pm\frac{1}{\sqrt{1+z_x^2+z_y^2}}(-z_x,-z_y,1),$$

又

$$\mathrm{d}S=\sqrt{1+z_x^2+z_y^2}\,\mathrm{d}x\mathrm{d}y.$$

利用两类曲面积分之间的关系，则得到

$$\begin{aligned}&\iint\limits_{\Sigma}P\mathrm{d}y\mathrm{d}z+Q\mathrm{d}z\mathrm{d}x+R\mathrm{d}x\mathrm{d}y\\&=\iint\limits_{\Sigma}(P\cos\alpha+Q\cos\beta+R\cos\gamma)\mathrm{d}S\\&=\pm\iint\limits_{D}(-P\cdot z_x-Q\cdot z_y+R)\mathrm{d}x\mathrm{d}y.\end{aligned}$$

例 6.10 设 $f(x,y,z)$ 为连续函数，计算

$$\iint\limits_{\Sigma}(f(x,y,z)+x)\mathrm{d}y\mathrm{d}z+(2f(x,y,z)+y)\mathrm{d}z\mathrm{d}x+(f(x,y,z)+z)\mathrm{d}x\mathrm{d}y,$$

其中 Σ 为平面 $x-y+z=1$ 在第四卦限部分的上侧.

解 因为 Σ 的法向量 $\boldsymbol{n}=(1,-1,1)$，则 $\cos\alpha=\frac{1}{\sqrt{3}}$，$\cos\beta=-\frac{1}{\sqrt{3}}$，$\cos\gamma=\frac{1}{\sqrt{3}}$.

因此根据两类曲面积分的关系，可得

$$\begin{aligned}&\iint\limits_{\Sigma}(f(x,y,z)+x)\mathrm{d}y\mathrm{d}z+(f(x,y,z)+y)\mathrm{d}z\mathrm{d}x+(f(x,y,z)+z)\mathrm{d}x\mathrm{d}y\\&=\iint\limits_{\Sigma}\left[\frac{1}{\sqrt{3}}(f(x,y,z)+x)-\frac{1}{\sqrt{3}}(2f(x,y,z)+y)+\frac{1}{\sqrt{3}}(f(x,y,z)+z)\right]\mathrm{d}S\\&=\frac{1}{\sqrt{3}}\iint\limits_{\Sigma}(x-y+z)\mathrm{d}S=\frac{1}{\sqrt{3}}\iint\limits_{\Sigma}\mathrm{d}S=\frac{1}{\sqrt{3}}\iint\limits_{D_{xy}}\sqrt{3}\,\mathrm{d}x\mathrm{d}y=\frac{1}{2}.\end{aligned}$$

例 6.11 设 $f(x)\in C[0,1]$，

（1）证明：$\iint\limits_{\Sigma} f(x)\,\mathrm{d}S=\int_0^{\frac{\pi}{2}}\mathrm{d}\theta\int_0^{\frac{\pi}{2}}\sin\phi f(\cos\theta\sin\phi)\,\mathrm{d}\phi$，$\Sigma$ 为

$$x^2+y^2+z^2=1, x\geqslant 0, y\geqslant 0, z\geqslant 0;$$

（2）证明：$\int_0^{\frac{\pi}{2}}\mathrm{d}\theta\int_0^{\frac{\pi}{2}}\sin\phi f(\sin\theta\sin\phi)\,\mathrm{d}\phi=\frac{\pi}{2}\int_0^{\frac{\pi}{2}}\sin\phi f(\cos\phi)\,\mathrm{d}\phi$；

（3）计算积分：$I=\int_0^{\frac{\pi}{2}}\mathrm{d}\theta\int_0^{\frac{\pi}{2}}\sin\phi\mathrm{e}^{\sin\theta\sin\phi}\mathrm{d}\phi$.

证　（1）令 $x=\cos\theta\sin\phi$，$y=\sin\theta\sin\phi$，$z=\cos\phi$，则(θ,ϕ)对应 Σ 上的取值为

$$0\leqslant\theta\leqslant\frac{\pi}{2}, 0\leqslant\phi\leqslant\frac{\pi}{2}.$$

因为 $\mathrm{d}S=\sqrt{EG-F^2}\,\mathrm{d}\phi\mathrm{d}\theta$，而

$$E=x_\phi^2+y_\phi^2+z_\phi^2=1,\quad F=x_\phi x_\theta+y_\phi y_\theta+z_\phi z_\theta=0,\quad G=x_\theta^2+y_\theta^2+z_\theta^2=\sin^2\phi,$$

故 $\mathrm{d}S=\sqrt{EG-F^2}\,\mathrm{d}\phi\mathrm{d}\theta=\sin\phi\mathrm{d}\phi\mathrm{d}\theta$，从而

$$\iint\limits_{\Sigma} f(x)\,\mathrm{d}S=\int_0^{\frac{\pi}{2}}\mathrm{d}\theta\int_0^{\frac{\pi}{2}}\sin\phi f(\cos\theta\sin\phi)\,\mathrm{d}\phi.$$

（2）对于 Σ：$x^2+y^2+z^2=1$，$x\geqslant 0$，$y\geqslant 0$，$z\geqslant 0$. 由对称性知

$$\iint\limits_{\Sigma} f(x)\,\mathrm{d}S=\iint\limits_{\Sigma} f(y)\,\mathrm{d}S=\iint\limits_{\Sigma} f(z)\,\mathrm{d}S,$$

利用球面坐标（方法如(1)中所述），则

$$\iint\limits_{\Sigma} f(y)\,\mathrm{d}S=\int_0^{\frac{\pi}{2}}\mathrm{d}\theta\int_0^{\frac{\pi}{2}}\sin\phi f(\sin\theta\sin\phi)\,\mathrm{d}\phi$$

和

$$\iint\limits_{\Sigma} f(z)\,\mathrm{d}S=\frac{\pi}{2}\int_0^{\frac{\pi}{2}}\sin\phi f(\cos\phi)\,\mathrm{d}\phi,$$

所以

$$\int_0^{\frac{\pi}{2}}\mathrm{d}\theta\int_0^{\frac{\pi}{2}}\sin\phi f(\sin\theta\sin\phi)\,\mathrm{d}\phi=\frac{\pi}{2}\int_0^{\frac{\pi}{2}}\sin\phi f(\cos\phi)\,\mathrm{d}\phi.$$

（3）利用第(2)问，则

$$I=\int_0^{\frac{\pi}{2}}\mathrm{d}\theta\int_0^{\frac{\pi}{2}}\sin\phi\mathrm{e}^{\sin\theta\sin\phi}\mathrm{d}\phi=\frac{\pi}{2}\int_0^{\frac{\pi}{2}}\sin\phi\mathrm{e}^{\cos\phi}\mathrm{d}\phi=\frac{\pi}{2}(\mathrm{e}-1).$$

6.2.4　高斯公式和斯托克斯公式

（1）高斯公式

设 $\Omega\subset\mathbf{R}^3$ 是有界闭区域，Ω 的边界 $\partial\Omega$ 由有限个分块光滑、互不相交的闭曲

面组成，函数 P，Q，$R\in C(\Omega)$，则成立

$$\oiint\limits_{\partial\Omega}P\mathrm{d}y\mathrm{d}z+Q\mathrm{d}z\mathrm{d}x+R\mathrm{d}x\mathrm{d}y=\iiint\limits_{\Omega}\left(\frac{\partial P}{\partial x}+\frac{\partial Q}{\partial y}+\frac{\partial R}{\partial z}\right)\mathrm{d}x\mathrm{d}y\mathrm{d}z,$$

或

$$\oiint\limits_{\partial\Omega}\boldsymbol{A}\mathrm{d}\boldsymbol{S}=\iiint\limits_{\Omega}\mathrm{div}\boldsymbol{A}\mathrm{d}x\mathrm{d}y\mathrm{d}z,$$

其中 $\boldsymbol{A}=(P,Q,R)$，$\mathrm{div}\boldsymbol{A}=\dfrac{\partial P}{\partial x}+\dfrac{\partial Q}{\partial y}+\dfrac{\partial R}{\partial z}$（称为 $\boldsymbol{A}$ 的散度），$\mathrm{d}\boldsymbol{S}=(\mathrm{d}y\mathrm{d}z,\mathrm{d}z\mathrm{d}x,\mathrm{d}x\mathrm{d}y)$（表示面积元向量），$\partial\boldsymbol{\Omega}$ 的定向为外侧.

（2）斯托克斯公式

设 $\boldsymbol{\Sigma}\subset\mathbf{R}^3$ 为一光滑有向曲面，边界 $\partial\boldsymbol{\Sigma}$ 由有限条逐段光滑、互不相交的闭曲线组成，函数 P，Q，R 在 $\overline{\boldsymbol{\Sigma}}$ 上有连续偏导数，则成立

$$\oint\limits_{\partial\Sigma}P\mathrm{d}x+Q\mathrm{d}y+R\mathrm{d}z=\iint\limits_{\Sigma}\left(\frac{\partial R}{\partial y}-\frac{\partial Q}{\partial z}\right)\mathrm{d}y\mathrm{d}z+\left(\frac{\partial P}{\partial z}-\frac{\partial R}{\partial x}\right)\mathrm{d}z\mathrm{d}x+\left(\frac{\partial Q}{\partial x}-\frac{\partial P}{\partial y}\right)\mathrm{d}x\mathrm{d}y,$$

或

$$\oint\limits_{\partial\Sigma}\boldsymbol{a}\cdot\mathrm{d}\boldsymbol{r}=\iint\limits_{\Sigma}\mathrm{rot}\boldsymbol{a}\cdot\mathrm{d}\boldsymbol{S},$$

其中

$$\boldsymbol{a}=(P,Q,R),\ \mathrm{d}\boldsymbol{r}=(\mathrm{d}x,\mathrm{d}y,\mathrm{d}z),\ \mathrm{rot}\boldsymbol{a}=\begin{vmatrix}\boldsymbol{i}&\boldsymbol{j}&\boldsymbol{k}\\\dfrac{\partial}{\partial x}&\dfrac{\partial}{\partial y}&\dfrac{\partial}{\partial z}\\P&Q&R\end{vmatrix}\text{（称为 }\boldsymbol{a}\text{ 的旋度）},$$

$\partial\boldsymbol{\Sigma}$ 取诱导定向，即若一个人沿着 $\partial\boldsymbol{\Sigma}$ 的这个方向行走，曲面 $\boldsymbol{\Sigma}$ 总在他的左边.

例 6.12 计算：$\iint\limits_{\Sigma}y\mathrm{d}y\mathrm{d}z-x\mathrm{d}z\mathrm{d}x+z^2\mathrm{d}x\mathrm{d}y$，其中 $\boldsymbol{\Sigma}$ 是 $z=\sqrt{x^2+y^2}$ 被平面 $z=1$，$z=2$ 所截部分的外侧.

解　**方法 1**　补面用高斯公式.

添加平面 $\boldsymbol{\Sigma}_1$：$\begin{cases}z=1,\\x^2+y^2\leqslant1,\end{cases}$ 取下侧；添加平面 $\boldsymbol{\Sigma}_2$：$\begin{cases}z=2,\\x^2+y^2\leqslant4,\end{cases}$ 取上侧. 这样

$$\begin{aligned}\iint\limits_{\Sigma}y\mathrm{d}y\mathrm{d}z-x\mathrm{d}z\mathrm{d}x+z^2\mathrm{d}x\mathrm{d}y={}&\oiint\limits_{\Sigma+\Sigma_1+\Sigma_2}y\mathrm{d}y\mathrm{d}z-x\mathrm{d}z\mathrm{d}x+z^2\mathrm{d}x\mathrm{d}y-\\&\iint\limits_{\Sigma_1}y\mathrm{d}y\mathrm{d}z-x\mathrm{d}z\mathrm{d}x+z^2\mathrm{d}x\mathrm{d}y-\iint\limits_{\Sigma_2}y\mathrm{d}y\mathrm{d}z-x\mathrm{d}z\mathrm{d}x+z^2\mathrm{d}x\mathrm{d}y,\end{aligned}$$

利用高斯公式得到

$$\oiint_{\Sigma+\Sigma_1+\Sigma_2} y\mathrm{d}y\mathrm{d}z-x\mathrm{d}z\mathrm{d}x+z^2\mathrm{d}x\mathrm{d}y=\iiint_{\Omega} 2z\mathrm{d}x\mathrm{d}y\mathrm{d}z=\frac{15}{2}\pi.$$

又

$$-\iint_{\Sigma_1} y\mathrm{d}y\mathrm{d}z-x\mathrm{d}z\mathrm{d}x+z^2\mathrm{d}x\mathrm{d}y=\iint_{x^2+y^2\leqslant 1}\mathrm{d}x\mathrm{d}y=\pi,$$

$$-\iint_{\Sigma_2} y\mathrm{d}y\mathrm{d}z-x\mathrm{d}z\mathrm{d}x+z^2\mathrm{d}x\mathrm{d}y=-\iint_{x^2+y^2\leqslant 4}4\mathrm{d}x\mathrm{d}y=-16\pi,$$

因此 $\iint_{\Sigma} y\mathrm{d}y\mathrm{d}z-x\mathrm{d}z\mathrm{d}x+z^2\mathrm{d}x\mathrm{d}y=-\frac{15}{2}\pi.$

方法 2　直接法.

由 $z=\sqrt{x^2+y^2}$ 知，$\frac{\partial z}{\partial x}=\frac{x}{\sqrt{x^2+y^2}}$，$\frac{\partial z}{\partial y}=\frac{y}{\sqrt{x^2+y^2}}$，因此(参阅例 6.9)

$$\begin{aligned}\iint_{\Sigma} y\mathrm{d}y\mathrm{d}z-x\mathrm{d}z\mathrm{d}x+z^2\mathrm{d}x\mathrm{d}y&=\iint_{D_{xy}}\left(-y\cdot\frac{\partial z}{\partial x}-(-x)\cdot\frac{\partial z}{\partial y}+z^2\right)\mathrm{d}x\mathrm{d}y\\&=-\iint_{D_{xy}}\left(\frac{-xy}{\sqrt{x^2+y^2}}+\frac{xy}{\sqrt{x^2+y^2}}+x^2+y^2\right)\mathrm{d}x\mathrm{d}y\\&=-\frac{15}{2}\pi.\end{aligned}$$

例 6.13　计算 $\oiint_{\Sigma}\frac{x\mathrm{d}y\mathrm{d}z+y\mathrm{d}z\mathrm{d}x+z\mathrm{d}x\mathrm{d}y}{(x^2+y^2+z^2)^{3/2}}$，$\Sigma$ 是不通过原点的球面

$$(x-a)^2+(y-b)^2+(z-c)^2=R^2$$

的外侧.

解　情形 1：原点不在 Σ 的内部. 此时 $P(x,y,z)$，$Q(x,y,z)$，$R(x,y,z)$ 在 Σ 围成的球内具有一阶连续偏导数，又因为

$$\frac{\partial P}{\partial x}=\frac{y^2+z^2-2x^2}{(x^2+y^2+z^2)^{5/2}},\quad \frac{\partial Q}{\partial y}=\frac{x^2+z^2-2y^2}{(x^2+y^2+z^2)^{5/2}},\quad \frac{\partial R}{\partial z}=\frac{x^2+y^2-2z^2}{(x^2+y^2+z^2)^{5/2}},$$

利用高斯公式，则有

$$\oiint_{\Sigma}\frac{x\mathrm{d}y\mathrm{d}z+y\mathrm{d}z\mathrm{d}x+z\mathrm{d}x\mathrm{d}y}{(x^2+y^2+z^2)^{3/2}}=0.$$

情形 2：原点在 Σ 的内部. 由于函数 P，Q，R 及其偏导数在 Σ 围成的区域上不连续，奇点为 $O(0,0,0)$，为此做半径充分小的球面 Σ_ε：$x^2+y^2+z^2=\varepsilon^2$(取内侧)，使该小球在 Σ 围成的区域内，记 Σ 与 Σ_ε 围成的区域为 Ω，利用高斯公式，则有

$$\oiint_{\Sigma+\Sigma_\varepsilon}\frac{x\mathrm{d}y\mathrm{d}z+y\mathrm{d}z\mathrm{d}x+z\mathrm{d}x\mathrm{d}y}{(x^2+y^2+z^2)^{3/2}}=0.$$

从而

$$\oiint_{\Sigma}\frac{x\mathrm{d}y\mathrm{d}z+y\mathrm{d}z\mathrm{d}x+z\mathrm{d}x\mathrm{d}y}{(x^2+y^2+z^2)^{3/2}}=-\oiint_{\Sigma_\varepsilon}\frac{x\mathrm{d}y\mathrm{d}z+y\mathrm{d}z\mathrm{d}x+z\mathrm{d}x\mathrm{d}y}{(x^2+y^2+z^2)^{3/2}}.$$

又

$$\oiint_{\Sigma_\varepsilon}\frac{x\mathrm{d}y\mathrm{d}z+y\mathrm{d}z\mathrm{d}x+z\mathrm{d}x\mathrm{d}y}{(x^2+y^2+z^2)^{3/2}}=\oiint_{\Sigma_\varepsilon}\frac{x\mathrm{d}y\mathrm{d}z+y\mathrm{d}z\mathrm{d}x+z\mathrm{d}x\mathrm{d}y}{\varepsilon^3},$$

利用高斯公式，则得到

$$\oiint_{\Sigma_\varepsilon}\frac{x\mathrm{d}y\mathrm{d}z+y\mathrm{d}z\mathrm{d}x+z\mathrm{d}x\mathrm{d}y}{\varepsilon^3}=-\frac{1}{\varepsilon^3}\iiint_{\Omega_\varepsilon}3\mathrm{d}x\mathrm{d}y\mathrm{d}z=-4\pi,$$

所以

$$\oiint_{\Sigma}\frac{x\mathrm{d}y\mathrm{d}z+y\mathrm{d}z\mathrm{d}x+z\mathrm{d}x\mathrm{d}y}{(x^2+y^2+z^2)^{3/2}}=4\pi.$$

例 6.14　计算 $I=\oint_L y\mathrm{d}x+z\mathrm{d}y+x\mathrm{d}z$，其中 L 为球面 $x^2+y^2+z^2=a^2$ 与平面 $x+y+z=0$ 的交线，从 Ox 轴正向看去，L 是依逆时针方向.

解　记 $\boldsymbol{\Sigma}$ 是平面 $x+y+z=0$ 被球面 $x^2+y^2+z^2=a^2$ 所截下的部分，取上侧. 由于平面的单位法向量为

$$\boldsymbol{n}=(\cos\alpha,\cos\beta,\cos\gamma)=\frac{1}{\sqrt{3}}(1,1,1),$$

利用斯托克斯公式得

$$I=\oint_L y\mathrm{d}x+z\mathrm{d}y+x\mathrm{d}z=-\iint_{\Sigma}\mathrm{d}y\mathrm{d}z+\mathrm{d}z\mathrm{d}x+\mathrm{d}x\mathrm{d}y.$$

再利用两曲面积分之间的关系，则有

$$I=-\iint_{\Sigma}(\cos\alpha+\cos\beta+\cos\gamma)\mathrm{d}S=-\iint_{\Sigma}\sqrt{3}\,\mathrm{d}S=-\sqrt{3}\,\pi a^2.$$

6.3　能力提升

例 6.15　设 $u(x,y)$，$v(x,y)$ 在 D：$x^2+y^2\leqslant 1$ 上有一阶连续偏导数，又

$$\boldsymbol{f}(x,y)=v(x,y)\boldsymbol{i}+u(x,y)\boldsymbol{j},\ \boldsymbol{g}(x,y)=\left(\frac{\partial u}{\partial x}-\frac{\partial u}{\partial y}\right)\boldsymbol{i}+\left(\frac{\partial v}{\partial x}-\frac{\partial v}{\partial y}\right)\boldsymbol{j},$$

且在 D 的边界上有 $u(x,y)\equiv 1$，$v(x,y)\equiv y$，求 $\iint_D(\boldsymbol{f}\cdot\boldsymbol{g})\mathrm{d}\sigma$.

解　$\displaystyle\iint_D(\boldsymbol{f}\cdot\boldsymbol{g})\mathrm{d}x\mathrm{d}y=\iint_D\left(v\left(\frac{\partial u}{\partial x}-\frac{\partial u}{\partial y}\right)+u\left(\frac{\partial v}{\partial x}-\frac{\partial v}{\partial y}\right)\right)\mathrm{d}x\mathrm{d}y$

$$=\iint_D((uv)_x-(uv)_y)\mathrm{d}x\mathrm{d}y.$$

根据格林公式，有

$$\iint_D(\boldsymbol{f}\cdot\boldsymbol{g})\mathrm{d}x\mathrm{d}y=\oint_{\partial D}uv\mathrm{d}x+uv\mathrm{d}y=\oint_{\partial D}y\mathrm{d}x+y\mathrm{d}y=-\iint_D\mathrm{d}x\mathrm{d}y=-\pi.$$

例 6.16　设 $\boldsymbol{\Sigma}$ 为 $x^2+y^2+z^2-2ax-2ay-2az+a^2=0(a>0)$，证明：

$$I=\oiint_{\Sigma}(x+y+z-\sqrt{6}a)\mathrm{d}S\leqslant 24\pi a^3.$$

证　先求函数 $u=x+y+z-\sqrt{6}a$ 在 $x^2+y^2+z^2-2ax-2ay-2az+a^2=0(a>0)$ 条件下的最值. 令

$$L=x+y+z-\sqrt{6}a+\lambda(x^2+y^2+z^2-2ax-2ay-2az+a^2),$$

从 $L_x=0$，$L_y=0$，$L_z=0$，$x^2+y^2+z^2-2ax-2ay-2az+a^2=0$，得到驻点

$$P_1\left(\left(1-\frac{\sqrt{6}}{3}\right)a,\left(1-\frac{\sqrt{6}}{3}\right)a,\left(1-\frac{\sqrt{6}}{3}\right)a\right),\ P_2\left(\left(1+\frac{\sqrt{6}}{3}\right)a,\left(1+\frac{\sqrt{6}}{3}\right)a,\left(1+\frac{\sqrt{6}}{3}\right)a\right),$$

故 $3a-2\sqrt{6}a\leqslant x+y+z-\sqrt{6}a\leqslant 3a$.

进一步，有

$$I=\oiint_{\Sigma}(x+y+z-\sqrt{6}a)\mathrm{d}S\leqslant 3a\oiint_{\Sigma}\mathrm{d}S=24\pi a^3.$$

例 6.17　设 $f(x)$ 在 $[0,1]$ 上连续，且 $\int_0^1 f(x)\mathrm{d}x=2$，计算：$\int_0^{\frac{\pi}{2}}\mathrm{d}x\int_0^{\frac{\pi}{2}}f(1-\sin x\sin y)$ $\sin y\mathrm{d}y$.

解　设 S：$u^2+v^2+w^2=1(u,v,w\geqslant 0)$，则根据轮换对称性，有

$$\iint_S f(1-u)\mathrm{d}S=\iint_S f(1-v)\mathrm{d}S=\iint_S f(1-w)\mathrm{d}S.$$

设 $\begin{cases}u=\cos x\sin y,\\ v=\sin x\sin y,\\ w=\cos y,\end{cases}$ 则 x，$y\in\left[0,\dfrac{\pi}{2}\right]$，那么

$$\iint_S f(1-v)\mathrm{d}S=\int_0^{\frac{\pi}{2}}\mathrm{d}x\int_0^{\frac{\pi}{2}}f(1-\sin x\sin y)\sin y\mathrm{d}y,$$

$$\iint_S f(1-w)\mathrm{d}S=\int_0^{\frac{\pi}{2}}\mathrm{d}x\int_0^{\frac{\pi}{2}}f(1-\cos y)\sin y\mathrm{d}y.$$

因此，

$$\int_0^{\frac{\pi}{2}}\mathrm{d}x\int_0^{\frac{\pi}{2}}f(1-\sin x\sin y)\sin y\mathrm{d}y$$

$$=\int_0^{\frac{\pi}{2}}\mathrm{d}x\int_0^{\frac{\pi}{2}}f(1-\cos y)\sin y\mathrm{d}y$$

$$=\int_0^{\frac{\pi}{2}}\mathrm{d}x\int_0^{\frac{\pi}{2}}f(1-\cos y)\mathrm{d}(1-\cos y)$$

$$=\int_0^{\frac{\pi}{2}}\mathrm{d}x\int_0^{1}f(t)\mathrm{d}t$$

$$=\int_0^{\frac{\pi}{2}}2\mathrm{d}x$$

$$=\pi.$$

例 6.18 设函数$f(x)$在$[0,+\infty)$上连续，$\Omega(t)=\{(x,y,z)\mid x^2+y^2+z^2\leqslant t^2,z\geqslant 0\}$，$S(t)$是$\Omega(t)$的表面，$D(t)$是$\Omega(t)$在 xOy 平面的投影区域，$L(t)$是$D(t)$的边界曲线，已知当$t\in(0,+\infty)$时恒有

$$\oint_{L(t)}f(x^2+y^2)\sqrt{x^2+y^2}\mathrm{d}s+\oiint_{S(t)}(x^2+y^2+z^2)\mathrm{d}S$$
$$=\iint_{D(t)}f(x^2+y^2)\mathrm{d}x\mathrm{d}y+\iiint_{\Omega(t)}\sqrt{x^2+y^2+z^2}\mathrm{d}x\mathrm{d}y\mathrm{d}z,$$

求$f(u)$的表达式.

解 由于

$$\oint_{L(t)}f(x^2+y^2)\sqrt{x^2+y^2}\mathrm{d}s=tf(t^2)\oint_{L(t)}\mathrm{d}s=2\pi t^2f(t^2),$$

$$\oiint_{S(t)}(x^2+y^2+z^2)\mathrm{d}S=t^2\iint_{S_{\text{上半球面}}}\mathrm{d}S+\iint_{S_{\text{底面}}}(x^2+y^2)\mathrm{d}S=2\pi t^4+\frac{\pi}{2}t^4=\frac{5\pi}{2}t^4,$$

$$\iint_{D(t)}f(x^2+y^2)\mathrm{d}x\mathrm{d}y=\int_0^{2\pi}\mathrm{d}\theta\int_0^{t}f(r^2)r\mathrm{d}r=2\pi\int_0^{t}f(r^2)r\mathrm{d}r,$$

$$\iiint_{\Omega(t)}\sqrt{x^2+y^2+z^2}\mathrm{d}x\mathrm{d}y\mathrm{d}z=\int_0^{2\pi}\mathrm{d}\theta\int_0^{\frac{\pi}{2}}\sin\phi\mathrm{d}\phi\int_0^{t}r^3\mathrm{d}r=\frac{1}{2}\pi t^4,$$

于是有

$$2\pi t^2f(t^2)+\frac{5\pi}{2}t^4=2\pi\int_0^{t}f(r^2)r\mathrm{d}r+\frac{1}{2}\pi t^4,$$

即

$$t^2f(t^2)+t^4=\int_0^{t}f(r^2)r\mathrm{d}r.$$

令 $u=t^2$，从上式得到

$$uf(u)+u^2=\int_0^{\sqrt{u}}f(r^2)r\mathrm{d}r,$$

对 u 求导数得到 $f'(u)+\frac{1}{2u}f(u)=-2$. 解此一阶线性微分方程，我们可以得到

$$f(u)=-\frac{4}{3}u+\frac{C}{\sqrt{u}},$$

其中 C 为任意常数.

例 6.19　设 $f(x,y)$ 是 $\{(x,y)\mid x^2+y^2\leqslant 1\}$ 上二次连续可微函数，且满足

$$\frac{\partial^2 f}{\partial x^2}+\frac{\partial^2 f}{\partial y^2}=x^2y^2,$$

计算积分

$$I=\iint\limits_{x^2+y^2\leqslant 1}\left(\frac{x}{\sqrt{x^2+y^2}}\frac{\partial f}{\partial x}+\frac{y}{\sqrt{x^2+y^2}}\frac{\partial f}{\partial y}\right)\mathrm{d}x\mathrm{d}y.$$

解　若记曲线 $x^2+y^2=r^2$ 的单位外法向量为 $\boldsymbol{n}=(\cos\alpha,\cos\beta)$，那么 $\cos\alpha=\frac{x}{\sqrt{x^2+y^2}}$，$\cos\beta=\frac{y}{\sqrt{x^2+y^2}}$. 因此

$$\begin{aligned}I&=\iint\limits_{x^2+y^2\leqslant 1}\left(\frac{x}{\sqrt{x^2+y^2}}\frac{\partial f}{\partial x}+\frac{y}{\sqrt{x^2+y^2}}\frac{\partial f}{\partial y}\right)\mathrm{d}x\mathrm{d}y\\&=\int_0^1\mathrm{d}r\oint\limits_{x^2+y^2=r^2}\left(\frac{x}{\sqrt{x^2+y^2}}\frac{\partial f}{\partial x}+\frac{y}{\sqrt{x^2+y^2}}\frac{\partial f}{\partial y}\right)\mathrm{d}s\\&=\int_0^1\mathrm{d}r\oint\limits_{x^2+y^2=r^2}\left(\frac{\partial f}{\partial x}\cos\alpha+\frac{\partial f}{\partial y}\cos\beta\right)\mathrm{d}s\\&=\int_0^1\mathrm{d}r\int_{x^2+y^2=r^2}\frac{\partial f}{\partial x}\mathrm{d}y-\frac{\partial f}{\partial y}\mathrm{d}x.\end{aligned}$$

根据格林公式，可得

$$\begin{aligned}I&=\int_0^1\mathrm{d}r\iint\limits_{x^2+y^2\leqslant r^2}\left(\frac{\partial^2 f}{\partial x^2}+\frac{\partial^2 f}{\partial y^2}\right)\mathrm{d}x\mathrm{d}y\\&=\int_0^1\mathrm{d}r\iint\limits_{x^2+y^2\leqslant r^2}(x^2y^2)\mathrm{d}x\mathrm{d}y\\&=\int_0^1\mathrm{d}r\int_0^{2\pi}\cos^2\theta\sin^2\theta\mathrm{d}\theta\int_0^r\rho^5\mathrm{d}\rho=\frac{\pi}{168}.\end{aligned}$$

例 6.20　对于四次齐次函数

$$f(x,y,z)=a_1x^4+a_2y^4+a_3z^4+3a_4x^2y^2+3a_5y^2z^2+3a_6x^2z^2,$$

计算 $\oint\!\!\!\oint_{\Sigma} f(x,y,z)\mathrm{d}S$，其中 $\boldsymbol{\Sigma}$：$x^2+y^2+z^2=1$.

解　**方法 1**　根据两曲面积分的关系，得到

$$\oint\!\!\!\oint_{\Sigma} f(x,y,z)\,\mathrm{d}S=\oint\!\!\!\oint_{\Sigma}(a_1x^4+a_2y^4+a_3z^4+3a_4x^2y^2+3a_5y^2z^2+3a_6x^2z^2)\,\mathrm{d}S$$
$$=\oint\!\!\!\oint_{\Sigma}[(a_1x^3+3a_4xy^2)x+(a_2y^3+3a_5yz^2)y+(a_3z^3+3a_6x^2z)z]\,\mathrm{d}S$$
$$=\oint\!\!\!\oint_{\Sigma}(a_1x^3+3a_4xy^2)\,\mathrm{d}y\mathrm{d}z+(a_2y^3+3a_5yz^2)\,\mathrm{d}z\mathrm{d}x+(a_3z^3+3a_6x^2z)\,\mathrm{d}x\mathrm{d}y,$$

利用高斯公式及对称性，有

$$\oint\!\!\!\oint_{\Sigma} f(x,y,z)\,\mathrm{d}S=\iiint\limits_{x^2+y^2+z^2\leqslant 1}(3a_1x^2+3a_4y^2+3a_2y^2+3a_5z^2+3a_3z^2+3a_6x^2)\,\mathrm{d}x\mathrm{d}y\mathrm{d}z$$
$$=\sum_{i=1}^{6}a_i\iiint\limits_{x^2+y^2+z^2\leqslant 1}(x^2+y^2+z^2)\,\mathrm{d}x\mathrm{d}y\mathrm{d}z$$
$$=\frac{4\pi}{5}\sum_{i=1}^{6}a_i.$$

方法 2 利用对称性，可以得到

$$\oint\!\!\!\oint_{\Sigma} f(x,y,z)\,\mathrm{d}S=\oint\!\!\!\oint_{\Sigma}(a_1x^4+a_2y^4+a_3z^4+3a_4x^2y^2+3a_5y^2z^2+3a_6x^2z^2)\,\mathrm{d}S$$
$$=\oint\!\!\!\oint_{\Sigma}[(a_1+a_2+a_3)z^4+3(a_4+a_5+a_6)x^2y^2]\,\mathrm{d}S.$$

又

$$\oint\!\!\!\oint_{\Sigma}(x^2+y^2+z^2)^2\,\mathrm{d}S=\oint\!\!\!\oint_{\Sigma}\mathrm{d}S=4\pi,$$

$$\oint\!\!\!\oint_{\Sigma}z^4\,\mathrm{d}S=2\iint\limits_{x^2+y^2+z^2=1,z\geqslant 0}z^4\,\mathrm{d}S$$
$$=2\iint\limits_{x^2+y^2+z^2=1,z\geqslant 0}(1-x^2-y^2)^2\,\mathrm{d}S$$
$$=2\iint\limits_{x^2+y^2\leqslant 1}(1-x^2-y^2)^{\frac{3}{2}}\,\mathrm{d}x\mathrm{d}y$$
$$=2\int_0^{2\pi}\mathrm{d}\theta\int_0^1(1-r^2)^{\frac{3}{2}}r\,\mathrm{d}r=\frac{4}{5}\pi,$$

进一步可得 $\oint\!\!\!\oint_{\Sigma}x^2y^2\,\mathrm{d}S=\frac{4}{15}\pi$. 从而

$$\oint\!\!\!\oint_{\Sigma} f(x,y,z)\,\mathrm{d}S=\oint\!\!\!\oint_{\Sigma}((a_1+a_2+a_3)z^4+3(a_4+a_5+a_6)x^2y^2)\,\mathrm{d}S$$
$$=\frac{4\pi}{5}\sum_{i=1}^{6}a_i.$$

例 6.21 计算曲面积分

$$I=\oiint_{\Sigma}\frac{2\mathrm{d}y\mathrm{d}z}{x\cos^2x}+\frac{\mathrm{d}z\mathrm{d}x}{\cos^2y}-\frac{\mathrm{d}x\mathrm{d}y}{z\cos^2z},$$

其中 Σ 是球面 $x^2+y^2+z^2=1$ 的外侧.

解　利用球面 Σ 的对称性，可以得到

$$\oiint_{\Sigma}\frac{\mathrm{d}z\mathrm{d}x}{\cos^2y}=\oiint_{\Sigma}\frac{\mathrm{d}y\mathrm{d}z}{\cos^2x},\quad \oiint_{\Sigma}\frac{\mathrm{d}x\mathrm{d}y}{z\cos^2z}=\oiint_{\Sigma}\frac{\mathrm{d}y\mathrm{d}z}{x\cos^2x}.$$

因此

$$\begin{aligned}I&=\oiint_{\Sigma}\frac{2\mathrm{d}y\mathrm{d}z}{x\cos^2x}+\frac{\mathrm{d}z\mathrm{d}x}{\cos^2y}-\frac{\mathrm{d}x\mathrm{d}y}{z\cos^2z}\\&=\oiint_{\Sigma}\frac{2\mathrm{d}y\mathrm{d}z}{x\cos^2x}+\oiint_{\Sigma}\frac{\mathrm{d}y\mathrm{d}z}{\cos^2x}-\oiint_{\Sigma}\frac{\mathrm{d}y\mathrm{d}z}{x\cos^2x}\\&=\oiint_{\Sigma}\left(\frac{1}{x\cos^2x}+\frac{1}{\cos^2x}\right)\mathrm{d}y\mathrm{d}z.\end{aligned}$$

另外，

$$\oiint_{\Sigma}\frac{\mathrm{d}y\mathrm{d}z}{\cos^2x}=\iint_{y^2+z^2\leqslant1}\frac{\mathrm{d}y\mathrm{d}z}{\cos^2\sqrt{1-y^2-z^2}}-\iint_{y^2+z^2\leqslant1}\frac{\mathrm{d}y\mathrm{d}z}{\cos^2(-\sqrt{1-y^2-z^2})}=0,$$

$$\begin{aligned}\oiint_{\Sigma}\frac{\mathrm{d}y\mathrm{d}z}{x\cos^2x}&=2\iint_{y^2+z^2\leqslant1}\frac{\mathrm{d}y\mathrm{d}z}{\sqrt{1-y^2-z^2}\cos^2\sqrt{1-y^2-z^2}}\\&=2\int_0^{2\pi}\mathrm{d}\theta\int_0^1\frac{r\mathrm{d}r}{\sqrt{1-r^2}\cos^2\sqrt{1-r^2}}\\&=4\pi\int_0^1\frac{\mathrm{d}t}{\cos^2t}=4\pi\tan1.\end{aligned}$$

所以

$$I=\oiint_{\Sigma}\frac{2\mathrm{d}y\mathrm{d}z}{x\cos^2x}+\frac{\mathrm{d}z\mathrm{d}x}{\cos^2y}-\frac{\mathrm{d}x\mathrm{d}y}{z\cos^2z}=4\pi\tan1.$$

习　题　6

1. 设 L 是圆 $x^2+y^2=r^2$ 在第一象限内的部分，计算：$\int_L xy\mathrm{d}s$.　$\left(答案：\dfrac{r^3}{2}\right)$

2. 求曲线积分 $\int_L -\dfrac{y}{x^2+y^2}\mathrm{d}x+\dfrac{x}{x^2+y^2}\mathrm{d}y$ 在下列两种情形下的值：

(1) L：$(x-1)^2+(y-1)^2=1$；　(2) L：$|x|+|y|=1$. 方向均为逆时针.

(答案：(1) 0；(2) 2π)

3. 求球面 $x^2+y^2+z^2=a^2(a>0)$ 被平面 $z=\dfrac{a}{4}$ 和 $z=\dfrac{a}{2}$ 所夹部分的曲面面积.　$\left(答案：\dfrac{\pi a^2}{2}\right)$

4. 计算$\oiint\limits_{\Sigma}\sin x\cdot\sin y\cdot\sin z\mathrm{d}S$，$\Sigma$：$x^2+y^2+z^2=1$.（答案：0）

5. 计算$I=\oiint\limits_{\Sigma}(ax^2+by^2+cz^2)\mathrm{d}S$，其中$\Sigma$：$x^2+y^2+z^2=1$.

$\left(\text{提示：利用对称性，答案：}\dfrac{4}{3}\pi(a+b+c)\right)$

6. 计算$\iint\limits_{\Sigma}|xyz|\mathrm{d}S$，$\Sigma$：$z=\sqrt{x^2+y^2}\,(0\leqslant z\leqslant 1)$.

$\left(\text{提示：利用对称性，答案：}\dfrac{2\sqrt{2}}{5}\right)$

7. 计算$\oiint\limits_{\Sigma}\dfrac{x\mathrm{d}y\mathrm{d}z+z^2\mathrm{d}x\mathrm{d}y}{(x^2+y^2+z^2)^{3/2}}$，其中$\Sigma$是由曲面$x^2+y^2=R^2$及平面$z=R$，$z=-R(R>0)$所围立体表面的外侧.（答案：$\sqrt{2}\pi$）

8. 设Σ是球面$x^2+y^2+z^2=25$的内侧，f，g，h是连续可微函数，求

$$I=\oiint\limits_{\Sigma}\left(f(yz)-\frac{xy^2}{2500\pi}\right)\mathrm{d}y\mathrm{d}z+\left(g(xz)-\frac{yz^2}{2500\pi}\right)\mathrm{d}z\mathrm{d}x+\left(h(xy)-\frac{zx^2}{2500\pi}\right)\mathrm{d}x\mathrm{d}y.$$

（答案：1）

9. 计算$\oiint\limits_{\Sigma}(x-y+z)\mathrm{d}y\mathrm{d}z+(y-z+x)\mathrm{d}z\mathrm{d}x+(z-x+y)\mathrm{d}x\mathrm{d}y$，其中$\Sigma$是$|x-y+z|+|y-z+x|+|z-x+y|=1$的外侧.

（提示：利用高斯公式，答案：1）

10. 计算$\oiint\limits_{\Sigma}\dfrac{\mathrm{d}S}{\lambda-z}(\lambda>1)$，$\Sigma$：$x^2+y^2+z^2=1$. $\left(\text{答案：}2\pi\ln\dfrac{1+\lambda}{\lambda-1}\right)$

11. 计算$\iint\limits_{\Sigma}xz\mathrm{d}y\mathrm{d}z+2zy\mathrm{d}z\mathrm{d}x+3xy\mathrm{d}x\mathrm{d}y$，其中$\Sigma$是$z=1-x^2-\dfrac{y^2}{4}(0\leqslant z\leqslant 1)$的上侧.

（答案：π）

12. 设$f(x)$为正值连续函数，L为$(x-a)^2+(y-a)^2=a^2$，取逆时针方向，证明：

$\oint\limits_{L}-\dfrac{y}{f(x)}\mathrm{d}x+xf(y)\mathrm{d}y\geqslant 2\pi a^2$.（提示：利用格林公式和三角不等式）

13. 设$f(x,y)$在D：$x^2+y^2\leqslant 1$上具有二阶连续导数，且$\dfrac{\partial^2 f}{\partial x^2}+\dfrac{\partial^2 f}{\partial y^2}=\mathrm{e}^{-(x^2+y^2)}$，证明：

$$\iint\limits_{D}\left(x\frac{\partial f}{\partial x}+y\frac{\partial f}{\partial y}\right)\mathrm{d}x\mathrm{d}y=\frac{\pi}{2\mathrm{e}}.$$

14. 计算$\iint\limits_{\Sigma}\dfrac{x\mathrm{d}y\mathrm{d}z+y\mathrm{d}z\mathrm{d}x+z\mathrm{d}x\mathrm{d}y}{(x^2+y^2+z^2)^{3/2}}$，$\Sigma$依次为下列曲面.

（1）Σ是上半球面$z=\sqrt{R^2-x^2-y^2}$的上侧；

（2）Σ是$z=2-x^2-y^2$在$z\geqslant 0$部分的上侧；

（3）Σ是$z=2-x^2-y^2$在$z\geqslant -2$部分的上侧.

（答案：（1）2π；（2）2π；（3）$(2+\sqrt{2})\pi$）

15. 设$M(\xi,\eta,\zeta)$为$\frac{x^2}{a^2}+\frac{y^2}{b^2}+\frac{z^2}{c^2}=1$在第一卦限中的点，$\Sigma$是该椭球面在点$M(\xi,\eta,\zeta)$处的切平面被三个坐标面所截得的三角形的上侧，求$(\xi,\eta,\zeta)$使得$I=\iint\limits_{\Sigma}x\mathrm{d}y\mathrm{d}z+y\mathrm{d}z\mathrm{d}x+z\mathrm{d}x\mathrm{d}y$为最小，并求此最小值. $\left(\text{提示：先添加曲面，利用高斯公式，再利用条件极值方法. 答案：}\frac{3}{2}\sqrt{3}abc\right)$

16. 设$I_{R,k}=\oint\limits_{x^2+xy+y^2=R^2}\frac{x\mathrm{d}y-y\mathrm{d}x}{(x^2+y^2)^k}$，计算$\lim\limits_{R\to+\infty}I_{R,k}$. （答案：当$k=1$时，$\lim\limits_{R\to+\infty}I_{R,k}=2\pi$；当$k>1$时，$\lim\limits_{R\to+\infty}I_{R,k}=0$；当$k<1$时，$\lim\limits_{R\to+\infty}I_{R,k}=+\infty$）

第7章 级数与反常积分

主要知识点：级数的收敛与发散，收敛级数的性质；级数敛散性的判别；反常积分的收敛与发散；反常积分敛散性的判别；反常积分的计算.

7.1 级数与反常积分的概念

7.1.1 基本概念

1. 级数的敛散性

$\sum_{n=1}^{\infty} u_n$ 收敛$\Leftrightarrow \lim_{n\to\infty} S_n$ 存在且有限，其中 S_n 为级数 $\sum_{n=1}^{\infty} u_n$ 的部分和，即 $S_n = u_1 + u_2 + \cdots + u_n$.

2. 反常积分的敛散性

设 $f(x)$ 定义于 $[a,b)$，若 $b=+\infty$（或 b 虽然有限，但 $f(x)$ 在 b 的任意邻域中均无界），则称 b 为 $f(x)$ 的一个奇点.

设 $f(x)$ 在 $[a,b]$ 中存在唯一的奇点 b，且对每个 $c\in[a,b)$，$f(x)$ 在 $[a,c]$ 上（常义）可积，如果极限 $\lim_{c\to b^-}\int_a^c f(x)\mathrm{d}x$ 存在且有限时，称反常积分 $\int_a^b f(x)\mathrm{d}x$ 收敛.

注 7.1 $\int_a^{+\infty} f(x)\mathrm{d}x$ 收敛不能推出 $\lim_{x\to+\infty} f(x)=0$.

例 7.1 设 $f_1(x)=\begin{cases} n, x\in\left[n, n+\dfrac{1}{n\cdot 2^n}\right], & n=1,2,\cdots, \\ 0, & \text{其他;} \end{cases}$

$$f_2(x)=\begin{cases} n^4x-n^5+n, x\in\left[n-\dfrac{1}{n^3}, n\right], & n=2,3,4,\cdots, \\ -n^4x+n^5+n, x\in\left[n, n+\dfrac{1}{n^3}\right], & n=2,3,4,\cdots, \\ 0, & \text{其他.} \end{cases}$$

因为

$$\int_0^{+\infty} f_1(x)\,\mathrm{d}x=\int_0^1 0\mathrm{d}x+\int_1^{\frac{3}{2}}\mathrm{d}x+\int_{\frac{3}{2}}^2 0\mathrm{d}x+\int_2^{\frac{17}{8}} 2\mathrm{d}x+\cdots=\sum_{n=1}^{\infty}\frac{1}{2^n}=1,$$

故收敛，但$\lim\limits_{x\to\infty} f_1(x)\neq 0$.

进一步，可以验证$f_2(x)$在$[0,+\infty)$上连续，$\int_0^{+\infty} f_2(x)\mathrm{d}x$ 存在，但$\lim\limits_{x\to+\infty} f_2(x)\neq 0$.

7.1.2　典型情形

（1）几何级数：$\sum\limits_{n=0}^{\infty} q^n=1+q+q^2+\cdots$在$|q|<1$时绝对收敛，级数和为$\dfrac{1}{1-q}$；在$|q|\geqslant 1$时发散.

（2）p-级数：$\sum\limits_{n=1}^{\infty}\dfrac{1}{n^p}$在 $p>1$ 时收敛，在 $p\leqslant 1$ 时发散．特别地，$\sum\limits_{n=1}^{\infty}\dfrac{1}{n^2}=\dfrac{\pi^2}{6}$，$\sum\limits_{n=1}^{\infty}\dfrac{1}{n}=+\infty$.

（3）$\sum\limits_{n=2}^{\infty}(a_n-a_{n-1})$收敛$\Leftrightarrow\lim\limits_{n\to\infty}a_n$ 存在.

（4）反常积分：$\int_0^1\dfrac{\mathrm{d}x}{x^p}$（有奇点 $x=0$）在 $p<1$ 时收敛，在 $p\geqslant 1$ 时发散；$\int_1^{+\infty}\dfrac{\mathrm{d}x}{x^p}$在 $p>1$ 时收敛，在 $p\leqslant 1$ 时发散.

7.2　正项级数收敛性判别法

（在本节除非特别说明，一般都指正项级数.）

7.2.1　比较判别法

（1）若 n 充分大时，有 $u_n\leqslant k\nu_n(k>0)\left(\text{或}\dfrac{u_{n+1}}{u_n}\leqslant\dfrac{\nu_{n+1}}{\nu_n}\right)$，则$\sum\limits_{n=1}^{\infty}\nu_n$ 收敛$\Rightarrow\sum\limits_{n=1}^{\infty}u_n$收敛；若 n 充分大时，有 $u_n\geqslant k\nu_n(k>0)\left(\text{或}\dfrac{u_{n+1}}{u_n}\geqslant\dfrac{\nu_{n+1}}{\nu_n}\right)$，则$\sum\limits_{n=1}^{\infty}\nu_n$ 发散$\Rightarrow\sum\limits_{n=1}^{\infty}u_n$发散.

（2）比较判别法的极限形式：$\lim\limits_{n\to\infty}\dfrac{u_n}{\nu_n}=l$（$l$ 为有限数或$+\infty$），则

① 当$0<l<+\infty$时，$\sum\limits_{n=1}^{\infty}u_n$ 与$\sum\limits_{n=1}^{\infty}\nu_n$ 同时收敛，或同时发散；

② 当 $l=0$ 时，由$\sum\limits_{n=1}^{\infty}\nu_n$ 收敛可推出$\sum\limits_{n=1}^{\infty}u_n$ 收敛；

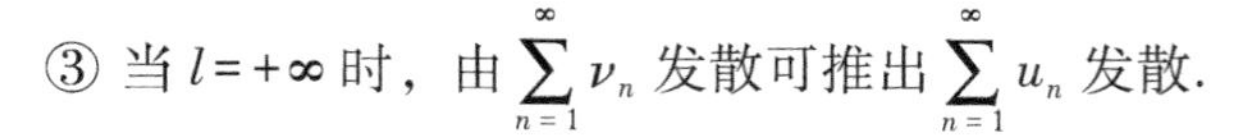

③ 当 $l=+\infty$ 时，由 $\sum_{n=1}^{\infty}v_n$ 发散可推出 $\sum_{n=1}^{\infty}u_n$ 发散.

7.2.2 根值判别法(或根式判别法)

(1) 若 n 充分大时，有 $\sqrt[n]{u_n}\leqslant q<1\Rightarrow\sum_{n=1}^{\infty}u_n$ 收敛；若 $\sqrt[n]{u_n}\geqslant 1\Rightarrow\sum_{n=1}^{\infty}u_n$ 发散.

(2) 根值判别法的极限形式：设 $\lim_{n\to\infty}\sqrt[n]{u_n}=q$($q$ 为有限数或$+\infty$)，则 $q<1$ 时，$\sum_{n=1}^{\infty}u_n$ 收敛；$q>1$ 时，$\sum_{n=1}^{\infty}u_n$ 发散；$q=1$ 时，此法失效.

7.2.3 比值判别法(或比式判别法)

(1) 若 n 充分大时，有 $\frac{u_{n+1}}{u_n}\leqslant q<1$，则 $\sum_{n=1}^{\infty}u_n$ 收敛；若 n 充分大时，有 $\frac{u_{n+1}}{u_n}\geqslant 1$，则 $\sum_{n=1}^{\infty}u_n$ 发散.

(2) 若 $\lim_{n\to\infty}\frac{u_{n+1}}{u_n}=q$($q$ 为有限数或$+\infty$)，则 $q<1$ 时，$\sum_{n=1}^{\infty}u_n$ 收敛；$q>1$ 时，$\sum_{n=1}^{\infty}u_n$ 发散；$q=1$ 时，此法失效.

注 7.2 如果可以用比值判别法判别，那么一定可以用根值判别法判别；但若比值法失效，也可能用根值判别法判别. 例如，$\sum_{n=1}^{\infty}u_n=\frac{1}{2}+\frac{1}{3}+\frac{1}{2^2}+\frac{1}{3^2}+\frac{1}{2^3}+\frac{1}{3^3}+\cdots$.

7.2.4 对数判别法

(1) 若 n 充分大时，有 $\frac{\ln(1/u_n)}{\ln n}\geqslant p>1$，则 $\sum_{n=1}^{\infty}u_n$ 收敛；若 n 充分大时，有 $\frac{\ln(1/u_n)}{\ln n}\leqslant 1$，则 $\sum_{n=1}^{\infty}u_n$ 发散.

(2) 对数判别法的极限形式：若 $\lim_{n\to\infty}\frac{\ln(1/u_n)}{\ln n}=p$，当 $p>1$ 时，$\sum_{n=1}^{\infty}u_n$ 收敛；当 $p<1$ 时，$\sum_{n=1}^{\infty}u_n$ 发散；当 $p=1$ 时，此法失效.

注 7.3 对数判别法优于根值判别法. 例如 $\sum_{n=1}^{\infty}e^{-\sqrt{n}}$.

7.2.5 积分判别法

设 $f(x)$ 为 $[1,+\infty)$ 上非负减函数，则 $\sum_{n=1}^{\infty}u_n=\sum_{n=1}^{\infty}f(n)$ 收敛 $\Leftrightarrow\int_1^{+\infty}f(x)\mathrm{d}x$ 收敛.

7.2.6　拉贝判别法

设 $\lambda=\lim\limits_{n\to\infty}n\left(\dfrac{u_n}{u_{n+1}}-1\right)$，则 $\lambda>1$ 时，正项级数 $\sum\limits_{n=1}^{\infty}u_n$ 收敛；$\lambda<1$ 时，$\sum\limits_{n=1}^{\infty}u_n$ 发散；$\lambda=1$ 时，此法失效.

注 7.4　在判别正项级数的敛散性时，等价无穷小替代可以发挥重要作用.

例 7.2　判断下列级数的收敛性：

（1）$1+\dfrac{1}{2}\cdot\dfrac{20}{7}+\dfrac{2!}{3^2}\cdot\left(\dfrac{20}{7}\right)^2+\dfrac{3!}{4^2}\cdot\left(\dfrac{20}{7}\right)^3+\dfrac{4!}{5^2}\cdot\left(\dfrac{20}{7}\right)^4+\cdots$；

（2）$\sum\limits_{n=1}^{\infty}\left(\dfrac{n}{n+1}\right)^{n(n+1)}$；

（3）$\sum\limits_{n=2}^{\infty}\left(1-\dfrac{2\ln n}{n^2}\right)^{n^2}$；

（4）$\sum\limits_{n=2}^{\infty}\ln\sqrt[n]{\dfrac{n+1}{n-1}}$；

（5）$\sum\limits_{n=1}^{\infty}\dfrac{(2n-1)!!}{(2n)!!}\dfrac{1}{2n+1}$；

（6）$\sum\limits_{n=2}^{\infty}\dfrac{1}{n\ln^k n}$，$k>0$.

解　（1）当 $n>2$ 时，有

$$u_n=\frac{(n-1)!}{n^2}\left(\frac{20}{7}\right)^{n-1},\quad \frac{u_{n+1}}{u_n}=\frac{20}{7}\frac{n^3}{(n+1)^2}.$$

显然，当 $n>2$ 时，有 $u_{n+1}>u_n$，且 $\lim\limits_{n\to\infty}\dfrac{u_{n+1}}{u_n}=+\infty$，所以原级数发散.

（2）**方法 1**　因为

$$\sqrt[n]{\left(\frac{n}{n+1}\right)^{n(n+1)}}=\left(\frac{n}{n+1}\right)^{n+1}\to\frac{1}{\mathrm{e}}<1,$$

根据根值判别法知 $\sum\limits_{n=1}^{\infty}\left(\dfrac{n}{n+1}\right)^{n(n+1)}$ 收敛.

方法 2　因为

$$\left(\frac{n}{n+1}\right)^{n(n+1)}=\mathrm{e}^{n(n+1)\ln\frac{n}{n+1}}=\mathrm{e}^{n(n+1)\ln\left(1-\frac{1}{n+1}\right)}\sim\frac{1}{\mathrm{e}^n},$$

由于 $\sum\limits_{n=1}^{\infty}\dfrac{1}{\mathrm{e}^n}$ 收敛，所以 $\sum\limits_{n=1}^{\infty}\left(\dfrac{n}{n+1}\right)^{n(n+1)}$ 收敛.

（3）**方法 1**　因为

$$\lim_{n\to\infty}\frac{\ln\frac{1}{u_n}}{\ln n}=-\lim_{n\to\infty}\frac{n^2\ln\left(1-\frac{2\ln n}{n^2}\right)}{\ln n}=\lim_{n\to\infty}\frac{n^2\frac{2\ln n}{n^2}}{\ln n}=2>1,$$

这样根据对数判别法知 $\sum_{n=2}^{\infty}\left(1-\frac{2\ln n}{n^2}\right)^{n^2}$ 收敛.

方法 2 利用等价无穷小.

$$\left(1-\frac{2\ln n}{n^2}\right)^{n^2}=e^{n^2\ln\left(1-\frac{2\ln n}{n^2}\right)}\sim e^{-n^2\cdot\frac{2\ln n}{n^2}}=\frac{1}{n^2},$$

所以 $\sum_{n=2}^{\infty}\left(1-\frac{2\ln n}{n^2}\right)^{n^2}$ 收敛.

(4) 因为

$$\ln\sqrt[n]{\frac{n+1}{n-1}}=\frac{1}{n}\ln\frac{n+1}{n-1}=\frac{1}{n}\ln\left(1+\frac{2}{n-1}\right)\sim\frac{1}{n}\cdot\frac{2}{n-1}\sim\frac{2}{n^2},$$

故 $\sum_{n=2}^{\infty}\ln\sqrt[n]{\frac{n+1}{n-1}}$ 收敛.

(5) **方法 1** 因为

$$\lim_{n\to\infty}n\left(\frac{u_n}{u_{n+1}}-1\right)=\lim_{n\to\infty}n\left[\frac{(2n+2)(2n+3)}{(2n+1)^2}-1\right]=\frac{3}{2}>1,$$

根据拉贝判别法知级数 $\sum_{n=1}^{\infty}\frac{(2n-1)!!}{(2n)!!}\frac{1}{2n+1}$ 收敛.

方法 2 由于

$$\frac{1}{4n^2}<\left(\frac{(2n-1)!!}{(2n)!!}\right)^2<\frac{2n-1}{4n^2},$$

因此得到

$$\frac{1}{2n}<\frac{(2n-1)!!}{(2n)!!}<\frac{\sqrt{2n-1}}{2n}<\frac{1}{\sqrt{2n}}$$

和

$$0<\frac{(2n-1)!!}{(2n)!!}\frac{1}{2n+1}<\frac{1}{(2n+1)\sqrt{2n}},$$

从而得到级数 $\sum_{n=1}^{\infty}\frac{(2n-1)!!}{(2n)!!}\frac{1}{2n+1}$ 收敛.

(6) 设 $f(x)=\frac{1}{x\ln^k x}(x\geqslant 2)$，易知 $f(x)$ 单调递减，由于当 $k>1$ 时，$\int_2^{+\infty}\frac{dx}{x\ln^k x}$

收敛；当 $k\leqslant 1$ 时，积分$\int_2^{+\infty}\frac{\mathrm{d}x}{x\ln^k x}$发散．因此当 $k>1$ 时，级数$\sum_{n=2}^{\infty}\frac{1}{n\ln^k n}$收敛；当 $k\leqslant 1$ 时，级数$\sum_{n=2}^{\infty}\frac{1}{n\ln^k n}$发散．

例 7.3　判断$\sum_{n=2}^{\infty}\frac{1}{(\ln(n!))^k}(k>0)$的收敛性．

解　首先分析 $k=1$ 情形．因为当 $n\geqslant 2$ 时，

$$n^n>n!\Rightarrow n\ln n>\ln(n!)\Rightarrow\frac{1}{\ln(n!)}>\frac{1}{n\ln n},$$

利用积分判别法知$\sum_{n=2}^{\infty}\frac{1}{n\ln n}$发散，所以$\sum_{n=2}^{\infty}\frac{1}{\ln(n!)}$发散．进一步可知当 $k<1$ 时，$\sum_{n=2}^{\infty}\frac{1}{(\ln(n!))^k}$发散．

对于 $k>1$，由于

$$\ln(n!)=\ln 2+\ln 3+\cdots+\ln(n)>-1+1+\cdots+1=n-3,$$

故当 $n>3$ 时，有$\frac{1}{(\ln(n!))^k}<\frac{1}{(n-3)^k}$．因此当 $k>1$ 时，$\sum_{n=2}^{\infty}\frac{1}{(\ln(n!))^k}$收敛．

例 7.4　讨论对于不同的 α，$\sum_{n=1}^{\infty}\left(1-\frac{\alpha\ln n}{n}\right)^n$ 的收敛性．

解　因为$\frac{\ln n}{n}\to 0(n\to\infty)$，故当 n 充分大时，有$\left(1-\frac{\alpha\ln n}{n}\right)^n>0$，又

$$\left(1-\frac{\alpha\ln n}{n}\right)^n=\mathrm{e}^{n\ln\left(1-\frac{\alpha\ln n}{n}\right)}=\mathrm{e}^{n\left(-\frac{\alpha\ln n}{n}+o\left(\frac{\ln^2 n}{n^2}\right)\right)}\sim\frac{1}{n^\alpha}\ (n\to\infty).$$

由于当 $\alpha>1$ 时，$\sum_{n=1}^{\infty}\frac{1}{n^\alpha}$收敛，当 $\alpha\leqslant 1$ 时，$\sum_{n=1}^{\infty}\frac{1}{n^\alpha}$发散．故当 $\alpha>1$ 时，原级数收敛，当 $\alpha\leqslant 1$ 时，原级数发散．

例 7.5　讨论$\sum_{n=3}^{\infty}\frac{(-1)^n}{(n^2-3n+2)^x}$的敛散性，$x$ 为实数．

解　因为

$$|u_n|=\frac{1}{(n^2-3n+2)^x}\sim\frac{1}{n^{2x}}\quad(n\to\infty),$$

当 $x>\frac{1}{2}$时，$\sum_{n=3}^{\infty}\frac{(-1)^n}{(n^2-3n+2)^x}$绝对收敛；

当 $0<x\leqslant\frac{1}{2}$时，$\sum|u_n|$发散，但当 $n>2$ 时，$|u_n|$单调递减趋于零，此时为

交错级数，故条件收敛；

当 $x\leqslant 0$ 时，$\dfrac{1}{n^{2x}}\not\to 0\quad(n\to\infty)\Rightarrow\sum\limits_{n=3}^{\infty}\dfrac{(-1)^n}{(n^2-3n+2)^x}$发散.

例 7.6 判别级数$\sum\limits_{n=1}^{\infty}\dfrac{1}{\sqrt[n]{(n!)^{\alpha}}}$的敛散性，其中 $\alpha>0$ 为常数.

解 因为$\lim\limits_{n\to\infty}\dfrac{\sqrt[n]{n!}}{n}=\dfrac{1}{\mathrm{e}}$，即$\lim\limits_{n\to\infty}\dfrac{\sqrt[n]{(n!)^{\alpha}}}{n^{\alpha}}=\dfrac{1}{\mathrm{e}^{\alpha}}$，故$\sum\limits_{n=1}^{\infty}\dfrac{1}{\sqrt[n]{(n!)^{\alpha}}}$与$\sum\limits_{n=1}^{\infty}\dfrac{1}{n^{\alpha}}$同收敛或同发散.

所以，当 $\alpha>1$ 时，$\sum\limits_{n=1}^{\infty}\dfrac{1}{\sqrt[n]{(n!)^{\alpha}}}$收敛；当 $0<\alpha\leqslant 1$ 时，$\sum\limits_{n=1}^{\infty}\dfrac{1}{\sqrt[n]{(n!)^{\alpha}}}$发散.

例 7.7 判别级数$\sum\limits_{n=1}^{\infty}\dfrac{(-3)^n}{n[3^n+(-2)^n]}$的敛散性.

解 由于

$$\frac{(-3)^n}{n[3^n+(-2)^n]}=\frac{(-1)^n}{n}-\frac{2^n}{n[3^n+(-2)^n]},$$

而

$$\left|-\frac{2^n}{n[3^n+(-2)^n]}\right|=\frac{2^n}{n[3^n+(-2)^n]}=\frac{1}{n}\left(\frac{2}{3}\right)^n\cdot\frac{1}{1+\left(-\dfrac{2}{3}\right)^n}\sim\frac{1}{n}\left(\frac{2}{3}\right)^n,$$

故正项级数$\sum\limits_{n=1}^{\infty}\dfrac{2^n}{n(3^n+(-2)^n)}$收敛. 又$\sum\limits_{n=1}^{\infty}\dfrac{(-1)^n}{n}$条件收敛，故级数$\sum\limits_{n=1}^{\infty}\dfrac{(-3)^n}{n(3^n+(-2)^n)}$条件收敛.

例 7.8 已知 $u_n<v_n(n=1,2,\cdots)$，若级数$\sum\limits_{n=1}^{\infty}u_n$与$\sum\limits_{n=1}^{\infty}v_n$都收敛，则$\sum\limits_{n=1}^{\infty}u_n$绝对收敛的充分必要条件是$\sum\limits_{n=1}^{\infty}v_n$绝对收敛.

证 由 $u_n<v_n(n=1,\ 2,\ \cdots)$知$\sum\limits_{n=1}^{\infty}(v_n-u_n)$为正项级数，且绝对收敛.

设$\sum\limits_{n=1}^{\infty}u_n$绝对收敛. 由于

$$|v_n|=|v_n-u_n+u_n|\leqslant|v_n-u_n|+|u_n|\ (n=1,2,\cdots),$$

根据比较判别法知$\sum\limits_{n=1}^{\infty}v_n$绝对收敛.

设 $\sum_{n=1}^{\infty} v_n$ 绝对收敛. 由于

$$|u_n| = |u_n - v_n + v_n| \leqslant |v_n - u_n| + |v_n| \ (n=1,2,\cdots),$$

根据比较判别法知 $\sum_{n=1}^{\infty} u_n$ 绝对收敛.

7.3 反常积分敛散性判别

反常积分主要包括无穷限积分和无界函数(含奇点)积分，求解这类问题时，首先应找出所有奇点(包括无穷远奇点)，再逐一判别.

反常积分敛散性常用判别方法如下：

7.3.1 化为级数来判断

设 $f(x) \geqslant 0$，则 $\int_a^{+\infty} f(x)\mathrm{d}x$ 收敛(发散)$\Leftrightarrow$存在单调增加到$+\infty$的数列$\{b_n\}$，使得 $\sum_{n=1}^{\infty}\int_{b_n}^{b_{n+1}} f(x)\mathrm{d}x$ 收敛(或发散).

7.3.2 比较判别法

(1) 设 x 充分大时，成立 $F(x) \geqslant f(x) \geqslant 0$，则由 $\int_a^{+\infty} F(x)\mathrm{d}x$ 收敛可推出 $\int_a^{+\infty} f(x)\mathrm{d}x$ 收敛；由 $\int_a^{+\infty} f(x)\mathrm{d}x$ 发散可推出 $\int_a^{+\infty} F(x)\mathrm{d}x$ 发散.

(2) 比较判别法的极限形式：设 x 充分大时，成立 $F(x)>0, f(x)\geqslant 0$，且 $\lim\limits_{x\to\infty}\dfrac{f(x)}{F(x)} = l$(有限或$+\infty$)，则

当 $0<l<+\infty$ 时，$\int_a^{+\infty} F(x)\mathrm{d}x$ 与 $\int_a^{+\infty} f(x)\mathrm{d}x$ 同收敛或同发散；

当 $l=0$ 时，由 $\int_a^{+\infty} F(x)\mathrm{d}x$ 收敛可推出 $\int_a^{+\infty} f(x)\mathrm{d}x$ 收敛；

当 $l=+\infty$ 时，由 $\int_a^{+\infty} F(x)\mathrm{d}x$ 发散可推出 $\int_a^{+\infty} f(x)\mathrm{d}x$ 发散.

7.3.3 绝对收敛定理

若 $\int_a^{+\infty} |f(x)|\mathrm{d}x$ 收敛，且对任意的 $b>a$ 有 $\int_a^b f(x)\mathrm{d}x$ 收敛，则 $\int_a^{+\infty} f(x)\mathrm{d}x$ 收敛.

7.3.4 柯西判别法

若 $f(x)$ 定义于 $[a,+\infty)(a>0)$ 上，且在任何有限区间 $[a,b]$ 上可积，则

(1) 当 $|f(x)|\leqslant\frac{1}{x^p}$，$x\in[a,+\infty)$，且 $p>1$ 时 $\int_a^{+\infty}|f(x)|\mathrm{d}x$ 收敛；

(2) 当 $|f(x)|\geqslant\frac{1}{x^p}$，$x\in[a,+\infty)$，且 $p\leqslant1$ 时 $\int_a^{+\infty}|f(x)|\mathrm{d}x$ 发散.

柯西判别法还有极限形式，这里省略.

7.3.5 狄利克雷判别法

若(1) $\left|\int_a^A f(x)\mathrm{d}x\right|\leqslant K$(任意 $A>a$)，其中 K 是一个常数；(2) $g(x)$ 在 $[a,+\infty)$ 上当 $x\to+\infty$ 时单调趋于零，则 $\int_a^{+\infty}f(x)g(x)\mathrm{d}x$ 收敛.

7.3.6 阿贝尔判别法

若(1) $\int_a^{+\infty}f(x)\mathrm{d}x$ 收敛；(2) $g(x)$ 在 $[a,+\infty)$ 上单调有界，则 $\int_a^{+\infty}f(x)g(x)\mathrm{d}x$ 收敛.

7.3.7 利用牛顿-莱布尼茨公式来判定

例 7.9 判别 $I=\int_0^1 x^{p-1}(1-x)^{q-1}\ln x\mathrm{d}x$ 的敛散性.

解 记 $f(x)=x^{p-1}(1-x)^{q-1}\ln x$. 该积分的奇点可能有 0 和 1. 由于 $\ln(1+x)\sim x(x\to0)$，故当 $x\to1^-$ 时，$f(x)\sim(1-x)^{q-1}(x-1)=-(1-x)^q$，从而 $x=1$ 为收敛奇点 $\Leftrightarrow q>-1$. 又当 $x\to0^+$ 时，$f(x)\sim x^{p-1}\cdot\ln x$，而当 $0<x\ll1$ 时，有 $x^{p-1}\leqslant|x^{p-1}\ln x|\leqslant x^{p-\varepsilon-1}$，故 $x=0$ 为收敛奇点 $\Leftrightarrow p-\varepsilon-1>-1\Leftrightarrow p>\varepsilon(\varepsilon>0)$.

因此，积分在 $p>0$，$q>-1$ 时收敛，在其他情形时积分发散.

例 7.10 利用级数知识证明：$\int_0^{+\infty}\frac{\sin x}{x}\mathrm{d}x$ 收敛，但不绝对收敛.

证 因为

对任意 $A>0$，有 $\left|\int_0^A\sin x\mathrm{d}x\right|\leqslant0$，而当 $x\to+\infty$ 时，$\frac{1}{x}$ 单调趋于 0，根据狄利克雷判别法知 $\int_0^{+\infty}\frac{\sin x}{x}\mathrm{d}x$ 收敛.

而

$$\int_0^{+\infty}\left|\frac{\sin x}{x}\right|\mathrm{d}x=\sum_{n=0}^{\infty}\int_0^{\pi}\frac{\sin x}{x+n\pi}\mathrm{d}x\geqslant\sum_{n=0}^{\infty}\frac{2}{(n+1)\pi},$$

故 $\int_0^{+\infty}\frac{\sin x}{x}\mathrm{d}x$ 条件收敛.

例 7.11 判别 $I=\int_0^{+\infty}\sin x^2\mathrm{d}x$ 的收敛性.

解　因为 $I=\int_0^{+\infty}\sin x^2\mathrm{d}x=\int_0^1\sin x^2\mathrm{d}x+\int_1^{+\infty}\sin x^2\mathrm{d}x$，而 $I_1=\int_0^1\sin x^2\mathrm{d}x$ 为常义积分，故 I_1 收敛. 对于反常积分 $I_2=\int_1^{+\infty}\sin x^2\mathrm{d}x$ 做代换 $t=x^2$，则

$$I_2=\int_1^{+\infty}\sin x^2\mathrm{d}x=\int_1^{+\infty}\frac{\sin t}{2\sqrt{t}}\mathrm{d}t.$$

利用分部积分法，可得

$$\begin{aligned}I_2&=\int_1^{+\infty}\frac{1}{2\sqrt{t}}\mathrm{d}(1-\cos t)=\left.\frac{1-\cos t}{2\sqrt{t}}\right|_1^{+\infty}+\int_1^{+\infty}\frac{1-\cos t}{4t^{\frac{3}{2}}}\mathrm{d}t\\&=\frac{1}{2}(\cos 1-1)+\int_1^{+\infty}\frac{1-\cos t}{4t^{\frac{3}{2}}}\mathrm{d}t.\end{aligned}$$

由于 $\left|\frac{1-\cos t}{4t^{\frac{3}{2}}}\right|\leqslant\frac{1}{2}t^{\frac{3}{2}}$，而积分有唯一奇点 $x=+\infty$，此积分收敛. 所以原反常积分收敛.

例 7.12　判别反常积分 $\int_0^{+\infty}\frac{\mathrm{d}x}{1+x^k\sin^2x}(k>0)$ 的收敛性.

解　因为

$$\int_0^{+\infty}\frac{\mathrm{d}x}{1+x^k\sin^2x}=\sum_{n=0}^{\infty}\int_{n\pi}^{(n+1)\pi}\frac{\mathrm{d}x}{1+x^k\sin^2x}=\sum_{n=0}^{\infty}\int_0^{\pi}\frac{\mathrm{d}t}{1+(t+n\pi)^k\sin^2t}.$$

当 $k>2$ 时，

$$\begin{aligned}\int_0^{+\infty}\frac{\mathrm{d}x}{1+x^k\sin^2x}&\leqslant\sum_{n=1}^{\infty}\int_0^{\pi}\frac{\mathrm{d}x}{1+(n\pi)^k\sin^2x}\\&=\sum_{n=1}^{\infty}\int_0^{\pi}\frac{-\mathrm{d}(\cot x)}{(1+n^k\pi^k)+\cot^2x}=\sum_{n=1}^{\infty}\frac{\pi}{\sqrt{1+\pi^kn^k}}<+\infty,\end{aligned}$$

即此时反常积分收敛.

当 $k=2$ 时，

$$\begin{aligned}\int_0^{+\infty}\frac{\mathrm{d}x}{1+x^2\sin^2x}&=\sum_{n=0}^{\infty}\int_0^{\pi}\frac{\mathrm{d}t}{1+(t+n\pi)^2\sin^2t}\\&\geqslant\sum_{n=0}^{\infty}\int_0^{\pi}\frac{\mathrm{d}t}{1+(\pi+n\pi)^2\sin^2t}\\&=\sum_{n=0}^{\infty}\frac{\pi}{\sqrt{1+(\pi+n\pi)^2}}=+\infty.\end{aligned}$$

进一步，可以得到当 $k\leqslant2$ 时，$\int_0^{+\infty}\frac{\mathrm{d}x}{1+x^k\sin^2x}$ 发散.

例 7.13 判别反常积分$\int_1^{+\infty}\frac{\left(e^{\frac{1}{x}}-1\right)^{\alpha}}{\left[\ln\left(1+\frac{1}{x}\right)\right]^{2\beta}}dx$ 的敛散性.

解 因为积分有唯一奇点 $x=+\infty$，而当 $x\to+\infty$ 时，有

$$e^{\frac{1}{x}}-1\sim\frac{1}{x},\ \ln\left(1+\frac{1}{x}\right)\sim\frac{1}{x}\Rightarrow\frac{\left(e^{\frac{1}{x}}-1\right)^{\alpha}}{\left[\ln\left(1+\frac{1}{x}\right)\right]^{2\beta}}\sim x^{2\beta-\alpha},$$

所以当 $\alpha-2\beta>1$ 时，积分绝对收敛；当 $\alpha-2\beta\leqslant1$ 时，发散.

例 7.14 判断反常积分$\int_1^{+\infty}\frac{\ln\left(1+\sin\frac{1}{x^{\alpha}}\right)}{x^{\beta}\ln\left(\cos\frac{1}{x}\right)}dx$ 的敛散性，其中 $\alpha>0$.

解 **方法 1** 该积分有唯一奇点 $x=+\infty$. 因为当 $x\to+\infty$ 时，有

$$f(x)=\frac{\ln\left(1+\frac{1}{x^{\alpha}}+o\left(\frac{1}{x^{3\alpha}}\right)\right)}{x^{\beta}\ln\left(1-\frac{1}{2x^{2}}+o\left(\frac{1}{x^{4}}\right)\right)}$$

$$=\frac{\frac{1}{x^{\alpha}}+o\left(\frac{1}{x^{3\alpha}}\right)}{x^{\beta}\left(-\frac{1}{2x^{2}}+o\left(\frac{1}{x^{4}}\right)\right)}=-\frac{2}{x^{\alpha+\beta-2}}\left(1-o\left(\frac{1}{x^{\alpha_0}}\right)\right),$$

其中 $\alpha_0=\min(\alpha,2)>0$. 所以当 $\alpha+\beta-2>1$，即 $\alpha+\beta>3$ 时，该积分收敛；当 $\alpha+\beta\leqslant3$ 时，该积分发散.

方法 2 因为当 $x\to+\infty$ 时，有

$$f(x)=\frac{\ln\left(1+\sin\frac{1}{x^{\alpha}}\right)}{x^{\beta}\ln\left(\cos\frac{1}{x}\right)}\sim\frac{\sin\frac{1}{x^{\alpha}}}{x^{\beta}\left(\cos\frac{1}{x}-1\right)}\sim\frac{\frac{1}{x^{\alpha}}}{-\frac{1}{2}x^{\beta}\cdot\frac{1}{x^{2}}}=-\frac{2}{x^{\alpha+\beta-2}},$$

因此当 $\alpha+\beta>3$ 时，该积分收敛；当 $\alpha+\beta\leqslant3$ 时，该积分发散.

例 7.15 计算：$\int_0^{+\infty}\frac{xe^{-x}}{1-e^{-x}}dx$.

解 设$f(x)=\frac{xe^{-x}}{1-e^{-x}}$. 因为$\lim\limits_{x\to0^+}f(x)=1$，故 $x=0$ 为可去奇点. 对于任意 $\delta>0$，有$f(x)$在$[\delta,+\infty)$上连续，又 $0<f(x)<\frac{xe^{-x}}{1-e^{-\delta}}$，$x\in[\delta,+\infty)$，故$\int_{\delta}^{+\infty}f(x)dx$ 收敛.

另一方面，对于 $x\in[\delta,+\infty)$，有 $\dfrac{xe^{-x}}{1-e^{-x}}=\sum\limits_{n=1}^{\infty}xe^{-nx}$，而 $\int_{\delta}^{+\infty}xe^{-nx}dx=\dfrac{\delta}{n}e^{-n\delta}+\dfrac{1}{n^2}e^{-n\delta}$.

令 $g(\delta)=\dfrac{\delta}{n}e^{-n\delta}$，易证明 $\max\limits_{[0,+\infty)}g(\delta)=g\left(\dfrac{1}{n}\right)=\dfrac{1}{n^2}e^{-1}$，故当 $\delta\in[0,1]$ 时，$\sum\limits_{n=1}^{\infty}\dfrac{\delta}{n}e^{-n\delta}$ 一致收敛.

又因为 $\dfrac{1}{n^2}e^{-n\delta}\leqslant\dfrac{1}{n^2}$，因此 $\sum\limits_{n=1}^{\infty}\dfrac{1}{n^2}e^{-n\delta}$ 在 $\delta\in[0,1]$ 时一致收敛，这样可以得到

$$\int_{\delta}^{+\infty}\frac{xe^{-x}}{1-e^{-x}}dx=\sum_{n=1}^{\infty}\int_{\delta}^{+\infty}xe^{-nx}dx=\sum_{n=1}^{\infty}\frac{\delta}{n}e^{-n\delta}+\sum_{n=1}^{\infty}\frac{1}{n^2}e^{-n\delta},$$

进一步得到

$$\begin{aligned}\int_{0}^{+\infty}\frac{xe^{-x}}{1-e^{-x}}dx&=\lim_{\delta\to0^+}\int_{\delta}^{+\infty}\frac{xe^{-x}}{1-e^{-x}}dx=\lim_{\delta\to0^+}\left(\sum_{n=1}^{\infty}\frac{\delta}{n}e^{-n\delta}+\sum_{n=1}^{\infty}\frac{1}{n^2}e^{-n\delta}\right)\\&=\sum_{n=1}^{\infty}\lim_{\delta\to0^+}\frac{\delta}{n}e^{-n\delta}+\sum_{n=1}^{\infty}\lim_{\delta\to0^+}\frac{1}{n^2}e^{-n\delta}\\&=\sum_{n=1}^{\infty}\frac{1}{n^2}=\frac{\pi^2}{6}.\end{aligned}$$

用类似方法可得

$$\int_{0}^{+\infty}\frac{x}{1-e^{x}}dx=-\frac{\pi^2}{6},\quad \int_{0}^{+\infty}\frac{x}{1+e^{x}}dx=\int_{0}^{+\infty}\frac{xe^{-x}}{1+e^{-x}}dx=\frac{\pi^2}{12},$$

$$\int_{0}^{1}\frac{\ln(1-x)}{x}dx=-\frac{\pi^2}{6},\quad \int_{0}^{1}\frac{\ln t}{t-1}dt=\frac{\pi^2}{6}.$$

例 7.16　证明：反常积分 $\int_{0}^{+\infty}(-1)^{[x^2]}dx$ 收敛，但非绝对收敛，其中 $[x^2]$ 表示不超过 x^2 的最大整数.

证　由于 $\int_{0}^{+\infty}(-1)^{[x^2]}dx=\dfrac{1}{2}\int_{0}^{+\infty}\dfrac{(-1)^{[t]}}{\sqrt{t}}dt=1+\int_{-1}^{+\infty}\dfrac{(-1)^{[t]}}{2\sqrt{t}}dt$，根据狄利克雷判别法知 $\int_{1}^{+\infty}\dfrac{(-1)^{[t]}}{\sqrt{t}}dt$ 收敛，又当 $\sqrt{n}\leqslant x<\sqrt{n+1}$ 时，有 $[x^2]=n$，$n=1,2,\cdots$.

从而

$$\begin{aligned}\int_{0}^{+\infty}(-1)^{[x^2]}dx&=\sum_{n=0}^{\infty}\int_{\sqrt{n}}^{\sqrt{n+1}}(-1)^{[x^2]}dx\\&=\sum_{n=0}^{\infty}(-1)^n(\sqrt{n+1}-\sqrt{n})=\sum_{n=0}^{\infty}\frac{(-1)^n}{\sqrt{n+1}+\sqrt{n}}.\end{aligned}$$

因此，该积分不绝对收敛.

7.4 能力提升

例 7.17 已知正项级数 $\sum_{n=1}^{\infty} u_n$ 收敛，则 $\sum_{n=1}^{\infty} u_n^{1-\frac{1}{n}}$ 也收敛.

证 我们知道杨(Young)不等式

$$ab \leqslant \frac{1}{p}a^p + \frac{1}{q}b^q,$$

其中 $a>0$，$b>0$，$p>0$，$q>0$，$\frac{1}{p}+\frac{1}{q}=1$. 取 $p=n$，$q=\frac{n}{n-1}$，利用杨不等式得到

$$u_n^{1-\frac{1}{n}} = 2\left(\frac{1}{2}u_n^{1-\frac{1}{n}}\right) \leqslant 2\left(\frac{1}{n2^n}+\frac{n-1}{n}u_n\right) \leqslant \frac{1}{2^{n-1}}+2u_n.$$

根据正项级数的比较判别法知 $\sum_{n=1}^{\infty} u_n^{1-\frac{1}{n}}$ 收敛.

例 7.18 已知正项级数 $\sum_{n=1}^{\infty} u_n$ 收敛，则 $\sum_{n=1}^{\infty} \sqrt{u_n u_{n+1}}$ 的敛散性如何?

解 因为 $\sqrt{u_n u_{n+1}} \leqslant \frac{1}{2}(u_n+u_{n+1})$，而 $\sum_{n=1}^{\infty} u_n$ 收敛，故 $\sum_{n=1}^{\infty} \sqrt{u_n u_{n+1}}$ 收敛.

例 7.19 已知正项级数 $\sum_{n=1}^{\infty} u_n$ 收敛，则 $\sum_{n=1}^{\infty} \sqrt[n]{u_1 u_2 \cdots u_n}$ 收敛，且 $\sum_{n=1}^{\infty} \sqrt[n]{u_1 u_2 \cdots u_n} \leqslant 2\mathrm{e}\sum_{n=1}^{\infty} u_n$.

解 因为

$$\sqrt[n]{u_1 u_2 \cdots u_n} = \frac{\sqrt[n]{u_1(2u_2)\cdots(nu_n)}}{\sqrt[n]{n!}} \leqslant \frac{1}{\sqrt[n]{n!}} \cdot \frac{1}{n}\sum_{k=1}^{n} ku_k = \frac{n}{\sqrt[n]{n!}} \cdot \frac{1}{n^2}\sum_{k=1}^{n} ku_k.$$

由于 $\frac{\sqrt[n]{n!}}{n} = \mathrm{e}^{\frac{1}{n}\left(\ln\frac{1}{n}+\ln\frac{2}{n}+\ln\frac{3}{n}+\cdots+\ln\frac{n}{n}\right)}$，因此利用定积分的定义可知 $\lim_{n\to\infty}\frac{\sqrt[n]{n!}}{n}=\frac{1}{\mathrm{e}}$. 或 $\lim_{n\to\infty}\frac{n}{\sqrt[n]{n!}}=\mathrm{e}$. 又因为当 $1\leqslant i\leqslant n-1$ 时，有

$$\frac{1}{n}\ln\frac{i+1}{n} \leqslant \int_{\frac{i}{n}}^{\frac{i+1}{n}} \ln x\mathrm{d}x \leqslant \frac{1}{n}\ln\frac{i}{n},$$

从而 $\frac{\sqrt[n]{n!}}{n} \geqslant \mathrm{e}^{\int_0^1 \ln x\mathrm{d}x} = \frac{1}{\mathrm{e}}$，或 $\frac{n}{\sqrt[n]{n!}} \leqslant \mathrm{e}$，因此

$$\sqrt[n]{u_1 u_2 \cdots u_n} \leqslant \mathrm{e} \cdot \frac{1}{n^2}\sum_{k=1}^{n} ku_k.$$

令 $A_n=\frac{1}{n^2}\sum\limits_{k=1}^{n}ku_k$，则

$$\sum_{n=1}^{\infty}A_n=\sum_{n=1}^{\infty}\frac{1}{n^2}\sum_{k=1}^{n}ku_k=\sum_{n=1}^{\infty}u_n\cdot n\left[\frac{1}{n^2}+\frac{1}{(n+1)^2}+\cdots\right].$$

设 $a_n=n\left[\frac{1}{n^2}+\frac{1}{(n+1)^2}+\cdots\right]$，故当 $n=1$ 时，$a_1=\frac{\pi^2}{6}<2$；当 $n=2$ 时，有

$$a_2=2\left(\frac{1}{2^2}+\frac{1}{3^2}+\cdots\right)=2\left(\frac{\pi^2}{6}-1\right)<2;$$

当 $n\geqslant 3$ 时，

$$a_n<n\left[\frac{1}{n(n-1)}+\frac{1}{(n+1)n}+\cdots\right]=\frac{n}{n-1}\leqslant 2.$$

综上分析得到

$$\sum_{n=1}^{\infty}\sqrt[n]{u_1u_2\cdots u_n}\leqslant 2\mathrm{e}\sum_{n=1}^{\infty}u_n.$$

例 7.20　(1) 用分部积分法证明：$\int_0^{+\infty}\frac{\sin x}{x}\mathrm{d}x$ 收敛；

(2) 证明：$\int_0^{+\infty}\frac{\sin x}{x}\mathrm{d}x=\sum\limits_{n=0}^{\infty}(-1)^n\int_0^{\pi}\frac{\sin x}{n\pi+x}\mathrm{d}x$；

(3) 证明：$\int_0^{+\infty}\frac{\sin x}{x}\mathrm{d}x<\int_0^{\pi}\frac{\sin x}{x}\mathrm{d}x$.

证　(1) $\int_0^{+\infty}\frac{\sin x}{x}\mathrm{d}x=\int_0^{1}\frac{\sin x}{x}\mathrm{d}x+\int_1^{+\infty}\frac{\sin x}{x}\mathrm{d}x$，而 $\lim\limits_{x\to 0}\frac{\sin x}{x}=1$，故 $x=0$ 为可去奇点，所以 $\int_0^{1}\frac{\sin x}{x}\mathrm{d}x$ 为常义积分.

又

$$\int_1^{+\infty}\frac{\sin x}{x}\mathrm{d}x=-\frac{\cos x}{x}\bigg|_1^{+\infty}-\int_1^{+\infty}\frac{\cos x}{x^2}\mathrm{d}x=\cos 1-\int_1^{+\infty}\frac{\cos x}{x^2}\mathrm{d}x,$$

而 $\left|\int_1^{+\infty}\frac{\cos x}{x^2}\mathrm{d}x\right|\leqslant\int_1^{+\infty}\frac{1}{x^2}\mathrm{d}x=1$，故 $\int_1^{+\infty}\frac{\sin x}{x}\mathrm{d}x$ 收敛.

综上所述，$\int_0^{+\infty}\frac{\sin x}{x}\mathrm{d}x$ 收敛.

(2) 根据(1)知 $\int_0^{+\infty}\frac{\sin x}{x}\mathrm{d}x$ 收敛. 进一步，有

$$\int_0^{+\infty}\frac{\sin x}{x}\mathrm{d}x=\sum_{n=0}^{\infty}\int_{n\pi}^{(n+1)\pi}\frac{\sin x}{x}\mathrm{d}x\xlongequal{x=n\pi+t}\sum_{n=0}^{\infty}(-1)^n\int_0^{\pi}\frac{\sin t}{n\pi+t}\mathrm{d}t.$$

(3) $$\int_0^{+\infty}\frac{\sin x}{x}dx-\int_0^{\pi}\frac{\sin x}{x}dx=\sum_{n=0}^{\infty}(-1)^n\int_0^{\pi}\frac{\sin x}{n\pi+x}dx-\int_0^{\pi}\frac{\sin x}{x}dx$$
$$=\sum_{n=1}^{\infty}(-1)^n\int_0^{\pi}\frac{\sin x}{n\pi+x}dx=\sum_{k=1}^{\infty}\int_0^{\pi}\left(\frac{\sin x}{2k\pi+x}-\frac{\sin x}{(2k-1)\pi+x}\right)dx$$
$$=\sum_{k=1}^{\infty}\int_0^{\pi}\frac{-\pi\sin x}{(2k\pi+x)[(2k-1)\pi+x]}dx<0.$$

例 7.21 当 $x\in(0,1)$，讨论级数 $\sum\limits_{n=1}^{\infty}x^{\sin 1+\sin\frac{1}{2}+\cdots+\sin\frac{1}{n}}$ 的敛散性.

解 记 $u_n=x^{\sin 1+\sin\frac{1}{2}+\cdots+\sin\frac{1}{n}}$，由于
$$n\left(\frac{u_n}{u_{n+1}}-1\right)=n\left(x^{-\sin\frac{1}{n+1}}-1\right)=n\left(e^{-\sin\frac{1}{n+1}\cdot\ln x}-1\right)\to-\ln x\quad(n\to\infty),$$
根据拉贝判别法，当 $0<x<\frac{1}{e}$ 时，级数收敛；当 $\frac{1}{e}<x<1$ 时，级数发散.

当 $x=\frac{1}{e}$ 时，原级数成为 $\sum\limits_{n=1}^{\infty}e^{-\left(\sin 1+\sin\frac{1}{2}+\cdots+\sin\frac{1}{n}\right)}$. 利用不等式 $x-\frac{x^3}{6}<\sin x<x(x>0)$，可得
$$\sum_{k=1}^{n}\frac{1}{k}-\frac{1}{6}\sum_{k=1}^{n}\frac{1}{k^3}<\sum_{k=1}^{n}\sin\frac{1}{k}<\sum_{k=1}^{n}\frac{1}{k}.$$
由于 $\sum\limits_{k=1}^{\infty}\frac{1}{k^3}$ 收敛，因此
$$\frac{\sum\limits_{k=1}^{n}\frac{1}{k}-\frac{1}{6}\sum\limits_{k=1}^{n}\frac{1}{k^3}}{\sum\limits_{k=1}^{n}\frac{1}{k}}<\frac{\sum\limits_{k=1}^{n}\sin\frac{1}{k}}{\sum\limits_{k=1}^{n}\frac{1}{k}}<1,$$
而且
$$\lim_{n\to\infty}\frac{\sum\limits_{k=1}^{n}\sin\frac{1}{k}}{\sum\limits_{k=1}^{n}\frac{1}{k}}=1.$$
又 $\lim\limits_{n\to\infty}\left(\sum\limits_{k=1}^{n}\frac{1}{k}-\ln n\right)=\gamma=0.577\cdots$，因此 $\lim\limits_{n\to\infty}\left(\sum\limits_{k=1}^{n}\sin\frac{1}{k}-\ln n\right)=\gamma$. 于是
$$e^{-\left(\sin 1+\sin\frac{1}{2}+\cdots+\sin\frac{1}{n}\right)}=\frac{1}{n}e^{\ln n-\left(\sin 1+\sin\frac{1}{2}+\cdots+\sin\frac{1}{n}\right)}\sim\frac{1}{n}e^{-\gamma}.$$
故级数 $\sum\limits_{n=1}^{\infty}e^{-\left(\sin 1+\sin\frac{1}{2}+\cdots+\sin\frac{1}{n}\right)}$ 发散.

例 7.22　证明：级数 $\sum\limits_{n=1}^{\infty}\int_0^{\frac{\pi}{4}}\cos^n x\mathrm{d}x$ 发散.

证　令

$$u_n=\int_0^{\frac{\pi}{4}}\cos^n x\mathrm{d}x,\ v_n=\int_0^{\frac{\pi}{2}}\cos^n x\mathrm{d}x,\ w_n=\int_{\frac{\pi}{4}}^{\frac{\pi}{2}}\cos^n x\mathrm{d}x,$$

那么

$$v_n^2\geqslant v_n v_{n+1}=\int_0^{\frac{\pi}{2}}\cos^n x\mathrm{d}x\int_0^{\frac{\pi}{2}}\cos^{n+1}x\mathrm{d}x=\frac{\pi}{2^{(n+1)}},$$

故 $\sum\limits_{n=1}^{\infty}v_n$ 发散.

另一方面，

$$w_n=\int_{\frac{\pi}{4}}^{\frac{\pi}{2}}\cos^n x\mathrm{d}x\leqslant\int_{\frac{\pi}{4}}^{\frac{\pi}{2}}\left(\frac{1}{\sqrt{2}}\right)^n\mathrm{d}x=\left(\frac{1}{\sqrt{2}}\right)^n\frac{\pi}{4},$$

从而 $\sum\limits_{n=1}^{\infty}w_n$ 收敛，因此 $\sum\limits_{n=1}^{\infty}\int_0^{\frac{\pi}{4}}\cos^n x\mathrm{d}x$ 发散.

例 7.23　若正项级数 $\sum\limits_{n=1}^{\infty}u_n$ 发散，$S_n=\sum\limits_{k=1}^{n}u_k$. 证明：

（1）$\sum\limits_{n=1}^{\infty}\frac{u_n}{S_n^2}$ 收敛；

（2）$\sum\limits_{n=1}^{\infty}\frac{u_n}{S_n}$ 发散；

（3）讨论 $\sum\limits_{n=1}^{\infty}\frac{u_n}{S_n^k}$ 的收敛性.

证　（1）因 $S_n=\sum\limits_{k=1}^{n}u_k$ 单调递增趋于∞和

$$0<\frac{u_n}{S_n^2}\leqslant\frac{u_n}{S_nS_{n-1}}=\frac{1}{S_{n-1}}-\frac{1}{S_n},$$

故

$$\sum_{n=2}^{\infty}\frac{u_n}{S_n^2}<\sum_{n=2}^{\infty}\left(\frac{1}{S_{n-1}}-\frac{1}{S_n}\right)=\frac{1}{u_1}-\lim_{n\to\infty}\frac{1}{S_n}=\frac{1}{u_1}<+\infty.$$

（2）用反证法. 若 $\sum\limits_{n=1}^{\infty}\frac{u_n}{S_n}$ 收敛，那么 $\lim\limits_{k\to\infty}\sum\limits_{n=k}^{\infty}\frac{u_n}{S_n}=0$，而

$$\frac{u_n}{S_n}+\frac{u_{n+1}}{S_{n+1}}+\cdots+\frac{u_{n+p}}{S_{n+p}}\geqslant\frac{1}{S_{n+p}}(S_{n+p}-S_n)=1-\frac{S_n}{S_{n+p}}\to1\ (p\to+\infty),$$

得到矛盾.

（3）利用拉格朗日中值定理，可得

$$\frac{1}{S_n^{k-1}}-\frac{1}{S_{n-1}^{k-1}}=(1-k)\frac{u_n}{\xi_n^k},\ \xi_n\in(S_{n-1},S_n).$$

因此当 $k\leqslant 1$ 时，由(2)知 $\sum\limits_{n=1}^{\infty}\frac{u_n}{S_n^k}$ 发散. 当 $k>1$ 时，有

$$\begin{aligned}\sum_{n=1}^{\infty}\frac{u_n}{S_n^k}&=1+\sum_{n=2}^{\infty}\frac{u_n}{S_n^k}\leqslant 1+\sum_{n=2}^{\infty}\frac{u_n}{\xi_n^k}\\&=1+\frac{1}{k-1}\sum_{n=2}^{\infty}\left(\frac{1}{S_{n-1}^{k-1}}-\frac{1}{S_n^{k-1}}\right)=1+\frac{1}{(k-1)u_1^{k-1}}<+\infty.\end{aligned}$$

例 7.24　已知 $f(x)$ 在 $x=0$ 处有二阶导数，且 $\lim\limits_{x\to 0}\frac{f(x)}{x}=0$，证明：$\sum\limits_{n=1}^{\infty}\left|f\left(\frac{1}{n}\right)\right|$ 收敛.

证　因为 $f(x)$ 在 $x=0$ 处有二阶导数，且 $\lim\limits_{x\to 0}\frac{f(x)}{x}=0$，故 $f(0)=0$，$f'(0)=0$，进一步有

$$\lim_{x\to 0}\frac{f(x)}{x^2}=\lim_{x\to 0}\frac{f'(x)}{2x}=\lim_{x\to 0}\frac{f'(x)-f'(0)}{2x}=\frac{1}{2}f''(0)$$

及

$$f(x)\sim\frac{1}{2}f''(0)x^2(x\to 0).$$

因此 $f\left(\frac{1}{n}\right)\sim\frac{1}{2}f''(0)\frac{1}{n^2}(n\to\infty)$，从而 $\sum\limits_{n=1}^{\infty}\left|f\left(\frac{1}{n}\right)\right|$ 收敛.

例 7.25　设 $a_n>0$，$a_n>a_{n+1}$，$\lim\limits_{n\to\infty}a_n=0$，证明：$\sum\limits_{n=1}^{\infty}(-1)^{n-1}\frac{a_1+a_2+\cdots+a_n}{n}$ 条件收敛.

证　令 $A_n=\frac{a_1+a_2+\cdots+a_n}{n}$，那么

$$\begin{aligned}A_{n+1}-A_n&=\frac{a_1+a_2+\cdots+a_n+a_{n+1}}{n+1}-\frac{a_1+a_2+\cdots+a_n}{n}\\&=\frac{n(a_1+a_2+\cdots+a_n+a_{n+1})-(n+1)(a_1+a_2+\cdots+a_n)}{n(n+1)}\\&=\frac{a_{n+1}-a_1+a_{n+1}-a_2+\cdots+a_{n+1}-a_n}{n(n+1)}\leqslant 0,\end{aligned}$$

故 A_n 单调递减，再由 $\lim\limits_{n\to\infty}a_n=0$，易知 $\lim\limits_{n\to\infty}A_n=0$，故利用莱布尼茨判别法知 $\sum\limits_{n=1}^{\infty}(-1)^{n-1}\frac{a_1+a_2+\cdots+a_n}{n}$ 收敛.

但 $\sum_{n=1}^{\infty}\left|(-1)^{n-1}\frac{a_1+a_2+\cdots+a_n}{n}\right|=\sum_{n=1}^{\infty}\frac{a_1+a_2+\cdots+a_n}{n}\geqslant\sum_{n=1}^{\infty}\frac{a_1}{n}$发散，所以 $\sum_{n=1}^{\infty}(-1)^{n-1}\frac{a_1+a_2+\cdots+a_n}{n}$条件收敛.

例 7.26　讨论级数 $\sum_{n=1}^{\infty}\frac{1+\frac{1}{2}+\frac{1}{3}+\cdots+\frac{1}{n}}{(n+1)(n+2)}$的收敛性；若收敛，求其和.

解　记 $a_n=1+\frac{1}{2}+\frac{1}{3}+\cdots+\frac{1}{n}$，$u_n=\frac{a_n}{(n+1)(n+2)}$，$n=1, 2, \cdots$，由于$\lim\limits_{n\to\infty}\frac{a_n}{\ln n}=1$，故有

$$\lim_{n\to\infty}\frac{u_n}{n^{-\frac{3}{2}}}=\lim_{n\to\infty}\frac{a_n}{n^{\frac{1}{2}}\left(1+\frac{1}{n}\right)\left(1+\frac{2}{n}\right)}=0,$$

根据比较判别法知 $\sum_{n=1}^{\infty}\frac{1+\frac{1}{2}+\frac{1}{3}+\cdots+\frac{1}{n}}{(n+1)(n+2)}$收敛.

下面求该级数的和.

方法 1　对任意 $N\geqslant 2$，

$$\begin{aligned}\sum_{n=1}^{N}u_n&=\sum_{n=1}^{N}\frac{a_n}{(n+1)(n+2)}=\sum_{n=1}^{N}\left(\frac{a_n}{n+1}-\frac{a_n}{n+2}\right)\\&=\frac{a_1}{2}+\sum_{n=1}^{N-1}\frac{a_{n+1}-a_n}{n+2}-\frac{a_N}{N+2}\\&=\frac{1}{2}+\sum_{n=1}^{N-1}\frac{1}{(n+1)(n+2)}-\frac{a_N}{N+2}\\&=\frac{1}{2}+\sum_{n=1}^{N-1}\left(\frac{1}{n+1}-\frac{1}{n+2}\right)-\frac{a_N}{N+2}\\&=1-\frac{1}{N+1}-\frac{a_N}{N+2},\end{aligned}$$

因此令 $N\to\infty$，得到 $\sum_{n=1}^{\infty}\frac{1+\frac{1}{2}+\frac{1}{3}+\cdots+\frac{1}{n}}{(n+1)(n+2)}=1.$

方法 2　因为

$$\frac{1}{1-x}=1+x+x^2+\cdots+x^n+\cdots,\ |x|<1,$$

$$\ln\frac{1}{1-x}=x+\frac{x^2}{2}+\cdots+\frac{x^n}{n}+\cdots,\ |x|<1.$$

进一步，我们可以得到

$$\frac{1}{1-x}\ln\frac{1}{1-x}=\sum_{n=1}^{\infty}\left(1+\frac{1}{2}+\cdots+\frac{1}{n}\right)x^n=\sum_{n=1}^{\infty}a_nx^n,\ |x|<1.$$

由幂级数性质知，当 $|x|<1$ 时，有

$$f(x)=\int_0^x\frac{1}{1-x}\ln\frac{1}{1-x}\mathrm{d}x=\frac{1}{2}(\ln(1-x))^2=\sum_{n=1}^{\infty}\int_0^x a_nx^n\mathrm{d}x=\sum_{n=1}^{\infty}\frac{a_n}{n+1}x^{n+1}.$$

同理可得

$$\int_0^x f(x)\mathrm{d}x=\sum_{n=1}^{\infty}\int_0^x\frac{a_n}{n+1}x^{n+1}\mathrm{d}x=\sum_{n=1}^{\infty}\frac{a_nx^{n+2}}{(n+1)(n+2)},$$

而

$$\int_0^x f(x)\mathrm{d}x=\frac{1}{2}\int_0^x[\ln(1-x)]^2\mathrm{d}x=-\frac{1}{2}(1-x)\ln^2(1-x)+(1-x)\ln(1-x)+x,$$

由第一步知 $\sum\limits_{n=1}^{\infty}\frac{a_nx^{n+2}}{(n+1)(n+2)}$ 在 $x=1$ 处收敛，因此

$$\sum_{n=1}^{\infty}\frac{a_n}{(n+1)(n+2)}=\lim_{x\to1^-}\int_0^x f(x)\mathrm{d}x=1.$$

习　题　7

1. 研究下列级数的收敛性：

(1) $\sum\limits_{n=1}^{\infty}\frac{(-1)^{n-1}}{n^p}$；（答案：当 $p\leqslant0$ 时，级数发散；当 $0<p\leqslant1$ 时，级数条件收敛；当 $p>1$ 时，级数绝对收敛）

(2) $\sum\limits_{n=1}^{\infty}\frac{n(n+1)}{2^n}$；（答案：收敛）

(3) $\sum\limits_{n=1}^{\infty}\frac{1}{n^2-\ln^2 n}$；（答案：收敛）

(4) $\sum\limits_{n=2}^{\infty}\frac{1}{\ln(n!)}$；（答案：发散）

(5) $\sum\limits_{n=1}^{\infty}\frac{1}{n}(a_n+a_{n+2})$，其中 $a_n=\int_0^{\frac{\pi}{4}}\tan^n x\mathrm{d}x\quad(n=1,2,\cdots)$；（答案：收敛，和为 1）

(6) $\sum\limits_{n=1}^{\infty}\left[\mathrm{e}-\left(1+\frac{1}{1!}+\frac{1}{2!}+\cdots+\frac{1}{n!}\right)\right]$；（答案：收敛）

(7) $\sum\limits_{n=3}^{\infty}\left(\frac{n}{n+1}\right)^{kn\ln n}$；（答案：当 $k\leqslant1$ 时，级数发散；当 $k>1$ 时，级数收敛）

（8）$\sum_{n=1}^{\infty}\frac{1}{\ln(n+1)}\left(\sin\frac{1}{n}\right)^{k}$；（答案：当 $k\leqslant 1$ 时，级数发散；当 $k>1$ 时，级数收敛）

（9）$\sum_{n=1}^{\infty}\frac{1}{n}\left[\mathrm{e}-\left(1+\frac{1}{n}\right)^{n}\right]^{p}$.（答案：$p>0$ 级数收敛，$p\leqslant 0$ 级数发散）

2. 设方程 $x^{n}+nx=1$，其中 n 为正整数，证明：此方程存在唯一正实根 x_n，并证明当 $\alpha>1$ 时，级数 $\sum_{n=1}^{\infty}x_n^{\alpha}$ 收敛.

3. 设 $u_n>0$，且 $\sum_{n=1}^{\infty}u_n^2$ 收敛，证明：$\sum_{n=2}^{\infty}\frac{u_n}{\sqrt{n}\ln n}$收敛.

4. 讨论级数$\frac{1}{1^p}-\frac{1}{2^q}+\frac{1}{3^p}-\frac{1}{4^q}+\cdots+\frac{1}{(2n-1)^p}-\frac{1}{(2n)^q}+\cdots(p>0,q>0)$的敛散性.

（答案：当 p，$q>1$ 时，级数绝对收敛；当 $0<p=q\leqslant 1$ 时，级数条件收敛；当 $p>1$，$q\leqslant 1$ 或 $q>1$，$p\leqslant 1$ 时，级数发散；$0<p<q<1$ 或 $0<q<p<1$ 时，级数发散）

5. 证明：无穷级数$\sum_{n=0}^{\infty}\frac{n}{1+n^3x}$在$(0,1)$内收敛，但不一致收敛.

6. 证明：函数$f(x)=\sum_{n=1}^{\infty}\frac{1}{n^x}$在$(1,+\infty)$内无穷次可微.（提示：用归纳法）

7. 计算 $\iiint\limits_{\Omega}\frac{\mathrm{d}x\mathrm{d}y\mathrm{d}z}{(x^2+y^2+z^2)^2}$，$\Omega$：$x^2+y^2+z^2\geqslant 1$.

8. 设 $a>0$，$b>0$，证明：

$$\int_0^{+\infty}\int_0^{+\infty}f(a^2x^2+b^2y^2)\,\mathrm{d}x\mathrm{d}y=\frac{\pi}{4ab}\int_0^{+\infty}f(x)\,\mathrm{d}x.$$

$\left(\text{提示：做变量代换 } x=\frac{r}{a}\cos\theta,\ y=\frac{r}{b}\sin\theta\right)$

9. 设 $I=\int_1^{+\infty}\frac{x-[x]}{x^{s+1}}\mathrm{d}x$，求证：（1）当 $s>0$ 时，I 收敛；（2）当 $0<s<1$ 时，$I=\frac{1}{s-1}-\frac{1}{s}\sum_{n=1}^{\infty}\frac{1}{n^s}$.

10. 判断积分$\int_1^{+\infty}\left[\ln\left(1+\frac{1}{x}\right)-\frac{1}{1+x}\right]\mathrm{d}x$ 的收敛性.

$\left(\text{提示：}\ln\left(1+\frac{1}{x}\right)-\frac{1}{1+x}\sim\frac{1}{x^2}\quad(x\to\infty)\text{，答案：收敛}\right)$

11. 判断积分$\int_0^{+\infty}\frac{\sin x^2}{1+x^p}\mathrm{d}x(p\geqslant 0)$的收敛性.（提示：用狄利克雷判别法，答案：收敛）

12. 已知$f(x)$在$[0,+\infty)$上单调，且积分$\int_0^{+\infty}f(x)\mathrm{d}x$ 收敛，证明：$f(x)=o\left(\frac{1}{x}\right)\quad(x\to+\infty)$.

（提示：不妨设单调递增，此时必有$f(x)<0$）

13. 设 $u_n\leqslant v_n\leqslant w_n(n=1,2,\cdots)$，$\sum_{n=1}^{\infty}u_n$，$\sum_{n=1}^{\infty}w_n$ 都收敛，则 $\sum_{n=1}^{\infty}v_n$ 也收敛.

$\left(\text{提示：}0\leqslant v_n-u_n\leqslant w_n-u_n\text{，而}\sum_{n=1}^{\infty}(w_n-u_n)\text{收敛}\right)$

14. 设 $u_n=\int_0^{\frac{\pi}{n}}\frac{\sin x}{1+x}\mathrm{d}x$，试判定级数 $\sum_{n=1}^{\infty}u_n$ 和 $\sum_{n=1}^{\infty}(-1)^n nu_n$ 的收敛性.

$\left(\text{答案：}\sum_{n=1}^{\infty}u_n\text{ 收敛，}\sum_{n=1}^{\infty}(-1)^n nu_n\text{ 条件收敛}\right)$

15. 讨论级数 $\sum_{n=1}^{\infty}\left(\sqrt[n]{a}-\sqrt{1+\frac{1}{n}}\right)(a>0)$ 的收敛性.

（提示：利用泰勒展开方法；答案：当 $a=\sqrt{\mathrm{e}}$ 时级数收敛，当 $a\neq\sqrt{\mathrm{e}}$ 时级数发散）

16. 设 $u_n=\mathrm{e}^{\frac{1}{\sqrt{n}}}-1-\frac{1}{\sqrt{n}}$，证明：级数 $\sum_{n=1}^{\infty}(-1)^{n-1}u_n$ 条件收敛.

（提示：研究函数 $f(x)=\mathrm{e}^x-1-x$ 的单调性）

17. 证明：级数 $\sum_{n=1}^{\infty}\frac{1}{n^{\alpha}(n+1)}\left(1+\frac{1}{2}+\frac{1}{3}+\cdots+\frac{1}{n}\right)$ 收敛，其中 $\alpha>0$.

18. 讨论级数 $\sum_{n=2}^{\infty}q^{\ln n}$ 的收敛性，其中 $q>0$.

19. 如果正项级数 $\sum_{n=1}^{\infty}a_n$ 收敛，证明：级数 $\sum_{n=1}^{\infty}(b^{a_n}-1)$ 也收敛($b>1$).

20. 已知 $\lim\limits_{n\to\infty}nu_n=0$，级数 $\sum_{n=1}^{\infty}(n+1)(u_{n+1}-u_n)$ 收敛，证明：级数 $\sum_{n=1}^{\infty}u_n$ 也收敛.

（提示：记 $\sum_{n=1}^{\infty}u_n$ 的部分和为 S_n，记 $\sum_{n=1}^{\infty}(n+1)(u_{n+1}-u_n)$ 的部分和为 S_n^*. 进一步可得 $S_n^*=(n+1)u_{n+1}-u_1-S_n$ 或 $S_n=(n+1)u_{n+1}-u_1-S_n^*$）

第 8 章

幂级数与傅里叶级数

主要知识点：幂级数和傅里叶级数的基本概念；幂级数的收敛区间与和函数；将函数展开成幂级数或傅里叶级数；幂级数和傅里叶级数的应用.

8.1 基本概念

8.1.1 幂级数

称函数项级数 $\sum\limits_{n=0}^{\infty} a_n x^n$ 或 $\sum\limits_{n=0}^{\infty} a_n (x-x_0)^n$ 为幂级数.

（1）收敛区间及求法：若 $\lim\limits_{n\to\infty}\left|\dfrac{a_{n+1}}{a_n}\right|=r$ 或 $\lim\limits_{n\to\infty}\sqrt[n]{|a_n|}=r$ 或 $\overline{\lim\limits_{n\to\infty}}\sqrt[n]{|a_n|}=r$，则 $\sum\limits_{n=0}^{\infty} a_n x^n$ 的收敛半径为 $R=\dfrac{1}{r}$，收敛区间为$(-R,R)$.

（2）和函数 $S(x)=\sum\limits_{n=0}^{\infty} a_n x^n$ 的求法：逐项求导法，逐项积分法，利用特殊函数的展开式，利用微分方程知识.

（3）和函数性质：在收敛区间内连续、可导、可积.

8.1.2 泰勒展开式与泰勒级数

1. 泰勒展开式

若$f^{(n)}(x_0)$存在，则

$$f(x)=f(x_0)+f'(x_0)(x-x_0)+\frac{f''(x_0)}{2!}(x-x_0)^2+\cdots+\frac{f^{(n)}(x_0)}{n!}(x-x_0)^n+o((x-x_0)^n);$$

若$f^{(n+1)}(x)$在 $U(x_0,\delta)$内存在，则

$$f(x)=f(x_0)+\frac{f'(x_0)}{1!}(x-x_0)+\frac{f''(x_0)}{2!}(x-x_0)^2+\cdots+\frac{f^{(n)}(x_0)}{n!}(x-x_0)^n+R_n(x),$$

其中 $R_n(x)=\dfrac{f^{(n+1)}(x_0+\theta(x-x_0))}{(n+1)!}(x-x_0)^{n+1}(0<\theta<1)$.

2. 泰勒级数

如果 $n\to\infty$ 时，$R_n(x)\to 0$，则有

$$f(x)=f(x_0)+\frac{f'(x_0)}{1!}(x-x_0)+\frac{f''(x_0)}{2!}(x-x_0)^2+\cdots+\frac{f^{(n)}(x_0)}{n!}(x-x_0)^n+\cdots.$$

注 8.1 即使 $f(x)$ 在 x_0 点无穷次可导，也未必能证明 $f(x)$ 的泰勒级数收敛到 $f(x)$ 本身. 例如：$f(x)=\begin{cases}0, & x=0,\\ \mathrm{e}^{-\frac{1}{x^2}}, & x\neq 0,\end{cases}$ 可以证明 $f^{(n)}(0)=0$，$n=1$，2，…，但 $f(x)\neq 0$.

注 8.2 若在 $U(x_0,\delta)$ 内有

$$f(x)=b_0+b_1(x-x_0)+\cdots+b_n(x-x_0)^n+\cdots,$$

则必有 $b_n=\frac{1}{n!}f^{(n)}(x_0)$. 利用此关系，可以计算某些函数的高阶导数.

3. 几个重要函数的泰勒级数

1) $\mathrm{e}^x=1+x+\frac{x^2}{2!}+\cdots+\frac{x^n}{n!}+\cdots$，$-\infty<x<+\infty$；

2) $\ln(1+x)=x-\frac{x^2}{2}+\frac{x^3}{3}-\cdots+(-1)^{n-1}\frac{x^n}{n}+\cdots$，$-1<x\leqslant 1$；

3) $\sin x=x-\frac{x^3}{3!}+\frac{x^5}{5!}-\cdots+(-1)^{n+1}\frac{x^{2n-1}}{(2n-1)!}+\cdots$，$-\infty<x<+\infty$；

4) $\cos x=1-\frac{x^2}{2!}+\frac{x^4}{4!}-\cdots+(-1)^n\frac{x^{2n}}{(2n)!}+\cdots$，$-\infty<x<+\infty$；

5) $\arctan x=x-\frac{x^3}{3}+\frac{x^5}{5}-\cdots+(-1)^n\frac{x^{2n+1}}{2n+1}+\cdots$，$-1\leqslant x\leqslant 1$.

例 8.1 求 $(\ln(1+x^2))^{(n)}\big|_{x=0}$.

解 因为

$$\ln(1+t)=t-\frac{t^2}{2}+\frac{t^3}{3}-\cdots+(-1)^{n-1}\frac{t^n}{n}+\cdots,\quad -1<t\leqslant 1,$$

所以

$$\ln(1+x^2)=x^2-\frac{x^4}{2}+\frac{x^6}{3}-\cdots+(-1)^{n-1}\frac{x^{2n}}{n}+\cdots,$$

故

$$(\ln(1+x^2))^{(2k-1)}\big|_{x=0}=0,\quad k=1,\ 2,\ \cdots;$$

$$(\ln(1+x^2))^{(2k)}\big|_{x=0}=(-1)^{k-1}\frac{(2k)!}{2},\quad k=1,\ 2,\ \cdots.$$

4. 多元函数的泰勒展开式

设 $z=f(x,y)$ 在 (x_0,y_0) 处 n 阶可微，则

$$f(x_0+\Delta x,y_0+\Delta y)=f(x_0,y_0)+\mathrm{d}f(x_0,y_0)+\cdots+\frac{1}{n!}\mathrm{d}^n f(x_0,y_0)+o\left(\left((\Delta x)^2+(\Delta y)^2\right)^{\frac{n}{2}}\right),$$

其中 $\mathrm{d}^n f(x_0,y_0)=\left[\left(\Delta x\dfrac{\partial}{\partial x}+\Delta y\dfrac{\partial}{\partial y}\right)^n f\right]\Bigg|_{(x_0,y_0)}$.

8.1.3 傅里叶级数

1. 傅里叶级数求法

设 $f(x)$ 以 2π 为周期，且 $f(x)$ 在 $[0,2\pi]$ 上可积，则可将 $f(x)$ 展开成傅里叶级数：

$$f(x)\sim\frac{a_0}{2}+\sum_{n=1}^{\infty}(a_n\cos nx+b_n\sin nx),$$

记 $F_f(x)=\dfrac{a_0}{2}+\sum\limits_{n=1}^{\infty}(a_n\cos nx+b_n\sin nx)$.

2. 傅里叶级数的收敛性

1）若以 2π 为周期的函数 $f(x)$ 在 $[-\pi,\pi]$ 上分段光滑，则在每一点 $x\in[-\pi,\pi]$，$f(x)$ 的傅里叶级数 $F_f(x)$ 收敛，且 $F_f(x)=\dfrac{1}{2}(f(x+0)+f(x-0))$.

2）若 $f(x)$ 是以 2π 为周期的绝对可积函数，不管 $f(x)$ 的傅里叶级数收敛与否，都有

$$\int_0^x f(t)\,\mathrm{d}t=\frac{a_0}{2}x+\sum_{n=1}^{\infty}\int_0^x(a_n\cos nt+b_n\sin nt)\,\mathrm{d}t.$$

3）若 $f(x)$ 是以 2π 为周期的平方可积函数，则成立贝塞尔(Bessel)不等式

$$\frac{a_0^2}{2}+\sum_{n=1}^{\infty}(a_n^2+b_n^2)\leqslant\frac{1}{\pi}\int_{-\pi}^{\pi}f^2(x)\,\mathrm{d}x.$$

4）若 $f(x)$ 是以 2π 为周期的平方可积函数，且 $f(x)$ 的傅里叶级数一致收敛于 $f(x)$，则成立帕塞瓦尔(Parseval)等式

$$\int_{-\pi}^{\pi}f^2(x)\,\mathrm{d}x=\pi\left[\frac{a_0^2}{2}+\sum_{n=1}^{\infty}(a_n^2+b_n^2)\right].$$

证　因为 $F_f(x)\xrightarrow{\text{一致}}f(x)$，则对 $\forall x\in[-\pi,\pi)$，$f(x)=F_f(x)$，进一步，

$$\begin{aligned}\frac{1}{\pi}\int_{-\pi}^{\pi}f^2(x)\,\mathrm{d}x&=\frac{1}{\pi}\int_{-\pi}^{\pi}f(x)\left[\frac{a_0}{2}+\sum_{n=1}^{\infty}(a_n\cos nx+b_n\sin nx)\right]\mathrm{d}x\\&=\frac{a_0^2}{2}+\frac{1}{\pi}\int_{-\pi}^{\pi}f(x)\sum_{n=1}^{\infty}(a_n\cos nx+b_n\sin nx)\,\mathrm{d}x.\end{aligned}$$

因$f(x)$在$[-\pi,\pi)$上有界，且

$$\frac{a_0}{2}+\sum_{n=1}^{\infty}(a_n\cos nx+b_n\sin nx)\xrightarrow{一致}f(x)，\quad n\to\infty.$$

从而$\sum\limits_{n=1}^{\infty}(a_nf(x)\cos nx+b_nf(x)\sin nx)$一致收敛. 因此

$$\begin{aligned}&\int_{-\pi}^{\pi}\sum_{n=1}^{\infty}(a_nf(x)\cos nx+b_nf(x)\sin nx)\mathrm{d}x\\&=\int_{-\pi}^{\pi}\sum_{n=1}^{\infty}\left(a_n\int_{-\pi}^{\pi}f(x)\cos nx\mathrm{d}x+b_n\int_{-\pi}^{\pi}f(x)\sin nx\mathrm{d}x\right)\\&=\sum_{n=1}^{\infty}(a_n^2+b_n^2),\end{aligned}$$

即$\frac{1}{\pi}\int_{-\pi}^{\pi}f^2(x)\mathrm{d}x=\frac{a_0^2}{2}+\sum\limits_{n=1}^{\infty}(a_n^2+b_n^2)$.

5）周期为2π的可积和平方可积函数$f(x)$与三角多项式

$$T_n(x)=\frac{u_0}{2}+\sum_{k=1}^{n}(u_k\cos kx+v_k\sin kx)$$

之间的平方偏差

$$E(n)=\int_{-\pi}^{\pi}(f(x)-T_n(x))^2\mathrm{d}x$$

仅在$u_0=a_0$，$u_k=a_k$，$v_k=b_k$，$k=1$，2，…，n时取最小值，且

$$E_{\min}(n)=\int_{-\pi}^{\pi}f^2(x)\mathrm{d}x-\pi\left[\frac{a_0^2}{2}+\sum_{k=1}^{n}(a_k^2+b_k^2)\right].$$

例 8.2 设以2π为周期的函数$f(x)$在$(-\infty,+\infty)$上有连续导数，且

$$F_f(x)=\frac{a_0}{2}+\sum_{n=1}^{\infty}(a_n\cos nx+b_n\sin nx).$$

求证：$\sum\limits_{n=1}^{\infty}|a_n|<+\infty$，$\sum\limits_{n=1}^{\infty}|b_n|<+\infty$.

证 因为$f'(x)$在$(-\infty,+\infty)$上连续，故

$$f'(x)=\frac{A_0}{2}+\sum_{n=1}^{\infty}(A_n\cos nx+B_n\sin nx),$$

其中

$$A_0=\frac{1}{\pi}\int_{-\pi}^{\pi}f'(x)\mathrm{d}x,$$

$$A_n=\frac{1}{\pi}\int_{-\pi}^{\pi}f'(x)\cos nx\mathrm{d}x,$$

$$B_n=\frac{1}{\pi}\int_{-\pi}^{\pi}f'(x)\sin nx\mathrm{d}x.$$

由于

$$B_n=\frac{1}{\pi}\int_{-\pi}^{\pi}f'(x)\sin nx\mathrm{d}x=-na_n$$

和

$$|a_n|\leqslant\frac{1}{2}\left(\frac{1}{n^2}+B_n^2\right),$$

根据贝塞尔不等式知 $\sum\limits_{n=1}^{\infty}B_n^2<+\infty$，故 $\sum\limits_{n=1}^{\infty}|a_n|<+\infty$. 同样可以得到 $b_n=\frac{1}{n}A_n$，并且 $\sum\limits_{n=1}^{\infty}|b_n|<+\infty$.

例 **8.3**　(1) 设 $0<a<1$，将 $f(x)=\cos ax(|x|<\pi)$ 展开为傅里叶级数；

(2) 利用(1)中的结果，证明：

$$\frac{1}{\sin x}=\frac{1}{x}+\sum_{n=1}^{\infty}(-1)^n\frac{2x}{x^2-n^2\pi^2}\quad(0<x<\pi).$$

解　(1) 因为 $f(x)$ 为偶函数，所以 $b_n=0$，又

$$a_0=\frac{2}{\pi}\int_0^{\pi}\cos(ax)\mathrm{d}x=\frac{2}{\pi a}\sin(\pi a),$$

$$a_n=\frac{2}{\pi}\int_0^{\pi}\cos(ax)\cos(nx)\mathrm{d}x=(-1)^n\frac{2a\sin(\pi a)}{\pi(a^2-n^2)},$$

因此由收敛定理得

$$\cos(ax)=\frac{\sin(\pi a)}{\pi}\left(\frac{1}{a}+\sum_{n=1}^{\infty}(-1)^n\frac{2a}{(a^2-n^2)}\cos nx\right),\ |x|<\pi.$$

(2) 对(1)中的傅里叶展开式，令 $x=0$，则有

$$\frac{\pi}{\sin(\pi a)}=\frac{1}{a}+\sum_{n=1}^{\infty}(-1)^n\frac{2a}{a^2-n^2}.$$

对任意 $x\in(0,\pi)$，令 $a=\frac{x}{\pi}$，代入上式，得

$$\frac{\pi}{\sin x}=\frac{\pi}{x}+\sum_{n=1}^{\infty}(-1)^n\frac{2x\pi}{x^2-\pi^2n^2},$$

即

$$\frac{1}{\sin x}=\frac{1}{x}+\sum_{n=1}^{\infty}(-1)^n\frac{2x}{x^2-n^2\pi^2}\quad(0<x<\pi).$$

8.2 级数的求和

8.2.1 简单求和法

分解后抵消，利用典型函数的展开式.

例 8.4 求 $\sum\limits_{n=1}^{\infty}\arctan\dfrac{1}{n^2+n+1}$.

解 由于

$$\tan(x-y)=\frac{\tan x-\tan y}{1+\tan x\tan y}\quad 或\quad x-y=\arctan\frac{\tan x-\tan y}{1+\tan x\tan y},$$

那么

$$\arctan\frac{1}{n^2+n+1}=\arctan\frac{n+1-n}{1+n(1+n)}=\arctan(n+1)-\arctan(n),$$

从而

$$\sum_{n=1}^{\infty}\arctan\frac{1}{n^2+n+1}=\lim_{n\to\infty}\arctan(n+1)-\arctan 1=\frac{\pi}{4}.$$

例 8.5 求级数 $\sum\limits_{n=1}^{\infty}\dfrac{1}{n(n+1)(n+2)}$ 的和.

解 由于

$$\frac{1}{n(n+1)(n+2)}=\frac{1}{n}\left(\frac{1}{n+1}-\frac{1}{n+2}\right)=\frac{1}{2}\left(\frac{1}{n}-\frac{2}{n+1}+\frac{1}{n+2}\right),$$

故

$$\sum_{n=1}^{k}\frac{1}{n(n+1)(n+2)}=\sum_{n=1}^{k}\frac{1}{2}\left(\frac{1}{n}-\frac{2}{n+1}+\frac{1}{n+2}\right)=\frac{1}{2}\left(\frac{1}{2}-\frac{1}{k+1}+\frac{1}{k+2}\right),$$

因此

$$\begin{aligned}\sum_{n=1}^{\infty}\frac{1}{n(n+1)(n+2)}&=\lim_{k\to\infty}\sum_{n=1}^{k}\frac{1}{n(n+1)(n+2)}\\&=\lim_{k\to\infty}\frac{1}{2}\left(\frac{1}{2}-\frac{1}{k+1}+\frac{1}{k+2}\right)=\frac{1}{4}.\end{aligned}$$

例 8.6 求级数 $\sum\limits_{n=1}^{\infty}\dfrac{1}{n!(n^4+n^2+1)}$ 的和.

解 由于

$$\frac{1}{n!(n^4+n^2+1)}=\frac{1}{2}\left\{\frac{n}{(n+1)![(n+1)n+1]}-\frac{n-1}{n![(n-1)n+1]}+\frac{1}{(n+1)!}\right\},$$

因此

$$S_n=\frac{1}{2}\left\{\frac{n}{(n+1)!\,[(n+1)n+1]}+1+\sum_{k=1}^{n}\frac{1}{(k+1)!}\right\},$$

于是

$$\sum_{n=1}^{\infty}\frac{1}{n!\,(n^4+n^2+1)}=\lim_{n\to\infty}S_n$$

$$=\lim_{n\to\infty}\frac{1}{2}\left\{\frac{n}{(n+1)!\,[(n+1)n+1]}+1+\sum_{k=0}^{n}\frac{1}{(k+1)!}\right\}=\frac{\mathrm{e}}{2}.$$

例 8.7　求证：$1-\frac{1}{2}+\frac{1}{3}-\frac{1}{4}+\cdots+(-1)^{n-1}\frac{1}{n}+\cdots=\ln 2.$

证　因为

$$S_{2n}=1-\frac{1}{2}+\frac{1}{3}-\frac{1}{4}+\cdots-\frac{1}{2n}=\left(1+\frac{1}{2}+\frac{1}{3}+\frac{1}{4}+\cdots+\frac{1}{2n}\right)-2\left(\frac{1}{2}+\frac{1}{4}+\cdots+\frac{1}{2n}\right)$$

$$=\left(1+\frac{1}{2}+\frac{1}{3}+\frac{1}{4}+\cdots+\frac{1}{2n}\right)-\left(1+\frac{1}{2}+\cdots+\frac{1}{n}\right)$$

$$=\frac{1}{n+1}+\frac{1}{n+2}+\frac{1}{n+3}+\cdots+\frac{1}{n+n},$$

注意到 $S_{2n+1}=S_{2n}+\frac{1}{2n+1}$，而

$$\lim_{n\to\infty}S_{2n}=\lim_{n\to\infty}\left(\frac{1}{n+1}+\frac{1}{n+2}+\frac{1}{n+3}+\cdots+\frac{1}{n+n}\right)$$

$$=\lim_{n\to\infty}\frac{1}{n}\left(\frac{1}{1+\frac{1}{n}}+\frac{1}{1+\frac{2}{n}}+\frac{1}{1+\frac{3}{n}}+\cdots+\frac{1}{1+\frac{n}{n}}\right)$$

$$=\int_0^1\frac{\mathrm{d}x}{1+x}=\ln 2,$$

故 $\lim\limits_{n\to\infty}S_{2n+1}=\lim\limits_{n\to\infty}S_{2n}+\lim\limits_{n\to\infty}\frac{1}{2n+1}=\ln 2$，从而

$$1-\frac{1}{2}+\frac{1}{3}-\frac{1}{4}+\cdots+(-1)^{n-1}\frac{1}{n}+\cdots=\ln 2.$$

例 8.8　求 $\sum\limits_{n=1}^{\infty}\frac{(-1)^n}{n!}x^{\frac{n+1}{2}}(x\geqslant 0)$ 的和.

解　令 $t=\sqrt{x}$，则 $\sum\limits_{n=1}^{\infty}(-1)^n\frac{x^{\frac{n+1}{2}}}{n!}=\sum\limits_{n=1}^{\infty}(-1)^n\frac{t^{n+1}}{n!}$，又因 $\mathrm{e}^{-t}=\sum\limits_{n=0}^{\infty}(-1)^n\frac{t^n}{n!}$，故

$$\sum_{n=1}^{\infty}(-1)^n\frac{t^{n+1}}{n!}=t(e^{-t}-1),$$

所以

$$\sum_{n=1}^{\infty}(-1)^n\frac{x^{\frac{n+1}{2}}}{n!}=\sqrt{x}(e^{-\sqrt{x}}-1).$$

特别地，$\sum_{n=1}^{\infty}(-1)^n\frac{1}{n!}=e^{-1}-1$.

8.2.2 利用幂级数的性质

例 8.9 求$\sum_{n=1}^{\infty}(-1)^{n-1}\frac{x^{2n}}{n(2n-1)}$的和函数 $S(x)$.

解 容易求得该幂级数的收敛域为$[-1,1]$.

方法 1 因为

$$\begin{aligned}S(x)&=\sum_{n=1}^{\infty}(-1)^{n-1}\left(\frac{2}{2n-1}-\frac{1}{n}\right)x^{2n}\\&=2\sum_{n=1}^{\infty}(-1)^{n-1}\frac{x^{2n}}{2n-1}-\sum_{n=1}^{\infty}(-1)^{n-1}\frac{x^{2n}}{n}\\&=2x\arctan x-\ln(1+x^2)\quad(|x|\leqslant1).\end{aligned}$$

方法 2 因为

$$S'(x)=\left(\sum_{n=1}^{\infty}(-1)^{n-1}\frac{x^{2n}}{n(2n-1)}\right)'=2\sum_{n=1}^{\infty}(-1)^{n-1}\frac{x^{2n-1}}{2n-1},$$

$$S''(x)=2\sum_{n=1}^{\infty}(-1)^{n-1}x^{2n-2}=\frac{2}{1+x^2},$$

$$S(0)=0,\ S'(0)=0,$$

因此

$$S'(x)=\int_0^x\frac{2}{1+t^2}dt=2\arctan x,$$

$$S(x)=\int_0^x 2\arctan t\,dt=2x\arctan x-\ln(1+x^2)\quad(|x|\leqslant1).$$

例 8.10 求$\sum_{n=1}^{\infty}\frac{n}{2^n}$的和.

解 **方法 1** 容易验证正项级数$\sum_{n=1}^{\infty}\frac{n}{2^n}$收敛.

由于

$$\sum_{n=1}^{\infty}\frac{n}{2^n}=\frac{1}{2}+\frac{1}{2^2}+\frac{1}{2^2}+\frac{1}{2^3}+\frac{1}{2^3}+\frac{1}{2^3}+\cdots$$

$$=\left(\frac{1}{2}+\frac{1}{2^2}+\cdots+\frac{1}{2^n}+\cdots\right)+\left(\frac{1}{2^2}+\frac{1}{2^3}+\cdots+\frac{1}{2^n}+\cdots\right)+\cdots$$

$$=\sum_{n=1}^{\infty}\sum_{k=n}^{\infty}\frac{1}{2^k}$$

$$=2\sum_{n=1}^{\infty}\frac{1}{2^n}=2.$$

方法 2　因为

$$S(x)=\sum_{n=1}^{\infty}\frac{nx^n}{2^n}\xlongequal{x=2t}\sum_{n=1}^{\infty}nt^n=t\sum_{n=1}^{\infty}nt^{n-1}=t\left(\sum_{n=1}^{\infty}\int_0^t nt^{n-1}\mathrm{d}t\right)'$$

$$=t\left(\sum_{n=1}^{\infty}t^n\right)'=t\left(\frac{t}{1-t}\right)'=\frac{t}{(1-t)^2}=\frac{2x}{(2-x)^2}\quad(|x|<2),$$

故

$$\sum_{n=1}^{\infty}\frac{n}{2^n}=S(1)=2.$$

例 8.11　确定幂级数 $\sum_{n=1}^{\infty}(-1)^{n-1}\frac{x^{2n+1}}{(2n)^2-1}$ 的收敛域，并求其和函数.

解　因为

$$\lim_{n\to\infty}\frac{\left|\frac{x^{2n+3}}{(2n+2)^2-1}\right|}{\left|\frac{x^{2n+1}}{(2n+1)^2-1}\right|}=x^2\lim_{n\to\infty}\frac{2n-1}{2n+3}=x^2,$$

所以该幂级数的收敛半径为 $\rho=1$，而当 $x=\pm1$ 时，该幂级数绝对收敛，故收敛域为 $[-1,1]$.

记 $S(x)=\sum_{n=1}^{\infty}(-1)^{n-1}\frac{x^{2n+1}}{(2n)^2-1}(|x|\leqslant1)$，则有 $S(0)=0$，且

$$S'(x)=\sum_{n=1}^{\infty}(-1)^{n-1}\frac{x^{2n}}{2n-1}=x\sum_{n=1}^{\infty}(-1)^{n-1}\frac{x^{2n-1}}{2n-1}.$$

再令 $T(x)=\sum_{n=1}^{\infty}(-1)^{n-1}\frac{x^{2n-1}}{2n-1}$，则 $T(0)=0$，$T'(x)=\sum_{n=1}^{\infty}(-1)^{n-1}x^{2n-2}$，故

$$T'(x)=\frac{1}{1+x^2}(|x|<1),$$

且 $T(x)=\arctan x$. 这样便得到 $S'(x)=x\arctan x$，所以

$$S(x)=\frac{1}{2}(x^2+1)\arctan x-\frac{1}{2}x,\ (|x|<1).$$

特别地，取 $x=1$，得到

$$1-\frac{1}{3}+\frac{1}{5}-\frac{1}{7}+\cdots+\frac{(-1)^{n-1}}{2n-1}+\cdots=\frac{\pi}{4}.$$

8.2.3 利用傅里叶级数

例 8.12 求 $f(x)=|x|(-\pi\leqslant x\leqslant\pi)$ 的傅里叶级数，利用此结果求

$$1+\frac{1}{3^2}+\frac{1}{5^2}+\cdots+\frac{1}{(2n-1)^2}+\cdots$$

及

$$1+\frac{1}{3^4}+\frac{1}{5^4}+\cdots+\frac{1}{(2n-1)^4}+\cdots$$

的和.

解 因为

$$|x|=\frac{\pi}{2}-\frac{4}{\pi}\sum_{n=1}^{\infty}\frac{1}{(2n-1)^2}\cdot\cos(2n-1)x,\ x\in(-\infty,+\infty),$$

取 $x=\pi$ 得到 $\sum\limits_{n=1}^{\infty}\frac{1}{(2n-1)^2}=\frac{\pi^2}{8}$.

利用帕塞瓦尔(Parseval)等式

$$\int_{-\pi}^{\pi}f^2(x)\mathrm{d}x=\pi\left(\frac{a_0^2}{2}+\sum_{n=1}^{\infty}(a_n^2+b_n^2)\right)$$

得到

$$1+\frac{1}{3^4}+\frac{1}{5^4}+\cdots+\frac{1}{(2n-1)^4}+\cdots=\frac{\pi^4}{96}.$$

例 8.13 求 $\sum\limits_{n=1}^{\infty}\frac{1}{n^2+2}$ 的和.

解 考虑函数 $f(x)=\mathrm{e}^{\sqrt{2}x}$，$x\in[0,2\pi)$. 将 $f(x)$ 展开成傅里叶级数，则

$$a_0=\frac{1}{\pi}\int_0^{2\pi}\mathrm{e}^{\sqrt{2}x}\mathrm{d}x=\frac{1}{\sqrt{2}\pi}(\mathrm{e}^{2\sqrt{2}\pi}-1),$$

$$a_n=\frac{1}{\pi}\int_0^{2\pi}\mathrm{e}^{\sqrt{2}x}\cos nx\mathrm{d}x=\frac{\sqrt{2}}{\pi(n^2+2)}(\mathrm{e}^{2\sqrt{2}\pi}-1),$$

$$b_n=\frac{1}{\pi}\int_0^{2\pi}\mathrm{e}^{\sqrt{2}x}\sin nx\mathrm{d}x=-\frac{n}{\pi(n^2+2)}(\mathrm{e}^{2\sqrt{2}\pi}-1).$$

所以 $f(x)=\mathrm{e}^{\sqrt{2}x}$ 的傅里叶级数为

$$F_f(x)=\frac{1}{2\sqrt{2}\pi}(e^{2\sqrt{2}\pi}-1)+\sum_{n=1}^{\infty}\left[\frac{\sqrt{2}}{\pi(n^2+2)}(e^{2\sqrt{2}\pi}-1)\cos nx-\frac{n}{\pi(n^2+2)}(e^{2\sqrt{2}\pi}-1)\sin nx\right].$$

由收敛定理，上述级数在 $x=0$ 处收敛，且有

$$\frac{1}{2}(f(0+0)+f(2\pi-0))=\frac{1}{2}(1+e^{2\sqrt{2}\pi}).$$

于是有

$$\frac{1}{2}(1+e^{2\sqrt{2}\pi})=\frac{1}{2\sqrt{2}\pi}(e^{2\sqrt{2}\pi}-1)+\frac{\sqrt{2}}{\pi}(e^{2\sqrt{2}\pi}-1)\sum_{n=1}^{\infty}\frac{1}{n^2+2},$$

即

$$\sum_{n=1}^{\infty}\frac{1}{n^2+2}=\frac{(\sqrt{2}\pi+1)+(\sqrt{2}\pi-1)e^{2\sqrt{2}\pi}}{4(e^{2\sqrt{2}\pi}-1)}.$$

8.3 能力提升

例 8.14 求 $\sum\limits_{n=0}^{\infty}\frac{x^{3n}}{(3n)!}$ 的和函数 $S(x)$.

解 容易验证幂级数 $\sum\limits_{n=0}^{\infty}\frac{x^{3n}}{(3n)!}$ 的收敛区域为 $(-\infty,+\infty)$.

由于 $S(0)=1$ 和

$$S'(x)=\left(\sum_{n=0}^{\infty}\frac{x^{3n}}{(3n)!}\right)'=\sum_{n=1}^{\infty}\frac{x^{3n-1}}{(3n-1)!},\quad S'(0)=0,$$

$$S''(x)=\sum_{n=1}^{\infty}\frac{x^{3n-2}}{(3n-2)!},\quad S''(0)=0,$$

$$S'''(x)=\sum_{n=1}^{\infty}\frac{x^{3n-3}}{(3n-3)!}=\sum_{k=0}^{\infty}\frac{x^{3k}}{(3k)!}=S(x).$$

求解微分方程

$$\begin{cases}S'''(x)=S(x),\\ S(0)=1,\quad S'(0)=S''(0)=0,\end{cases}$$

得到

$$S(x)=\frac{1}{3}e^{x}+\frac{2}{3}e^{-\frac{1}{2}x}\cos\frac{\sqrt{3}}{2}x,\quad x\in(-\infty,+\infty).$$

例 8.15 求 $\sum\limits_{n=1}^{\infty}\frac{\sin nx}{n!}$ 的和.

解 因为 $e^{z}=\sum\limits_{n=0}^{\infty}\frac{z^n}{n!}$，取 $z=e^{ix}=\cos x+i\sin x$（欧拉公式），由于

$$z^n=e^{inx}=\cos nx+i\sin nx,$$

故

$$e^z=e^{e^{ix}}=\sum_{n=0}^{\infty}\frac{(e^{ix})^n}{n!}=\sum_{n=0}^{\infty}\frac{\cos nx+i\sin nx}{n!}.$$

另一方面

$$e^{e^{ix}}=e^{\cos x+i\sin x}=e^{\cos x}\cdot(\cos(\sin x)+i\sin(\sin x)),$$

这样有

$$e^{\cos x}\cdot(\cos(\sin x)+i\sin(\sin x))=\sum_{n=0}^{\infty}\frac{\cos nx+i\sin nx}{n!}.$$

比较上式的实部和虚部，可得

$$\sum_{n=1}^{\infty}\frac{\sin nx}{n!}=e^{\cos x}\cdot\sin(\sin x).$$

同时可得$\sum\limits_{n=0}^{\infty}\frac{\cos(nx)}{n!}=e^{\cos x}\cdot\cos(\sin x)$.

例 8.16　证明：$\int_0^1 x^{-x}dx=\sum\limits_{n=1}^{\infty}n^{-n}$.

证　事实上$x^{-x}=e^{-x\ln x}=\sum\limits_{n=0}^{\infty}\frac{(-x\ln x)^n}{n!}$，因为$x\ln x$在$(0,1]$上连续，又$\lim\limits_{x\to 0^+}x\ln x=0$，故$x\ln x$在$[0,1]$上常义可积.

进一步，存在$M>0$，使得对任意$x\in(0,1]$，有$|x\ln x|\leqslant M$，由于$\sum\limits_{n=0}^{\infty}\frac{M^n}{n!}=e^M$，故对$x\in(0,1]$，$\sum\limits_{n=0}^{\infty}\frac{(-x\ln x)^n}{n!}$一致收敛. 从而有

$$\int_0^1 x^{-x}dx=\sum_{n=0}^{\infty}\frac{1}{n!}\int_0^1(-x\ln x)^n dx=\sum_{n=0}^{\infty}\frac{(-1)^n}{n!}\int_0^1(x\ln x)^n dx.$$

由于

$$\begin{aligned}\int_0^1 x^n\ln^n x dx&=\frac{1}{n+1}x^{n+1}\ln^n x\Big|_0^1-\frac{n}{n+1}\int_0^1 x^n(\ln x)^{n-1}dx\\&=-\frac{n}{n+1}\int_0^1 x^n(\ln x)^{n-1}dx\\&=\frac{-n}{(n+1)^2}x^{n+1}\ln^{n-1}x\Big|_0^1+\frac{n(n-1)}{(n+1)^2}\int_0^1 x^n(\ln x)^{n-2}dx\\&=\cdots=(-1)^n\frac{n!}{(n+1)^{n+1}}.\end{aligned}$$

因此$\int_0^1 x^{-x}\mathrm{d}x=\sum\limits_{n=0}^{\infty}(n+1)^{-(n+1)}=\sum\limits_{n=1}^{\infty}n^{-n}$.

例 8.17　求 $I=\lim\limits_{n\to\infty}\left(\left(\frac{1}{n}\right)^n+\left(\frac{2}{n}\right)^n+\cdots+\left(\frac{n}{n}\right)^n\right)$.

解　记 $A_k(n)=\left(1-\frac{k-1}{n}\right)^n$，$k=1$，2，…，$n$；$A_k(n)=0$，$k>n$，则有

$$\lim_{n\to\infty}A_k(n)=\mathrm{e}^{1-k}，且 A_k(n)<\mathrm{e}^{1-k},$$

因此

$$\lim_{n\to\infty}\left(\left(\frac{1}{n}\right)^n+\left(\frac{2}{n}\right)^n+\cdots+\left(\frac{n}{n}\right)^n\right)=\lim_{n\to\infty}\sum_{k=1}^{\infty}A_k(n).$$

又 $A_k(n)$关于 n 单调递增，且 $A_k(n)\leqslant \mathrm{e}^{-(k-1)}$，由于$\sum\limits_{k=1}^{\infty}A_k(n)\leqslant\sum\limits_{k=1}^{\infty}\mathrm{e}^{-(k+1)}=\frac{\mathrm{e}}{\mathrm{e}-1}$，根据级数的控制收敛定理知

$$I=\sum_{k=1}^{\infty}\lim_{n\to\infty}A_k(n)=\sum_{k=1}^{\infty}\mathrm{e}^{-(k-1)}=\frac{\mathrm{e}}{\mathrm{e}-1}.$$

例 8.18　设银行存款的年利息为 $r=0.05$，并依年复利计算. 某基金会希望通过存款 A 万元实现第一年提取 19 万元，第二年提取 28 万元，…，第 n 年提取$(10+9n)$万元，并按此规律一直提取下去，问 A 至少应为多少万元？

解　设 B_k 表示第 k 年的本金，C_k 表示第 k 年的提取额，那么

$$\begin{gathered}B_1=A\times1.05,\\B_2=(B_1-C_1)\times1.05,\\B_3=(B_2-C_2)\times1.05,\\\vdots\\B_{n+1}=(B_n-C_n)\times1.05,\end{gathered}$$

从而

$$A=\frac{B_1}{1.05},\ B_1=\frac{B_2}{1.05}+C_1,\ \cdots,\ B_n=\frac{B_{n+1}}{1.05}+C_n,$$

因此

$$A=\frac{B_1}{1.05}=\frac{B_2}{1.05^2}+\frac{C_1}{1.05}=\cdots=\sum_{k=1}^{\infty}\frac{C_k}{1.05^k}=\sum_{k=1}^{\infty}\frac{10+9k}{1.05^k}.$$

利用几何级数和幂级数知识得到 $A=3980$ 万元.

例 8.19　设

$$f(x)=\begin{cases}\dfrac{\ln(1+x)}{x}, & x>-1,\ x\neq0,\\1, & x=0.\end{cases}$$

$F(x)$为$f(x)$的一个原函数，且满足 $F(0)=0$，求 $F(1)$.

$\left(\text{已知：}1+\dfrac{1}{2^2}+\dfrac{1}{3^2}+\cdots+\dfrac{1}{n^2}+\cdots=\dfrac{\pi^2}{6}\right)$

解　因为$f(x)$在$\left[-\dfrac{1}{2},1\right]$上连续，故$f(x)$在$\left[-\dfrac{1}{2},1\right]$上存在原函数，且有

$$F(x)=\int_0^x f(t)\,\mathrm{d}t+C,$$

又 $F(0)=0$，故 $C=0$. 这样

$$\begin{aligned}F(1)&=\int_0^1 f(t)\,\mathrm{d}t\\&=\int_0^1\frac{\ln(1+x)}{x}\mathrm{d}x\\&=\int_0^1\left(1-\frac{x}{2}+\frac{x^2}{3}-\cdots+(-1)^{n-1}\frac{x^{n-1}}{n}+\cdots\right)\mathrm{d}x\\&=1-\frac{1}{4}+\frac{1}{9}-\cdots+(-1)^{n-1}\frac{1}{n^2}+\cdots\\&=\frac{\pi^2}{12}.\end{aligned}$$

例 8.20　设$f(x)=\sum\limits_{n=1}^{\infty}\dfrac{x^n}{n^2}$.

（1）求幂级数的收敛域；（2）证明：当 $x\in(0,1)$时，$f(x)+f(1-x)+\ln x\cdot\ln(1-x)\equiv\dfrac{\pi^2}{6}$.

解　（1）幂级数的收敛域为$[-1,1]$.

（2）当 $x\in(0,1)$时，令 $F(x)=f(x)+f(1-x)+\ln x\cdot\ln(1-x)$，那么

$$f'(x)=\sum_{n=1}^{\infty}\frac{x^{n-1}}{n}=-\frac{\ln(1-x)}{x}\quad(0<x<1),$$

$$f'_x(1-x)=\frac{\ln x}{1-x}\quad(0<x<1),$$

于是

$$F'(x)=-\frac{\ln(1-x)}{x}+\frac{\ln x}{1-x}+\frac{\ln(1-x)}{x}-\frac{\ln x}{1-x}=0\quad(0<x<1),$$

故 $F(x)$是常数.

因$f(1)=\sum\limits_{n=1}^{\infty}\dfrac{1}{n^2}=\dfrac{\pi^2}{6}$，又$\lim\limits_{x\to0^+}F(x)=f(1)=\dfrac{\pi^2}{6}$，即

$$f(x)+f(1-x)+\ln x\cdot\ln(1-x)\equiv\frac{\pi^2}{6}.$$

例 8.21　求级数 $\sum\limits_{n=1}^{\infty}\frac{n^2}{x^{n-1}}$ 的和函数，并计算下列级数之和：

$$1+\frac{4}{2}+\frac{9}{4}+\frac{16}{8}+\cdots+\frac{n^2}{2^{n-1}}+\cdots.$$

解　令 $y=\frac{1}{x}$，那么 $\sum\limits_{n=1}^{\infty}\frac{n^2}{x^{n-1}}=\sum\limits_{n=1}^{\infty}n^2y^{n-1}$. 容易得到 $\sum\limits_{n=1}^{\infty}n^2y^{n-1}$ 的收敛区间为 $(-1,1)$，故 $\sum\limits_{n=1}^{\infty}\frac{n^2}{x^{n-1}}$ 的收敛域为 $(-\infty,-1)\cup(1,+\infty)$.

另外，因为

$$f(y)=\sum_{n=0}^{\infty}ny^n=y\sum_{n=1}^{\infty}ny^{n-1}=y\left(\sum_{n=1}^{\infty}y^n\right)'$$

$$=y\left(\frac{y}{1-y}\right)'=\frac{y}{(1-y)^2},\ |y|<1,$$

从而

$$f'(y)=\frac{1+y}{(1-y)^3},\ |y|<1,$$

故

$$\sum_{n=1}^{\infty}n^2y^{n-1}=\frac{1+y}{(1-y)^3},$$

所以得到

$$\sum_{n=1}^{\infty}\frac{n^2}{x^{n-1}}=\frac{1+\frac{1}{x}}{\left(1-\frac{1}{x}\right)^3}=\frac{x^2(x+1)}{(x-1)^3}.$$

令 $x=2$，得到

$$1+\frac{4}{2}+\frac{9}{4}+\frac{16}{8}+\cdots+\frac{n^2}{2^{n-1}}+\cdots=\frac{2^2(2+1)}{(2-1)^3}=12.$$

例 8.22　反常二重积分 $\int_0^1\int_0^1\frac{\mathrm{d}x\mathrm{d}y}{1-xy}$ 定义为极限 $\lim\limits_{t\to1^-}\iint\limits_{D_t}\frac{\mathrm{d}x\mathrm{d}y}{1-xy}$，其中 $D_t=[0,t]\times[0,t]$.

证明：

$$\int_0^1\int_0^1\frac{\mathrm{d}x\mathrm{d}y}{1-xy}=\sum_{n=1}^{\infty}\frac{1}{n^2}=\frac{\pi^2}{6}.$$

用类似方法可以证明$\int_0^1\int_0^1\int_0^1\frac{\mathrm{d}x\mathrm{d}y\mathrm{d}z}{1-xyz}=\sum_{n=1}^{\infty}\frac{1}{n^3}$.

证　因为当$|xy|<1$时，有

$$\frac{1}{1-xy}=1+xy+x^2y^2+x^3y^3+\cdots+x^ny^n+\cdots,$$

因此对$0<t<1$，可以得到

$$\begin{aligned}\int_0^t\int_0^t\frac{\mathrm{d}x\mathrm{d}y}{1-xy}&=\int_0^t\int_0^t(1+xy+x^2y^2+x^3y^3+\cdots+x^ny^n+\cdots)\mathrm{d}x\mathrm{d}y\\&=\sum_{n=1}^{\infty}\frac{t^{2n}}{n^2}\leqslant\sum_{n=1}^{\infty}\frac{1}{n^2}<+\infty,\end{aligned}$$

从而$\int_0^1\int_0^1\frac{\mathrm{d}x\mathrm{d}y}{1-xy}=\lim\limits_{t\to1^-}\int_0^t\int_0^t\frac{\mathrm{d}x\mathrm{d}y}{1-xy}=\sum_{n=1}^{\infty}\frac{1}{n^2}$.

例 8.23　设$f(x)$在$[0,1]$上具有连续导数，且$f(0)=f(1)=0$，证明：

$$\int_0^1 f^2(x)\mathrm{d}x\leqslant\frac{1}{\pi^2}\int_0^1(f'(x))^2\mathrm{d}x,$$

且$\frac{1}{\pi^2}$为最佳常数.

证　将$f(x)$奇延拓至$[-1,1]$，则$f(x)$在$[-1,1]$上具有连续导数，且$a_n=0$，$n=0,1,2,\cdots$. 进一步，我们知道$f(x)$和$f'(x)$的傅里叶级数存在且一致收敛，

$$f(x)=\sum_{n=1}^{\infty}b_n\sin(n\pi x),\ f'(x)=\sum_{n=1}^{\infty}n\pi b_n\cos(n\pi x).$$

利用帕塞瓦尔等式得到

$$2\int_0^1 f^2(x)\mathrm{d}x=\int_{-1}^1 f^2(x)\mathrm{d}x=\sum_{n=1}^{\infty}b_n^2$$

和

$$2\int_0^1(f'(x))^2\mathrm{d}x=\int_{-1}^1(f'(x))^2\mathrm{d}x=\sum_{n=1}^{\infty}n^2\pi^2b_n^2.$$

因此

$$2\int_0^1 f^2(x)\mathrm{d}x=\sum_{n=1}^{\infty}b_n^2\leqslant\frac{1}{\pi^2}\sum_{n=1}^{\infty}n^2\pi^2b_n^2=\frac{2}{\pi^2}\int_0^1(f'(x))^2\mathrm{d}x.\tag{8-1}$$

从式(8-1)可得到$\int_0^1 f^2(x)\mathrm{d}x\leqslant\frac{1}{\pi^2}\int_0^1(f'(x))^2\mathrm{d}x$.

由于式(8-1)中等式成立的条件是$b_n=0$，$n\geqslant2$，即$f(x)=c\sin\pi x$，其中c为

任意常数. 因此$\frac{1}{\pi^2}$为最佳常数.

习　题　8

1. 求 $\ln(1+x+x^2+x^3)$ 关于 x 的幂级数.

2. 设 $f(x)=x^3e^{-x^2}$，求 $f^{(n)}(0)$，$n=2, 3, \cdots$.

$\left(\text{提示：先将 } e^{-x^2} \text{ 展开成 } x \text{ 的幂级数；答案：} f^{(2n)}(0)=0;\ f^{(2n+1)}(0)=\frac{(-1)^{n-1}(2n+1)!}{(n-1)!}\right)$

3. 利用幂级数知识求下列级数的和：

(1) $\sum\limits_{n=1}^{\infty}\frac{n^2}{n!}$;　(2) $\sum\limits_{n=0}^{\infty}\frac{(-1)^n n}{(2n+1)!}$;　(3) $\sum\limits_{n=2}^{\infty}\frac{(-1)^n}{n^2+n-2}$.

$\left(\text{答案：(1) } 2e;\quad \text{(2) } \frac{1}{2}(\cos 1-\sin 1);\quad \text{(3) } \frac{2}{3}\ln 2-\frac{5}{18}\right)$

4. 证明：当 $p\geqslant 1$ 时，有 $\sum\limits_{n=1}^{\infty}\frac{1}{(n+1)\sqrt[p]{n}}<p$.

$\left(\text{提示：} p=\int_1^{+\infty}\frac{dx}{x^{1+1/p}}=\sum\limits_{n=1}^{\infty}\int_n^{n+1}\frac{dx}{x^{1+1/p}}=p\sum\limits_{n=1}^{\infty}\left(\frac{1}{\sqrt[p]{n}}-\frac{1}{\sqrt[p]{n+1}}\right)\right)$

5. 求 $2x-\frac{4x^3}{3!}+\frac{6x^5}{5!}-\frac{8x^7}{7!}+\frac{10x^9}{9!}-\cdots$的和函数. (答案：$S(x)=\sin x+x\cos x$)

6. 求$\frac{x}{1\cdot 2}+\frac{x^2}{2\cdot 3}+\frac{x^3}{3\cdot 4}+\cdots+\frac{x^n}{n\cdot(n+1)}+\cdots$的收敛域及和函数.

$\left(\text{答案：收敛域：} [-1,1]\text{，和函数：} -\frac{1}{x}((1-x)\ln(1-x)+x), x\neq 0\right)$

7. (1) 验证 $y=\sum\limits_{n=0}^{\infty}\frac{x^{4n}}{(4n)!}$满足微分方程 $y^{(4)}-y=0$；(2) 求 $\sum\limits_{n=0}^{\infty}\frac{x^{4n}}{(4n)!}$的和函数.

$\left(\text{答案：(2) } \sum\limits_{n=0}^{\infty}\frac{x^{4n}}{(4n)!}=\frac{1}{4}(e^x+e^{-x})+\frac{1}{2}\cos x\right)$

8. 将周期函数 $f(x)=\arcsin(\sin x)$ 展开为傅里叶级数.

(提示：$f(x)$ 连续，且周期为 2π，写出在 $[-\pi,\pi]$ 上 $f(x)$ 的表达式，答案：$f(x)=\frac{4}{\pi}\sum\limits_{n=0}^{\infty}\frac{(-1)^n}{(1+2n)^2}\sin(2n+1)x, x\in(-\infty,+\infty)$)

9. 已知 $f(x)=\frac{\pi}{2}\frac{e^x+e^{-x}}{e^{\pi}-e^{-\pi}}$，(1) 在 $[-\pi,\pi]$ 上将 $f(x)$ 展开为傅里叶级数；(2) 求 $\sum\limits_{n=1}^{\infty}\frac{(-1)^n}{1+(2n)^2}$的和. (答案：(1) $f(x)=\frac{1}{2}+\sum\limits_{n=1}^{\infty}\frac{(-1)^n}{1+n^2}\cos nx$；(2) $\sum\limits_{n=1}^{\infty}\frac{(-1)^n}{1+(2n)^2}=\frac{\pi}{2}\frac{e^{\pi/2}+e^{-\pi/2}}{e^{\pi}-e^{-\pi}}-\frac{1}{2}$)

10. 设 $f(x)=\begin{cases}\frac{1}{2}(\pi-x), & 0<x\leqslant\pi,\\ -\frac{1}{2}(\pi+x), & -\pi\leqslant x\leqslant 0,\end{cases}$ $g(x)=\begin{cases}\frac{1}{2}(\pi-1)x, & 0\leqslant x\leqslant 1,\\ \frac{1}{2}(\pi-x), & 1<x\leqslant\pi,\end{cases}$ 试用傅里叶级数

理论证明：$\sum_{n=1}^{\infty}\frac{\sin n}{n}=\sum_{n=1}^{\infty}\left(\frac{\sin n}{n}\right)^2=\frac{\pi-1}{2}$.

（提示：将$f(x)$，$g(x)$分别展开为傅里叶级数，注意到$f(1)=g(1)$）

11. 试用傅里叶级数理论证明：$\sum_{n=1}^{\infty}\frac{\cos nx}{n^2}=\frac{1}{12}(3x^2-6\pi x+2\pi^2)$，$0\leqslant x\leqslant\pi$.

12. 设$\{a_n\}$为已知，且$a_{n+3}=a_n\neq 0(n=0,1,2,3,\cdots)$，求幂级数$\sum_{n=0}^{\infty}a_nx^n$的收敛域，在收敛区间内求该幂级数的和函数. $\left(\text{答案：收敛域}(-1,1)，\sum_{n=0}^{\infty}a_nx^n=\frac{a_0+a_1x+a_2x^2}{1-x^3}\right)$

13. 设$f(x)$在$[0,\pi]$上二阶连续可导，$f(0)=f(\pi)=0$，$a_n=\frac{2}{\pi}\int_0^{\pi}f(x)\sin nx\mathrm{d}x$，$n=1$，2，$\cdots$. 证明：级数$\sum_{n=1}^{\infty}n^2a_n^2$收敛.（提示：将$f(x)$奇延拓，利用帕塞瓦尔等式）

第9章 不等式

主要知识点：三角不等式；几何平均与算术平均不等式；柯西不等式；杨不等式；Hölder 不等式；闵可夫斯基(Minkowski)不等式.

9.1 离散型不等式

9.1.1 三角不等式

定理 9.1 设 a，b 为实数，则

(1) $2|ab|\leqslant a^2+b^2$；

(2) $|a+b|\leqslant|a|+|b|$；

(3) $||a|-|b||\leqslant|a-b|$.

9.1.2 几何平均与算术平均不等式

定理 9.2 设 $x_i\geqslant0$，$i=1$，2，$\cdots$，n，则$\dfrac{x_1+x_2+\cdots+x_n}{n}\geqslant\sqrt[n]{x_1x_2\cdots x_n}$.

推论 9.1 设 $y_i\geqslant0$，m_1，$\cdots$，m_k 是正整数，则

$$\frac{m_1y_1+\cdots+m_ky_k}{m_1+\cdots+m_k}\geqslant(y_1^{m_1}\cdots y_k^{m_k})^{\frac{1}{m_1+\cdots+m_k}}.$$

事实上，

$$\begin{aligned}\frac{m_1y_1+\cdots+m_ky_k}{m_1+\cdots+m_k}&=\frac{\overbrace{y_1+\cdots+y_1}^{m_1}+y_2+\cdots+y_2+\cdots+\overbrace{y_k+\cdots+y_k}^{m_k}}{m_1+\cdots+m_k}\\&\geqslant(y_1\cdots y_1\cdot y_2\cdots y_2\cdot\cdots\cdot y_k\cdots y_k)^{\frac{1}{m_1+\cdots+m_k}}=(y_1^{m_1}\cdots y_k^{m_k})^{\frac{1}{m_1+\cdots+m_k}}.\end{aligned}$$

9.1.3 柯西不等式

(1) 二维情形：$(a^2+b^2)(c^2+d^2)\geqslant(ac+bd)^2$.

证 因为

$$(a^2+b^2)(c^2+d^2)=a^2c^2+b^2d^2+a^2d^2+b^2c^2$$
$$=(ac+bd)^2+(bc-ad)^2\geqslant(ac+bd)^2.$$

（2）几何解释：设 $P(a,b)$，$Q(c,d)$ 为平面上的两点，则

$$OP=\sqrt{a^2+b^2},\quad OQ=\sqrt{c^2+d^2},\quad PQ=\sqrt{(a-c)^2+(b-d)^2},$$

又因

$$\cos\theta=\frac{(a^2+b^2)+(c^2+d^2)-(a-c)^2-(b-d)^2}{2\sqrt{a^2+b^2}\sqrt{c^2+d^2}}=\frac{ac+bd}{\sqrt{a^2+b^2}\sqrt{c^2+d^2}},$$

其中 θ 为 OP 与 OQ 的夹角，因为 $|\cos\theta|\leqslant1$，所以不等式成立；当等式成立时，则共线.

（3）三维情形：$(a_1b_1+a_2b_2+a_3b_3)^2\leqslant(a_1^2+a_2^2+a_3^2)\cdot(b_1^2+b_2^2+b_3^2)$.

事实上，设 $\boldsymbol{A}=(a_1,a_2,a_3)$，$\boldsymbol{B}=(b_1,b_2,b_3)$，则

$$\cos\theta=\frac{\boldsymbol{A}\cdot\boldsymbol{B}}{|\boldsymbol{A}||\boldsymbol{B}|}=\frac{a_1b_1+a_2b_2+a_3b_3}{(a_1^2+a_2^2+a_3^2)^{1/2}\cdot(b_1^2+b_2^2+b_3^2)^{1/2}}$$
$$\Rightarrow(a_1^2+a_2^2+a_3^2)\cdot(b_1^2+b_2^2+b_3^2)\geqslant(a_1b_1+a_2b_2+a_3b_3)^2$$

共线时等式成立，即有 $\frac{a_1}{b_1}=\frac{a_2}{b_2}=\frac{a_3}{b_3}$.

（4）利用 n 维向量的运算可得一般形式的柯西不等式：$|\boldsymbol{a}\cdot\boldsymbol{b}|\leqslant|\boldsymbol{a}|\cdot|\boldsymbol{b}|$.

9.1.4 杨不等式

定理 9.3 设 $x>0$，$y>0$，$p>1$，$\frac{1}{p}+\frac{1}{q}=1$，则 $xy\leqslant\frac{x^p}{p}+\frac{y^q}{q}$.

证 **方法 1** 利用几何证法. 如图 9-1 所示 $S(x,0)$，$R(x,x^{p-1})$，$P(0,y)$，$Q(y^{\frac{1}{p-1}},y)$，则有

$$xy\leqslant S_{OSRO}+S_{OPQO}$$
$$\leqslant\int_0^x t^{p-1}\mathrm{d}t+\int_0^y s^{\frac{1}{p-1}}\mathrm{d}s=\frac{x^p}{p}+\frac{y^q}{q}.$$

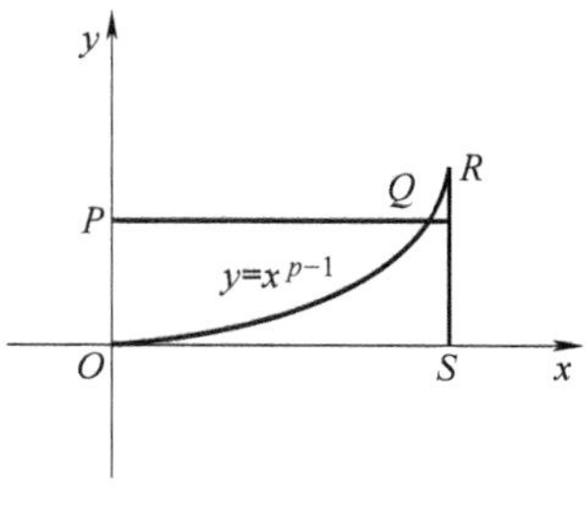

图 9-1

方法 2　利用函数的凸性. 因为

$$xy\leqslant\frac{x^p}{p}+\frac{y^q}{q}\Leftrightarrow\ln(xy)\leqslant\ln\left(\frac{x^p}{p}+\frac{y^q}{q}\right),$$

令 $f(x)=\ln x\Rightarrow f''(x)=-\frac{1}{x^2}<0(x>0)\Rightarrow f(x)$ 为上凹函数. 因此有

$$f(\lambda x+(1-\lambda)y)\geqslant\lambda f(x)+(1-\lambda)f(y),$$

利用上式，可得

$$\ln\left(\frac{x^p}{p}+\frac{y^q}{q}\right)\geqslant\frac{1}{p}f(x^p)+\frac{1}{q}f(y^q)=\ln(xy).$$

方法 3　因为

$$xy\leqslant\frac{x^p}{p}+\frac{y^q}{q}\Leftrightarrow xy^{1-q}\leqslant\frac{1}{p}(xy^{1-q})^p+\frac{1}{q}\Leftrightarrow t\leqslant\frac{1}{p}t^p+\frac{1}{q}(t>0).$$

令 $f(t)=\frac{t^p}{p}+\frac{1}{q}-t$，由于 $f(1)=0$，$f'(t)=t^{p-1}-1$，且 $f'(1)=0$ 和 $f'(t)$ 单调递增，因此 $f(t)=\frac{t^p}{p}+\frac{1}{q}-t\geqslant0$. 取 $t=xy^{1-q}$ 得到 $xy\leqslant\frac{x^p}{p}+\frac{y^q}{q}$.

注 9.1　设 $x>0$，$y>0$，$p<1$，且 $\frac{1}{p}+\frac{1}{q}=1$，则 $xy\geqslant\frac{x^p}{p}+\frac{y^q}{q}$.

推论 9.2　设 $x>0$，$y>0$，$z>0$，p，q，$r>0$，且 $\frac{1}{p}+\frac{1}{q}+\frac{1}{r}=1$，则成立

$$xyz\leqslant\frac{x^p}{p}+\frac{y^q}{q}+\frac{z^r}{r}.$$

推论 9.3　设 $x>0$，$y>0$，$p>1$，$\frac{1}{p}+\frac{1}{q}=1$，则成立 $xy\leqslant\frac{x^p\varepsilon^p}{p}+\frac{y^q}{q\cdot\varepsilon^q}$.

9.1.5　Hölder 不等式

定理 9.4　设 $a_i\geqslant0$，$b_i\geqslant0$，$i=1,2,\cdots,n$，且 $\frac{1}{p}+\frac{1}{q}=1$，$p>1$，则成立

$$a_1b_1+\cdots+a_nb_n\leqslant(a_1^p+a_2^p+\cdots+a_n^p)^{\frac{1}{p}}\cdot(b_1^q+b_2^q+\cdots+b_n^q)^{\frac{1}{q}};$$

当 $p<1$ 时，不等式反向.

证　若 $a_i=0$ 或 $b_i=0(i=1,2,\cdots,n)$，则结论显然成立. 不妨设 a_i，b_i 均不全为零. 若 $p>1$，令

$$A_i=\frac{a_i}{(a_1^p+\cdots+a_n^p)^{\frac{1}{p}}},B_i=\frac{b_i}{(b_1^q+\cdots+b_n^q)^{\frac{1}{q}}},i=1,2,\cdots,n,$$

将 A_i，B_i 代入 Young 不等式$\left(ab\leqslant\frac{a^p}{p}+\frac{b^q}{q}\right)$，有

$$\frac{1}{p}\frac{a_i^p}{a_1^p+\cdots+a_n^p}+\frac{1}{q}\frac{b_i^q}{b_1^q+\cdots+b_n^q}\geqslant\frac{a_ib_i}{(a_1^p+\cdots+a_n^p)^{\frac{1}{p}}(b_1^q+\cdots+b_n^q)^{\frac{1}{q}}},$$

对 i 求和，便得到所要证明的结果.

对于 $p<1$ 情形，利用注 9.1 便可获证.

9.1.6 闵可夫斯基不等式

定理 9.5 设 $x_i\geqslant 0$，$y_i\geqslant 0$，$i=1,2,\cdots,n$，$p\geqslant 1$，则

$$[(x_1+y_1)^p+(x_2+y_2)^p+\cdots+(x_n+y_n)^p]^{\frac{1}{p}}\leqslant(x_1^p+\cdots+x_n^p)^{\frac{1}{p}}+(y_1^p+\cdots+y_n^p)^{\frac{1}{p}},$$

当 $p<1$ 时，不等式反向.

证 当 $p=1$ 时，不等式显然成立，下面仅讨论 $p>1$ 的情形. 仅对 $n=2$ 的情形进行证明. 因为

$$\begin{aligned}&(x_1+y_1)^p+(x_2+y_2)^p\\=&x_1(x_1+y_1)^{p-1}+y_1(x_1+y_1)^{p-1}+x_2(x_2+y_2)^{p-1}+y_2(x_2+y_2)^{p-1},\end{aligned}$$

利用 Hölder 不等式，有

$$\begin{aligned}&x_1(x_1+y_1)^{p-1}+x_2(x_2+y_2)^{p-1}\\\leqslant&(x_1^p+x_2^p)^{\frac{1}{p}}[(x_1+y_1)^{(p-1)q}+(x_2+y_2)^{(p-1)q}]^{1/q}\\=&(x_1^p+x_2^p)^{\frac{1}{p}}[(x_1+y_1)^p+(x_2+y_2)^p]^{\frac{1}{q}}\end{aligned}\tag{9-1}$$

及

$$\begin{aligned}&y_1(x_1+y_1)^{p-1}+y_2(x_2+y_2)^{p-1}\\\leqslant&(y_1^p+y_2^p)^{\frac{1}{p}}[(x_1+y_1)^{(p-1)q}+(x_2+y_2)^{(p-1)q}]^{\frac{1}{q}}\\=&(y_1^p+y_2^p)^{\frac{1}{p}}[(x_1+y_1)^p+(x_2+y_2)^p]^{\frac{1}{q}},\end{aligned}\tag{9-2}$$

其中 $p>1$，$q>1$ 满足 $\frac{1}{p}+\frac{1}{q}=1$. 式(9-1)+式(9-2)得

$$\begin{aligned}(x_1+y_1)^p+(x_2+y_2)^p&\leqslant(x_1^p+x_2^p)^{\frac{1}{p}}[(x_1+y_1)^p+(x_2+y_2)^p]^{\frac{1}{q}}+\\&\quad(y_1^p+y_2^p)^{\frac{1}{p}}[(x_1+y_1)^p+(x_2+y_2)^p]^{\frac{1}{q}}\\&=[(x_1^p+x_2^p)^{\frac{1}{p}}+(y_1^p+y_2^p)^{\frac{1}{p}}][(x_1+y_1)^p+(x_2+y_2)^p]^{\frac{1}{q}},\end{aligned}$$

即 $[(x_1^p+y_1^p)+(x_2^p+y_2^p)]^{\frac{1}{p}}\leqslant(x_1^p+x_2^p)^{\frac{1}{p}}+(y_1^p+y_2^p)^{\frac{1}{p}}$.

对于 $p<1$ 情形，利用注 9.1 可获证.

9.2 连续型不等式

9.2.1 施瓦茨不等式

定理 9.6 若 $f(x)$，$g(x)$ 在 $[a,b]$ 上可积且平方可积，则有

$$\left|\int_a^b f(x)\cdot g(x)\,dx\right|\leqslant\left(\int_a^b f^2(x)\,dx\right)^{\frac{1}{2}}\cdot\left(\int_a^b g^2(x)\,dx\right)^{\frac{1}{2}}.$$

证　不妨设$\int_a^b g^2(x)\,dx\neq 0$. 由于$\int_a^b (f(x)+\lambda g(x))^2\,dx\geqslant 0$，即

$$\lambda^2\int_a^b g^2(x)\,dx+2\lambda\int_a^b f(x)g(x)\,dx+\int_a^b f^2(x)\,dx\geqslant 0$$

对一切实数λ均成立，因此

$$\Delta=4\left(\int_a^b f(x)g(x)\,dx\right)^2-4\int_a^b f^2(x)\,dx\int_a^b g^2(x)\,dx\leqslant 0,$$

故此时结论成立.

如果$\int_a^b f^2(x)\,dx$，$\int_a^b g^2(x)\,dx$同时为0，则因$|f(x)\cdot g(x)|\leqslant\frac{1}{2}(f^2(x)+g^2(x))$，结论也成立.

9.2.2　Hölder不等式

定理9.7　设$f(x)$在$[a,b]$上可积且p次可积，$g(x)$在$[a,b]$上可积且q次可积，则成立不等式

$$\left|\int_a^b f(x)\cdot g(x)\,dx\right|\leqslant\left(\int_a^b |f(x)|^p\,dx\right)^{\frac{1}{p}}\cdot\left(\int_a^b |g(x)|^q\,dx\right)^{\frac{1}{q}},$$

其中$p>1$，$\frac{1}{p}+\frac{1}{q}=1$.

证　**方法1**　对任意分割

$$a=x_0<x_1<\cdots<x_n=b,\ \Delta x_i=x_i-x_{i-1},$$

利用离散型Hölder不等式，有

$$\left|\sum_{i=1}^n f(\xi_i)g(\xi_i)\Delta x_i\right|\leqslant\left(\sum_{i=1}^n |f(\xi_i)|^p\Delta x_i\right)^{\frac{1}{p}}\left(\sum_{i=1}^n |g(\xi_i)|^q\Delta x_i\right)^{\frac{1}{q}},$$

对上式两边取极限，便得到结果.

方法2　设$A=\dfrac{|f(x)|}{\left(\int_a^b |f|^p\,dx\right)^{\frac{1}{p}}}$，$B=\dfrac{|g(x)|}{\left(\int_a^b |g|^q\,dx\right)^{\frac{1}{q}}}$，利用杨不等式得到

$$\frac{|f(x)|}{\left(\int_a^b |f|^p\,dx\right)^{\frac{1}{p}}}\cdot\frac{|g(x)|}{\left(\int_a^b |g|^q\,dx\right)^{\frac{1}{q}}}\leqslant\frac{1}{p}\frac{|f(x)|^p}{\int_a^b |f|^p\,dx}+\frac{1}{q}\frac{|g(x)|^q}{\int_a^b |g|^q\,dx},$$

对上式两边关于x在$[a,b]$上积分即可.

9.2.3　闵可夫斯基不等式

定理9.8　设$f(x)$，$g(x)$在$[a,b]$上可积且p次可积，$p>1$，则

$$\left(\int_a^b |f(x)+g(x)|^p \mathrm{d}x\right)^{\frac{1}{p}} \leqslant \left(\int_a^b |f(x)|^p \mathrm{d}x\right)^{\frac{1}{p}} + \left(\int_a^b |g(x)|^p \mathrm{d}x\right)^{\frac{1}{p}}.$$

证　**方法 1**　当 $\int_a^b |f+g|^p \mathrm{d}x = 0$ 时，结论显然成立；若 $\int_a^b |f+g|^p \mathrm{d}x \neq 0$，因 $|f+g| \leqslant |f| + |g|$，则

$$\begin{aligned}
\int_a^b |f+g|^p \mathrm{d}x &\leqslant \int_a^b |f+g|^{p-1} |f| \mathrm{d}x + \int_a^b |f+g|^{p-1} |g| \mathrm{d}x \text{（利用 Hölder 不等式）} \\
&\leqslant \left(\int_a^b |f+g|^{(p-1)q} \mathrm{d}x\right)^{\frac{1}{q}} \left(\int_a^b |f|^p \mathrm{d}x\right)^{\frac{1}{p}} + \left(\int_a^b |f+g|^{(p-1)q}\right)^{\frac{1}{q}} \cdot \left(\int_a^b |g|^p \mathrm{d}x\right)^{\frac{1}{p}} \\
&= \left(\int_a^b |f+g|^p \mathrm{d}x\right)^{\frac{1}{q}} \cdot \left(\left(\int_a^b |f|^p \mathrm{d}x\right)^{\frac{1}{p}} + \left(\int_a^b |g|^p \mathrm{d}x\right)^{\frac{1}{p}}\right).
\end{aligned}$$

对上面不等式两边同除以因子 $\left(\int_a^b |f+g|^p \mathrm{d}x\right)^{1/q}$，则得到所需结果.

方法 2　用定积分定义. 根据离散型闵可夫斯基不等式.

9.3　应用

例 9.1　设 $a>0$，$b>0$，$c>0$，且 $abc=1$，证明：$a^2+b^2+c^2 \leqslant a^3+b^3+c^3$.

证　**方法 1**　利用单调性. 令 $f(t)=a^t+b^t+c^t$，那么 $f(t)$ 是连续可微函数，且

$$f'(t)=a^t\ln a+b^t\ln b+c^t\ln c,$$

$$f''(t)=a^t(\ln a)^2+b^t(\ln b)^2+c^t(\ln c)^2 \geqslant 0,$$

因此 $f'(t)$ 单调增加. 又 $f'(0)=\ln(abc)=0$，所以当 $t>0$ 时，$f'(t) \geqslant 0$. 进一步知道 $f(t)=a^t+b^t+c^t$ 单调增加，从而得到 $f(2) \leqslant f(3)$，即 $a^2+b^2+c^2 \leqslant a^3+b^3+c^3$.

方法 2　利用杨不等式. 因为 $abc=1$，故

$$a^2+b^2+c^2 \leqslant a^3+b^3+c^3 \Leftrightarrow (abc)^{\frac{1}{3}}(a^2+b^2+c^2) \leqslant a^3+b^3+c^3.$$

由于

$$(abc)^{\frac{1}{3}}(a^2+b^2+c^2)=a^{\frac{7}{3}}b^{\frac{1}{3}}c^{\frac{1}{3}}+a^{\frac{1}{3}}b^{\frac{7}{3}}c^{\frac{1}{3}}+a^{\frac{1}{3}}b^{\frac{1}{3}}c^{\frac{7}{3}},$$

选择 $p=\dfrac{7}{9}$，$q=\dfrac{1}{9}$，$r=\dfrac{1}{9}$，利用杨不等式得到

$$a^{\frac{7}{3}}b^{\frac{1}{3}}c^{\frac{1}{3}} \leqslant \frac{7}{9}a^3+\frac{1}{9}b^3+\frac{1}{9}c^3.$$

类似地可得

$$a^{\frac{1}{3}}b^{\frac{7}{3}}c^{\frac{1}{3}} \leqslant \frac{1}{9}a^3+\frac{7}{9}b^3+\frac{1}{9}c^3, \quad a^{\frac{1}{3}}b^{\frac{1}{3}}c^{\frac{7}{3}} \leqslant \frac{1}{9}a^3+\frac{1}{9}b^3+\frac{7}{9}c^3.$$

将上面三式相加，便得到

$$a^2+b^2+c^2\leqslant a^3+b^3+c^3.$$

例 9.2　设 $p(x),f(x)$，$g(x)$ 在 $[a,b]$ 上连续，$p(x)>0$，$f(x)$ 与 $g(x)$ 均单调增加，则成立

$$\int_a^b p(x)\cdot f(x)\,\mathrm{d}x\cdot\int_a^b p(x)g(x)\,\mathrm{d}x\leqslant\int_a^b p(x)\,\mathrm{d}x\cdot\int_a^b p(x)\cdot f(x)\cdot g(x)\,\mathrm{d}x.$$

证　因

$$\begin{aligned}\Delta&=\int_a^b p(x)\,\mathrm{d}x\int_a^b p(x)f(x)g(x)\,\mathrm{d}x-\int_a^b p(x)f(x)\,\mathrm{d}x\cdot\int_a^b p(x)g(x)\,\mathrm{d}x\\&=\int_a^b p(x)f(x)g(x)\,\mathrm{d}x\int_a^b p(y)\,\mathrm{d}y-\int_a^b p(x)f(x)\,\mathrm{d}x\cdot\int_a^b p(y)g(y)\,\mathrm{d}y\\&=\int_a^b\int_a^b p(x)f(x)p(y)(g(x)-g(y))\,\mathrm{d}x\mathrm{d}y,\end{aligned}\tag{9-3}$$

交换积分变量 x 与 y 得到

$$\Delta=\int_a^b\int_a^b p(y)f(y)p(x)(g(y)-g(x))\,\mathrm{d}x\mathrm{d}y.\tag{9-4}$$

式(9-3)+式(9-4)，则有

$$\Delta=\frac{1}{2}\int_a^b\int_a^b p(x)p(y)(f(x)-f(y))(g(x)-g(y))\,\mathrm{d}x\mathrm{d}y.$$

由于 $f(x)$ 与 $g(x)$ 均单调增加，故 $\Delta\geqslant0$.

例 9.3　设 $1<p<q$，且 $f(x)$ 在有界闭区间 $I\subset\boldsymbol{R}$ 上 q 次可积，则

$$\left(\int_I|f|^p\mathrm{d}x\right)^{\frac{1}{p}}\leqslant C\left(\int_I|f|^q\mathrm{d}x\right)^{\frac{1}{q}},$$

C 是与 f 无关的常数.

证　利用 Hölder 不等式，则有

$$\int_I|f|^p\mathrm{d}x\leqslant\left(\int_I|f|^{p\cdot\frac{q}{p}}\mathrm{d}x\right)^{\frac{p}{q}}\left(\int_I 1^{\frac{q}{q-p}}\mathrm{d}x\right)^{\frac{q-p}{q}}\leqslant|I|^{\frac{q-p}{q}}\left(\int_I|f|^q\mathrm{d}x\right)^{\frac{p}{q}},$$

故

$$\left(\int_I|f|^p\mathrm{d}x\right)^{1/p}\leqslant C\left(\int_I|f|^q\mathrm{d}x\right)^{\frac{1}{q}},$$

其中 $C=|I|^{\frac{q-p}{pq}}$.

例 9.4　设 $a>0$，证明：$\int_0^{\pi}xa^{\sin x}\mathrm{d}x\int_0^{\frac{\pi}{2}}a^{-\cos x}\mathrm{d}x\geqslant\frac{\pi^3}{4}$.

证　由于

$$\int_0^{\pi}xf(\sin x)\,\mathrm{d}x=\pi\int_0^{\frac{\pi}{2}}f(\sin x)\,\mathrm{d}x=\pi\int_0^{\frac{\pi}{2}}f(\cos x)\,\mathrm{d}x,$$

故

$$\int_0^{\pi} x a^{\sin x} \mathrm{d}x \int_0^{\frac{\pi}{2}} a^{-\cos x} \mathrm{d}x = \pi \int_0^{\frac{\pi}{2}} a^{\sin x} \mathrm{d}x \int_0^{\frac{\pi}{2}} a^{-\cos x} \mathrm{d}x$$

$$= \pi \int_0^{\frac{\pi}{2}} a^{\sin x} \mathrm{d}x \int_0^{\frac{\pi}{2}} a^{-\sin x} \mathrm{d}x.$$

利用 Hölder 不等式(或柯西不等式):

$$\left|\int_a^b f(x) \cdot g(x) \mathrm{d}x\right| \leqslant \left(\int_a^b |f(x)|^2 \mathrm{d}x\right)^{\frac{1}{2}} \cdot \left(\int_a^b |g(x)|^2 \mathrm{d}x\right)^{\frac{1}{2}},$$

可得

$$\int_0^{\pi} x a^{\sin x} \mathrm{d}x \int_0^{\frac{\pi}{2}} a^{-\cos x} \mathrm{d}x \geqslant \pi \left(\int_0^{\frac{\pi}{2}} a^{\sin x} \cdot a^{-\sin x} \mathrm{d}x\right)^2 = \frac{\pi^3}{4}.$$

9.4 其他重要不等式

9.4.1 C_p-不等式

定理 9.9 对于任意实数 a, b, 成立

(1) $(|a|+|b|)^p \leqslant C_p(|a|^p+|b|^p)$, 其中 $C_p=\begin{cases}1, & 0\leqslant p\leqslant 1,\\ 2^{p-1}, & p>1.\end{cases}$

(2) $\left(\sum\limits_{k=1}^{n} |a_k|\right)^p \leqslant C_p \sum\limits_{k=1}^{n} |a_k|^p$, 其中 $C_p=\begin{cases}1, & 0\leqslant p\leqslant 1,\\ n^{p-1}, & p>1.\end{cases}$

证 (1) 不妨设 $a\neq 0$, 故

$$(|a|+|b|)^p \leqslant C_p(|a|^p+|b|^p) \Leftrightarrow (1+x)^p \leqslant C_p(1+x^p),$$

当 $0\leqslant p\leqslant 1$ 时, 令 $f(x)=1+x^p-(1+x)^p$, $x\geqslant 0$, 则

$$f'(x)=p(x^{p-1}-(1+x)^{p-1})>0,$$

又 $f(0)=0$, 所以当 $x>0$ 时, 有 $1+x^p>(1+x)^p$.

当 $p>1$ 时, 令 $f(x)=\dfrac{(1+x)^p}{1+x^p}$, 那么

$$f'(x)=\frac{p(1+x)^{p-1}(1-x^{p-1})}{(1+x^p)^2},$$

因此 $f(x)$ 在 $x=1$ 取最大值 $f(1)=2^{p-1}$.

对于第(2)问, 证明方法类似, 请读者完成.

9.4.2 逆向柯西不等式

定理 9.10 设 $0<m_1<a_k\leqslant M_1$, $0<m_2<b_k\leqslant M_2$, $(k=1,2,\cdots,n)$, 则

$$\left(\sum_{k=1}^{n} a_k^2\right)\left(\sum_{k=1}^{n} b_k^2\right) \leqslant \frac{1}{4}\left(\sqrt{\frac{M_1M_2}{m_1m_2}}+\sqrt{\frac{m_1m_2}{M_1M_2}}\right)^2 \left(\sum_{k=1}^{n} a_kb_k\right)^2.$$

证　因为

$$\sum_{k=1}^{n}b_k^2+\frac{m_2}{M_1}\frac{M_2}{m_1}\sum_{k=1}^{n}a_k^2-2\left(\frac{m_2}{M_1}\frac{M_2}{m_1}\sum_{k=1}^{n}a_k^2\sum_{k=1}^{n}b_k^2\right)^{\frac{1}{2}}$$

$$=\left(\left(\sum_{k=1}^{n}b_k^2\right)^{\frac{1}{2}}-\left(\frac{m_2}{M_1}\frac{M_2}{m_1}\sum_{k=1}^{n}a_k^2\right)^{\frac{1}{2}}\right)^2\geqslant 0,$$

故

$$\sum_{k=1}^{n}b_k^2+\frac{m_2M_2}{m_1M_1}\sum_{k=1}^{n}a_k^2\geqslant 2\left(\frac{m_2M_2}{m_1M_1}\sum_{k=1}^{n}a_k^2\sum_{k=1}^{n}b_k^2\right)^{1/2}. \tag{9-5}$$

另一方面，因$\frac{m_2}{M_1}\leqslant\frac{b_k}{a_k}\leqslant\frac{M_2}{m_1}$，则有

$$\left(\frac{m_2}{M_1}+\frac{M_2}{m_1}\right)a_kb_k-b_k^2-\frac{m_2}{M_1}\cdot\frac{M_2}{m_1}a_k^2=\left(\frac{b_k}{a_k}-\frac{m_2}{M_1}\right)\left(\frac{M_2}{m_1}-\frac{b_k}{a_k}\right)a_k^2\geqslant 0$$

和

$$\sum_{k=1}^{n}b_k^2+\sum_{k=1}^{n}\frac{m_2}{M_1}\cdot\frac{M_2}{m_1}a_k^2\leqslant\left(\frac{m_2}{M_1}+\frac{M_2}{m_1}\right)\sum_{k=1}^{n}a_kb_k. \tag{9-6}$$

将式(9-6)代入式(9-5)，便有

$$2\left(\frac{m_2M_2}{m_1M_1}\sum_{k=1}^{n}a_k^2\sum_{k=1}^{n}b_k^2\right)^{\frac{1}{2}}\leqslant\left(\frac{m_2}{M_1}+\frac{M_2}{m_1}\right)\sum_{k=1}^{n}a_kb_k,$$

对上式两边平方，得到

$$\sum_{k=1}^{n}a_k^2\sum_{k=1}^{n}b_k^2\leqslant\frac{1}{4}\frac{m_1M_1}{m_2M_2}\cdot\left(\frac{m_2}{M_1}+\frac{M_2}{m_1}\right)^2\left(\sum_{k=1}^{n}a_kb_k\right)^2$$

$$=\frac{1}{4}\left(\sqrt{\frac{M_1M_2}{m_1m_2}}+\sqrt{\frac{m_1m_2}{M_1M_2}}\right)^2\left(\sum_{k=1}^{n}a_kb_k\right)^2.$$

9.4.3　林同坡不等式

定理 9.11　设 $x>0$，$y>0$，且 $x\neq y$，则 $\frac{x-y}{\ln x-\ln y}<\left(\frac{x^{\frac{1}{3}}+y^{\frac{1}{3}}}{2}\right)^3$.

证　不妨设 $x>y>0$，则

$$\frac{x-y}{\ln x-\ln y}<\left(\frac{x^{\frac{1}{3}}+y^{\frac{1}{3}}}{2}\right)^3\Leftrightarrow\frac{x/y-1}{\ln(x/y)}<\left(\frac{(x/y)^{1/3}+1}{2}\right)^3\Leftrightarrow\frac{u-1}{\ln u}<\left(\frac{u^{1/3}+1}{2}\right)^3\quad(u>1)$$

$$\Leftrightarrow\frac{t^3-1}{3\ln t}<\left(\frac{t+1}{2}\right)^3(\text{令 }u^{1/3}=t)\Leftrightarrow\frac{3}{8}\ln t>\frac{t^3-1}{(t+1)^3}\quad(t>1).$$

记 $f(t)=\frac{3}{8}\ln t-\frac{t^3-1}{(t+1)^3}$，则 $f'(t)=\frac{3}{8t}-\frac{3(t^2+1)}{(t+1)^4}=\frac{3}{8t}\frac{(t-1)^4}{(t+1)^4}>0$，

所以$f(t)$单调递增，又$f(1)=0$，故当$t>1$时，有$f(t)>0$，从而原不等式成立.

9.5 能力提升

例 9.5 设$0<x\leqslant\frac{\pi}{2}$，则（1）$\frac{\sin x}{x}>\sqrt[3]{\cos x}$；（2）$\frac{1}{\sin^2 x}\leqslant\frac{1}{x^2}+1-\frac{4}{\pi^2}$.

证 （1）设$f(x)=x-\sin x\cdot(\cos x)^{-\frac{1}{3}}$，则有

$$f'(x)=1-\frac{2}{3}(\cos x)^{\frac{2}{3}}-\frac{1}{3}(\cos x)^{-\frac{4}{3}},$$

$$f''(x)=-\frac{4}{9}\sin^3 x(\cos x)^{-\frac{7}{3}},$$

故当$0<x<\frac{\pi}{2}$时，$f''(x)<0$，因此$f'(x)<f'(0)=0$. 进一步当$0<x<\frac{\pi}{2}$时，$f(x)$单调减少，从而得到$f(x)<f(0)=0$.

（2）设$f(x)=\frac{1}{\sin^2 x}-\frac{1}{x^2}$，则有$f'(x)=\frac{2}{\sin^3 x}\left(\frac{\sin^3 x}{x^3}-\cos x\right)$.
由结论(1)知，当$0<x<\frac{\pi}{2}$时有$f'(x)>0$. 又$f\left(\frac{\pi}{2}\right)=1-\frac{4}{\pi^2}$，所以当$0<x\leqslant\frac{\pi}{2}$时成立$f(x)\leqslant f\left(\frac{\pi}{2}\right)$.

例 9.6 设$n>1$为整数，$t>0$. 证明：$\mathrm{e}^t-\left(1+t+\frac{t^2}{2!}+\cdots+\frac{t^n}{n!}\right)<\frac{t}{n}(\mathrm{e}^t-1)$.

证 令$g(t)=\mathrm{e}^t-\left(1+t+\frac{t^2}{2!}+\cdots+\frac{t^n}{n!}\right)-\frac{t}{n}(\mathrm{e}^t-1)$，计算得到

$$g'(t)=\mathrm{e}^t-\left(1+t+\frac{t^2}{2!}+\cdots+\frac{t^{n-1}}{(n-1)!}\right)-\frac{t}{n}\mathrm{e}^t-\frac{1}{n}\mathrm{e}^t+\frac{1}{n}.$$

进一步可得

$$g^{(k)}(t)=\mathrm{e}^t-\left(1+t+\frac{t^2}{2!}+\cdots+\frac{t^{n-k}}{(n-k)!}\right)-\frac{t}{n}\mathrm{e}^t-\frac{k}{n}\mathrm{e}^t,k=2,3,\cdots,n;$$

且

$$g^{(k)}(0)=-\frac{1}{n},k=2,3,\cdots,n;$$

$$g'(0)=0,g(0)=0;$$

$$g^{(n)}(t)=-1-\frac{t}{n}\mathrm{e}^t<0.$$

于是$g^{(n-1)}(t)$严格单调递减，故$g^{(n-1)}(t)<g^{(n-1)}(0)<0$；进一步知道$g^{(n-2)}(t)$严

格单调递减，故 $g^{(n-2)}(t)<g^{(n-2)}(0)<0$；依次下去可知 $g^{(l)}(t)$ 严格单调递减，且 $g^{(l)}(t)<g^{(l)}(0)<0$. 最后便得到 $g(t)<g(0)=0$. 因此成立

$$\mathrm{e}^t-\left(1+t+\frac{t^2}{2!}+\cdots+\frac{t^n}{n!}\right)<\frac{t}{n}(\mathrm{e}^t-1).$$

例 **9.7**　已知 $a>1$，若对一切 $x>0$ 成立 $x^a\leqslant a^x$，试确定 a 的取值范围.

解　由于 $x^a>0$，$a^x>0$. 设 $f(x)=\dfrac{a^x}{x^a}$，因此确定不等式 $x^a\leqslant a^x$ 等价求 $f(x)=\dfrac{a^x}{x^a}$ 在 $(1,+\infty)$ 内的最小值，并且最小值不小于 1.

取对数 $\ln f(x)=x\ln a-a\ln x$，求导数得 $\dfrac{f'(x)}{f(x)}=\ln a-\dfrac{a}{x}$，令 $f'(x)=0$ 得到 $x=\dfrac{a}{\ln a}$. 又当 $x=\dfrac{a}{\ln a}$ 时，$(\ln f(x))''=\dfrac{a}{x^2}>0$，故 $\ln f(x)$ 在 $x=\dfrac{a}{\ln a}$ 处取极小值，极小值为 $a\ln\dfrac{\mathrm{e}\ln a}{a}$，且该值为最小值.

要使 $f(x)=\dfrac{a^x}{x^a}$ 在 $(1,+\infty)$ 内的最小值不小于 1，即

$$\ln f\left(\frac{a}{\ln a}\right)=\frac{a}{\ln a}\ln a-a\ln\frac{a}{\ln a}\geqslant 0.$$

由于

$$\ln f\left(\frac{a}{\ln a}\right)=\frac{a}{\ln a}\ln a-a\ln\frac{a}{\ln a}\geqslant 0\Leftrightarrow a\ln\frac{\mathrm{e}\ln a}{a}\geqslant 0\Leftrightarrow\frac{\mathrm{e}\ln a}{a}\geqslant 1.$$

下面研究函数 $g(y)=\dfrac{\mathrm{e}\ln y}{y}(y>1)$. 由于 $g'(y)=\mathrm{e}\dfrac{1-\ln y}{y^2}$，故当 $y=\mathrm{e}$ 时，$g(y)$ 取最大值 1. 因此对一切 $x>0$，当成立 $x^a\leqslant a^x$ 时，必有 $a=\mathrm{e}$.

例 **9.8**　设 $f(x)=\displaystyle\int_x^{x+1}\sin(\mathrm{e}^x)\mathrm{d}x$，$x\in(-\infty,+\infty)$. 证明：$\mathrm{e}^x|f(x)|\leqslant 2$，$x\in(-\infty,+\infty)$.

证　由于

$$f(x)=\int_x^{x+1}\sin(\mathrm{e}^x)\mathrm{d}x=\int_{\mathrm{e}^x}^{\mathrm{e}^{x+1}}\frac{\sin u}{u}\mathrm{d}u$$
$$=\frac{\cos\mathrm{e}^x}{\mathrm{e}^x}-\frac{\cos\mathrm{e}^{x+1}}{\mathrm{e}^{x+1}}-\int_{\mathrm{e}^x}^{\mathrm{e}^{x+1}}\frac{\cos u}{u^2}\mathrm{d}u,$$

所以

$$|f(x)|\leqslant\frac{|\cos\mathrm{e}^x|}{\mathrm{e}^x}+\frac{|\cos\mathrm{e}^{x+1}|}{\mathrm{e}^{x+1}}+\int_{\mathrm{e}^x}^{\mathrm{e}^{x+1}}\frac{|\cos u|}{u^2}\mathrm{d}u$$

$$\leqslant \frac{1}{e^x}+\frac{1}{e^{x+1}}+\int_{e^x}^{e^{x+1}}\frac{du}{u^2}=\frac{2}{e^x},$$

故 $e^x|f(x)|\leqslant 2$，$x\in(-\infty,+\infty)$.

例 9.9 设 x_1，x_2，…，x_N为正实数，证明：$\sum_{j=1}^{N}(x_1x_2\cdots x_j)^{\frac{1}{j}}<3\sum_{j=1}^{N}x_j$.

证 设 c_1，c_2，…，c_N 为 N 个正数，则对于任意 $1\leqslant j\leqslant N$，由均值不等式可知

$$(x_1x_2\cdots x_j)^{\frac{1}{j}}=\left(\frac{(c_1x_1)(c_2x_2)\cdots(c_jx_j)}{c_1c_2\cdots c_j}\right)^{\frac{1}{j}}\leqslant\frac{c_1x_1+c_2x_2+\cdots+c_jx_j}{j(c_1c_2\cdots c_j)^{\frac{1}{j}}}.$$

下面选择合适的 c_j 来满足要求. 令 $c_j=\frac{(j+1)^j}{j^{j-1}}$，则有

$$(c_1c_2\cdots c_j)^{\frac{1}{j}}=\left(\frac{2}{1}\cdot\frac{3^2}{2}\cdot\frac{4^3}{3^2}\cdot\cdots\cdot\frac{(j+1)^j}{j^{j-1}}\right)^{\frac{1}{j}}=j+1,$$

这就得到

$$(x_1x_2\cdots x_j)^{\frac{1}{j}}\leqslant\frac{c_1x_1+c_2x_2+\cdots+c_jx_j}{j(j+1)}.$$

将上式按照 j 求和，我们得到

$$\begin{aligned}\sum_{j=1}^{N}(x_1x_2\cdots x_j)^{\frac{1}{j}}&\leqslant\sum_{j=1}^{N}\sum_{k=1}^{j}c_kx_k\frac{1}{j(j+1)}\\&=\sum_{k=1}^{N}c_kx_k\sum_{j=k}^{N}\left(\frac{1}{j}-\frac{1}{j+1}\right)=\sum_{k=1}^{N}c_kx_k\sum_{j=k}^{N}\frac{1}{j(j+1)}\\&=\sum_{k=1}^{N}c_kx_k\left(\frac{1}{k}-\frac{1}{N}\right)<\sum_{k=1}^{N}\frac{c_kx_k}{k}.\end{aligned}$$

由假设 $c_j=\frac{(j+1)^j}{j^{j-1}}$，可以得到

$$\frac{c_k}{k}=\left(\frac{k+1}{k}\right)^k=\left(1+\frac{1}{k}\right)^k<3,$$

则

$$\sum_{j=1}^{N}(x_1x_2\cdots x_j)^{\frac{1}{j}}<3\sum_{j=1}^{N}x_j.$$

例 9.10 设任意 n 多边形的内角分别为 A_1，A_2，…，A_n，$n\in\mathbf{N}$，且 $n\geqslant 3$，$m\in\mathbf{N}$(正整数)，求$\frac{1}{A_1^m}+\frac{1}{A_2^m}+\cdots+\frac{1}{A_n^m}$的最小值.

解　方法 1　设 $f(x)=\dfrac{1}{x^m}$，$x\in(0,\pi)$，则

$$f'(x)=-m\frac{1}{x^{m+1}},\ f''(x)=(m+1)m\frac{1}{x^{m+2}}>0,$$

所以 $f(x)$ 为严格凸函数，由詹森(Jensen)不等式，并注意到 $A_1+A_2+\cdots+A_n=(n-2)\pi$，可得

$$\frac{1}{A_1^m}+\frac{1}{A_2^m}+\cdots+\frac{1}{A_n^m}\geqslant n\frac{1}{\left(\dfrac{A_1+A_2+\cdots+A_n}{n}\right)^m}=\frac{n^{m+1}}{[(n-2)\pi]^m},$$

并且当 $A_1=A_2=\cdots=A_n=\dfrac{(n-2)\pi}{n}$ 时等号成立，此时取得最小值. 所以 $\dfrac{1}{A_1^m}+\dfrac{1}{A_2^m}+\cdots+\dfrac{1}{A_n^m}$ 的最小值为 $\dfrac{n^{m+1}}{[(n-2)\pi]^m}$.

方法 2　拉格朗日乘数法.

因为 A_1，A_2，…，A_n，$n\in\mathbf{N}$ 是 n 多边形的内角，所以有 $A_1+A_2+\cdots+A_n=(n-2)\pi$. 即求在此条件下的 $\dfrac{1}{A_1^m}+\dfrac{1}{A_2^m}+\cdots+\dfrac{1}{A_n^m}$ 的最小值.

令 $f(x_1,x_2,\cdots,x_n)=\dfrac{1}{x_1^m}+\dfrac{1}{x_2^m}+\cdots+\dfrac{1}{x_n^m}$，并设拉格朗日函数为

$$L(x_1,x_2,\cdots,x_n,\lambda)=\frac{1}{x_1^m}+\frac{1}{x_2^m}+\cdots+\frac{1}{x_n^m}+\lambda[x_1+x_2+\cdots+x_n-(n-2)\pi].$$

对函数求偏导并令它们都为 0，得到

$$\begin{cases} L_{x_1}=\lambda-\dfrac{m}{x_1^{m+1}}=0, \\ \quad\vdots \\ L_{x_n}=\lambda-\dfrac{m}{x_n^{m+1}}=0, \\ L_\lambda=x_1+x_2+\cdots+x_n-(n-2)\pi=0 \end{cases}$$

求得

$$x_1=x_2=\cdots=x_n=\sqrt[m+1]{\frac{m}{\lambda}}=\frac{(n-2)\pi}{n}.$$

即得到驻点 $P\left(\dfrac{(n-2)\pi}{n},\dfrac{(n-2)\pi}{n},\cdots,\dfrac{(n-2)\pi}{n}\right)$. 由于

$$f\left(\frac{(n-2)\pi}{n},\frac{(n-2)\pi}{n},\cdots,\frac{(n-2)\pi}{n}\right)=\frac{n^{m+1}}{[(n-2)\pi]^m},$$

因此所求最小值为$\dfrac{n^{m+1}}{[(n-2)\pi]^m}$.

习　题　9

1. 证明不等式：$2(\sqrt{n+1}-\sqrt{m})\leqslant\sum\limits_{k=m}^{n}\dfrac{1}{\sqrt{k}}\leqslant2(\sqrt{n}-\sqrt{m-1})\,(m<n)$.

$\left(\text{提示：}2(\sqrt{k+1}-\sqrt{k})\leqslant\dfrac{1}{\sqrt{k}}\leqslant2(\sqrt{k}-\sqrt{k-1})\right)$

2. 证明不等式：$n!<\left(\dfrac{n+1}{2}\right)^n\,(n\geqslant2)$.

$\left(\text{提示：利用}\sqrt[n]{a_1a_2\cdots a_n}\leqslant\dfrac{a_1+a_2+\cdots+a_n}{n}\right)$

3. 设 a，b，c 都是正常数，证明：

$$a^ab^bc^c\geqslant(abc)^{\frac{a+b+c}{3}}.$$

参考证明：不妨设 $a\geqslant b\geqslant c\Rightarrow\dfrac{a^ab^bc^c}{(abc)^{\frac{a+b+c}{3}}}=\left(\dfrac{a}{b}\right)^{\frac{a-b}{3}}\left(\dfrac{b}{c}\right)^{\frac{b-c}{3}}\left(\dfrac{a}{c}\right)^{\frac{a-c}{3}}\geqslant1$.

4. 设 a，b，c，$d>0$，证明：$\left(\dfrac{a+b}{c+d}\right)^{a+b}\leqslant\left(\dfrac{a}{c}\right)^a\left(\dfrac{b}{d}\right)^b$.

$\left(\text{提示：由于}\left(\dfrac{a+b}{c+d}\right)^{a+b}\leqslant\left(\dfrac{a}{c}\right)^a\left(\dfrac{b}{d}\right)^b\Leftrightarrow\left(1+\dfrac{b}{a}\right)^a\left(1+\dfrac{a}{b}\right)^b\leqslant\left(1+\dfrac{d}{c}\right)^a\left(1+\dfrac{c}{d}\right)^b\right.$. 设 $f(t)=(1+t)^a\left(1+\dfrac{1}{t}\right)^b=\dfrac{(1+t)^{a+b}}{t^b}$，$t>0$，进一步研究 $f(t)$ 的单调性和最值$\Big)$

5. 设 $0<\alpha<\beta<\dfrac{\pi}{2}$，则成立 $\sin\beta-\sin\alpha<\beta-\alpha<\tan\beta-\tan\alpha$.

6. 设 $f(x)$，$g(x)$ 均为 $[a,b]$ 上的连续增函数($b>a>0$)，证明：

$$\int_a^b f(x)\,\mathrm{d}x\int_a^b g(x)\,\mathrm{d}x\leqslant(b-a)\int_a^b f(x)g(x)\,\mathrm{d}x.$$

$\Big($提示：因

$$\iint\limits_D(f(x)-f(y))(g(x)-g(y))\,\mathrm{d}x\mathrm{d}y\geqslant0$$

$$\Rightarrow2(b-a)\int_a^b f(x)g(x)\,\mathrm{d}x-2\int_a^b\mathrm{d}x\int_a^b f(x)g(y)\,\mathrm{d}y\geqslant0\Big)$$

7. 设 $f(x)$ 是 $[0,1]$ 上的连续可微函数，且当 $x\in(0,1)$ 时，$0<f'(x)<1$，$f(0)=0$，证明：

$$\int_0^1 f^2(x)\,\mathrm{d}x>\left(\int_0^1 f(x)\,\mathrm{d}x\right)^2>\int_0^1 f^3(x)\,\mathrm{d}x.$$

（提示：左边不等式利用柯西不等式，右边不等式利用单调性）

8. 若 $f(x)$ 在 $[a,b]$ 上可积，证明：

（1）$\left(\int_a^b f(x)\mathrm{d}x\right)^2 \leqslant (b-a)\int_a^b f^2(x)\mathrm{d}x$；

（2）当$f(x)>0$时，有$\int_a^b f(x)\mathrm{d}x\int_a^b \frac{1}{f(x)}\mathrm{d}x \geqslant (b-a)^2$.

（提示：利用 Hölder 不等式）

9. 证明：当$x\neq\frac{n\pi}{2}$，$n\in\mathbf{N}$时，成立不等式$(\sin^2x)^{\sin^2x}\cdot(\cos^2x)^{\cos^2x}\geqslant\frac{1}{2}$.

$\Big($提示：因为$(\sin^2x)^{\sin^2x}\cdot(\cos^2x)^{\cos^2x}=\mathrm{e}^{\sin^2x\ln(\sin^2x)+\cos^2x\ln(\cos^2x)}$，设$f(x)=\sin^2x\ln(\sin^2x)+\cos^2x\ln(\cos^2x)$，进一步证明：$\min f(x)=\ln\frac{1}{2}\Big)$

10. 试证明：当$x>0$，$x\neq1$时，成立$\frac{1}{x^2+1}\leqslant\frac{\ln x}{x^2-1}\leqslant\frac{1}{2x}$.

11. 试证明：当$x>1$时，成立$\frac{\ln x}{x-1}\leqslant\frac{1}{\sqrt{x}}$.

$\left($提示：令$t=\sqrt{x}$，再设$f(t)=\frac{t^2-1}{t}-2\ln t\right)$

12. 设x，y为不相等的正数，则$\sqrt{xy}<\frac{x-y}{\ln x-\ln y}<\left(\frac{x^{\frac{1}{3}}+y^{\frac{1}{3}}}{2}\right)^3$.

（提示：对左边不等式利用第11题结论. 对右边不等式利用定理9.11）

13. 利用两种方法证明柯西-施瓦茨不等式

$$\left(\sum_{k=1}^n a_kb_k\right)^2\leqslant\left(\sum_{k=1}^n a_k^2\right)\left(\sum_{k=1}^n b_k^2\right).$$

参考证明：方法1　由$A_kB_k\leqslant\frac{1}{2}(A_k^2+B_k^2)$，对此式求和，并取$A_k=a_k\left(\sum_{k=1}^n a_k^2\right)^{1/2}$，$B_k=b_k\left(\sum_{k=1}^n b_k^2\right)^{1/2}$，便得到结果.

方法2　因为$\sum_{k=1}^n(a_kx+b_k)^2=x^2\sum_{k=1}^n a_k^2+2x\sum_{k=1}^n a_kb_k+\sum_{k=1}^n b_k^2\geqslant0$，再利用判别式.

方法3　利用拉格朗日恒等式

$$\left(\sum_{k=1}^n a_k^2\right)\left(\sum_{k=1}^n b_k^2\right)-\left(\sum_{k=1}^n a_kb_k\right)^2=\frac{1}{2}\sum_{r,k=1}^n(a_rb_k-a_kb_r)^2\geqslant0.$$

14. 设$f(x)$为$[0,c]$上严格递增的连续函数，$F(y)$为$f(x)$的反函数，$f(0)=0$，$a\in(0,c)$，$b\in(0,f(c))$，则$ab\leqslant\int_0^a f(x)\mathrm{d}x+\int_0^b F(x)\mathrm{d}x$.

参考证明：设$g(x)=bx-\int_0^x f(t)\mathrm{d}t\Rightarrow g'(x)=b-f(x)$，因$f(x)$为$[0,c]$上严格递增的连续函数，所以有：当$0<x<F(b)\Rightarrow g'(x)>0\Rightarrow x=F(b)$为$g(x)$的极大值点，于是$g(a)\leqslant\max\limits_{[0,a]}g(x)=g(F(b))$. 对$g(x)$利用分部积分，得

$$g(F(b))=bF(b)-\int_0^{F(b)} f(x)\,\mathrm{d}x$$
$$=\int_0^{F(b)} x\mathrm{d}f(x)=\int_0^b F(y)\,\mathrm{d}y$$

即有

$$g(a)\leqslant g(F(b))=\int_0^b F(y)\,\mathrm{d}y.$$

注 1：特别取 $f(x)=\ln(1+x)$，则得到 $ab\leqslant\int_0^a \ln(1+x)\,\mathrm{d}x+\int_0^b(\mathrm{e}^x-1)\,\mathrm{d}x$.

注 2：特别取 $f(x)=x^{p-1}(p>1)$，则得到 $ab\leqslant\frac{1}{p}a^p+\frac{1}{q}b^q\quad\left(\frac{1}{p}+\frac{1}{q}=1\right)$.

15. 设 n 是大于 1 的自然数，证明：

$$\ln^2 2+\ln^2\frac{3}{2}+\ln^2\frac{4}{3}+\cdots+\ln^2\frac{n+1}{n}<\frac{n}{n+1}.$$

$\Bigg($提示：先证明不等式 $\ln(x)<\frac{1}{2}\left(x-\frac{1}{x}\right)(x>1)$，然后再用归纳法$\Bigg)$

16. 设 $f(x)$ 在 $[a,b]$ 上连续且单调递增，证明：$\int_a^b xf(x)\,\mathrm{d}x\geqslant\frac{a+b}{2}\int_a^b f(x)\,\mathrm{d}x$.

$\Bigg($提示：方法 1　由于

$$\int_a^b xf(x)\,\mathrm{d}x\geqslant\frac{a+b}{2}\int_a^b f(x)\,\mathrm{d}x\Leftrightarrow\int_a^{\frac{a+b}{2}}\left(x-\frac{a+b}{2}\right)f(x)\,\mathrm{d}x+\int_{\frac{a+b}{2}}^b\left(x-\frac{a+b}{2}\right)f(x)\,\mathrm{d}x\geqslant 0.$$

利用第一积分中值定理.

方法 2　研究函数 $G(t)=\int_a^t xf(x)\,\mathrm{d}x-\frac{a+t}{2}\int_a^t f(x)\,\mathrm{d}x$ 的性质$\Bigg)$

第 10 章 凸函数的性质及应用

主要知识点：一元及多元凸函数的定义；凸函数的基本性质；利用凸函数的性质研究相关问题.

10.1 凸函数的定义及性质

10.1.1 凸函数的定义

定义 10.1 若 $f(x)$ 在 (a,b) 内连续，且对 (a,b) 内任意两点 x 和 y，成立不等式

$$f\left(\frac{x+y}{2}\right) \leqslant \frac{f(x)+f(y)}{2}, \tag{10-1}$$

则称 $f(x)$ 为 (a,b) 内的凸函数.

定义 10.2 设 $f(x)$ 定义在 (a,b) 内，对 (a,b) 内任意两点 x 和 y 及实数 $\lambda(0<\lambda<1)$，有

$$f(\lambda x+(1-\lambda)y) \leqslant \lambda f(x)+(1-\lambda)f(y), \tag{10-2}$$

则称 $f(x)$ 为 (a,b) 内的凸函数.

定理 10.1 定义 10.1 与定义 10.2 等价.

证 定义 10.2⇒定义 10.1. 取 $\lambda=\frac{1}{2}$. 由式(10-2)便得到式(10-1)，剩下的问题是证明在假设 $f(\lambda x+(1-\lambda)y) \leqslant \lambda f(x)+(1-\lambda)f(y)$ 下，$f(x)$ 在 (a,b) 内连续.

方法 1 任取 a_1，b_1，使得 $a<a_1<x<b_1<b$. 记 $M=\max\{f(a_1),f(b_1)\}$，对任意 $t\in[a_1,b_1]$，取 $\lambda=\frac{b_1-t}{b_1-a_1}$，则 $0\leqslant\lambda\leqslant1$，且 $t=\lambda a_1+(1-\lambda)b_1$，所以从式(10-2)得 $f(t)\leqslant\lambda M+(1-\lambda)M=M$. 故 $f(x)$ 在 $[a_1,b_1]$ 有上界.

另一方面，对任意 $t\in[a_1,b_1]$，因 $\frac{a_1+b_1}{2}=\frac{1}{2}t+\frac{1}{2}(a_1+b_1-t)$，从式(10-2)得

$$f\left(\frac{a_1+b_1}{2}\right)\leqslant\frac{1}{2}f(t)+\frac{1}{2}f(a_1+b_1-t),$$

从而得到

$$f(t)\geqslant 2f\left(\frac{a_1+b_1}{2}\right)-f(a_1+b_1-t)\geqslant 2f\left(\frac{a_1+b_1}{2}\right)-M=m.$$

故 $f(x)$ 在 $[a_1,b_1]$ 上有下界.

对任意 x，$y\in[a_1,b_1]$，$x<y$，记 $h=\min\{x-a_1,b_1-y\}$，令

$$z=y+\frac{h(y-x)}{|y-x|},\quad \lambda=\frac{y-x}{h+|y-x|},$$

那么 $y=\lambda z+(1-\lambda)x$ 和 $f(y)\leqslant\lambda f(z)+(1-\lambda)f(x)$，进一步有

$$\begin{aligned}f(y)-f(x)&\leqslant\lambda(f(z)-f(x))\\&=\frac{|y-x|}{h+|y-x|}(f(z)-f(x))\leqslant(M-m)|y-x|.\end{aligned}$$

类似可得

$$f(x)-f(y)\leqslant(M-m)|y-x|.$$

所以 $f(x)$ 在 x 处连续.

由 a_1，b_1 的任意性，所以 $f(x)$ 在 (a,b) 内连续.

方法 2　设 $s<t<u$ 为 (a,b) 内任意三点，若取 $\lambda=\frac{u-t}{u-s}$，$1-\lambda=\frac{t-s}{u-s}$，则 $t=\lambda s+(1-\lambda)u$，由式(10-2)得

$$f(t)\leqslant\frac{u-t}{u-s}f(s)+\frac{t-s}{u-s}f(u)$$

或

$$f(t)\leqslant f(s)-\frac{t-s}{u-s}f(s)+\frac{t-s}{u-s}f(u)$$

或

$$\frac{f(t)-f(s)}{t-s}\leqslant\frac{f(u)-f(s)}{u-s}.$$

类似可得 $\frac{f(u)-f(s)}{u-s}\leqslant\frac{f(u)-f(t)}{u-t}$. 因此成立

$$\frac{f(t)-f(s)}{t-s}\leqslant\frac{f(u)-f(s)}{u-s}\leqslant\frac{f(u)-f(t)}{u-t}.\tag{10-3}$$

下面利用式(10-3)证明 $f(x)$ 的连续性. 任取 $x\in(a,b)$，存在 a_1，b_1，使得 $a<a_1<x<b_1<b$. 对给定的自然数 n，可取 $\delta>0$(充分小)，使 $(x-n\delta,x+n\delta)\subset(a_1,b_1)$.

记 $M=\max\{|f(a_1)|,|f(b_1)|\}$，对任意 $t\in[a_1,b_1]$，取 $\lambda=\dfrac{b_1-t}{b_1-a_1}$，则 $0\leqslant\lambda\leqslant1$，且 $t=\lambda a_1+(1-\lambda)b_1$，所以从式(10-2)得 $f(t)\leqslant\lambda M+(1-\lambda)M=M$. 故 $f(x)$ 在 $[a_1,b_1]$ 上有界. 由式(10-3)得到

$$\frac{f(x)-f(x-n\delta)}{n\delta}\leqslant\frac{f(x)-f(x-\delta)}{\delta}(\text{取 } s=x-n\delta,t=x-\delta,u=x)$$
$$\leqslant\frac{f(x+\delta)-f(x)}{\delta}\leqslant\frac{f(x+n\delta)-f(x)}{n\delta}(s=x,t=x+\delta,u=x+n\delta),$$

即

$$\frac{-2M}{n}\leqslant f(x)-f(x-\delta)\leqslant f(x+\delta)-f(x)\leqslant\frac{2M}{n}.$$

对任意 $\varepsilon>0$，取 $n>\left[\dfrac{2M}{\varepsilon}\right]$，当 $\delta<\min\left\{\dfrac{x-a_1}{n},\dfrac{b_1-x}{n}\right\}$时，就有

$$|f(x+\delta)-f(x)|<\varepsilon,\ |f(x-\delta)-f(x)|<\varepsilon,$$

即 $\lim\limits_{y\to x}f(y)=f(x)$，所以 $f(x)$ 在 (a,b) 内连续.

对 $f(x)$ 连续性的证明我们还可以采用以下方法：

考虑 $f(y)=\dfrac{f(u)-f(y)}{u-y}$，令 $s<t<u<v$，由式(10-3)中

$$\frac{f(u)-f(s)}{u-s}\leqslant\frac{f(u)-f(t)}{u-t}$$

知 $f(y)$ 在 $y<u$ 上单调增加. 从$\dfrac{f(u)-f(t)}{u-t}\leqslant\dfrac{f(v)-f(u)}{v-u}$得到 $f(y)$ 在 $y<u$ 上有上界 $\dfrac{f(v)-f(u)}{v-u}$. 所以 $\lim\limits_{y\to u^-}f(y)$ 存在，即 $f'_-(u)$ 存在. 同理 $f'_+(u)$ 存在，从而 $\lim\limits_{y\to u^-}f(y)=f(u)=\lim\limits_{y\to u^+}f(y)$，所以 $f(x)$ 在 (a,b) 内连续.

定义 10.1⇒定义 10.2. 设 $n=k\geqslant2$ 时成立：

$$f\left(\frac{x_1+x_2+\cdots+x_{2^k}}{2^k}\right)\quad\leqslant\quad\frac{1}{2^k}(f(x_1)+f(x_2)+\cdots+f(x_{2^k}))$$

考察 $n=k+1$ 的情形：

$$f\left(\frac{x_1+\cdots+x_{2^{k+1}}}{2^{k+1}}\right)$$
$$=f\left(\frac{1}{2}\left(\frac{x_1+\cdots+x_{2^k}}{2^k}+\frac{x_{2^k+1}+\cdots+x_{2^{k+1}}}{2^k}\right)\right)$$
$$\leqslant\frac{1}{2}\left(f\left(\frac{x_1+\cdots+x_{2^k}}{2^k}\right)+f\left(\frac{x_{2^k+1}+\cdots+x_{2^{k+1}}}{2^k}\right)\right)$$

$$\leqslant \frac{1}{2}\left(\frac{1}{2^k}(f(x_1)+\cdots+f(x_{2^k}))+\frac{1}{2^k}(f(x_{2^k+1})+\cdots+f(x_{2^{k+1}}))\right)$$
$$=\frac{1}{2^{k+1}}(f(x_1)+f(x_2)+\cdots+f(x_{2^{k+1}})).$$

设 $\lambda=\frac{m}{2^n}\in[0,1]$，则 $1-\lambda=\frac{2^n-m}{2^n}$. 注意到 $kx=\underbrace{x+x+\cdots+x}_{k}$，所以由上式可知

$$f(\lambda x_1+(1-\lambda)x_2)=f\left(\frac{mx_1+(2^n-m)x_2}{2^n}\right)\leqslant \frac{m}{2^n}f(x_1)+\frac{2^n-m}{2^n}f(x_2).$$

对任意 $\lambda\in[0,1]$，可用二进制数列$\left\{\frac{m}{2^n}\right\}$逼近，于是由连续性即证得定理.

10.1.2 凸函数的性质

定理 10.2 若$f(x)$是(a,b)内的凸函数，x_1，…，$x_m\in(a,b)$，证明：

$$f\left(\frac{1}{m}\sum_{k=1}^{m}x_k\right)\leqslant \frac{1}{m}\sum_{k=1}^{m}f(x_k). \tag{10-4}$$

证 当 $m=2$ 时，$\lambda=\frac{1}{2}$，则式(10-4)显然成立. 对于 $m>2$ 时，设 $m-1$ 时式(10-4)成立，又因

$$\frac{x_1+\cdots+x_m}{m}=\frac{m-1}{m}\cdot\frac{x_1+\cdots+x_{m-1}}{m-1}+\frac{1}{m}x_m,$$

取 $\lambda=\frac{m-1}{m}$，又$\frac{x_1+\cdots+x_{m-1}}{m-1}\in(a,b)$，$x_m\in(a,b)$，故

$$f\left(\frac{1}{m}\sum_{k=1}^{m}x_k\right)\leqslant \frac{m-1}{m}f\left(\frac{1}{m-1}\sum_{k=1}^{m-1}x_k\right)+\frac{1}{m}f(x_m)\leqslant \frac{1}{m}\sum_{k=1}^{m}f(x_k).$$

定理 10.3 （詹森不等式）设$f(x)$是(a,b)内的凸函数，x_1，…，$x_n\in(a,b)$，λ_1，…，$\lambda_n>0$，且满足 $\sum_{i=1}^{n}\lambda_i=1$，则有不等式

$$f\left(\sum_{i=1}^{n}\lambda_i x_i\right)\leqslant \sum_{i=1}^{n}\lambda_i f(x_i). \tag{10-5}$$

证 用归纳法. 当 $n=2$ 时，$\lambda=\lambda_1$，则 $1-\lambda=\lambda_2$，式(10-5)成立.

设式(10-5)对 $n-1$ 成立. 因为

$$\sum_{i=1}^{n}\lambda_i x_i=\left(\sum_{i=1}^{n-1}\lambda_i\right)\cdot\sum_{i=1}^{n-1}\frac{\lambda_i}{\sum_{j=1}^{n-1}\lambda_j}x_i+\lambda_n x_n,$$

取 $0\leqslant\lambda=\sum_{i=1}^{n-1}\lambda_i\leqslant 1$，则 $\lambda_n=1-\lambda$，故有

$$f\left(\sum_{i=1}^{n}\lambda_i x_i\right)\leqslant\left(\sum_{i=1}^{n-1}\lambda_i\right)f\left(\sum_{i=1}^{n-1}\frac{\lambda_i}{\lambda}x_i\right)+\lambda_n f(x_n)$$

$$\leqslant\left(\sum_{i=1}^{n-1}\lambda_i\right)\cdot\sum_{i=1}^{n-1}\frac{\lambda_i}{\lambda}f(x_i)+\lambda_n f(x_n)=\sum_{i=1}^{n}\lambda_i f(x_i).$$

定理 10.4　设$f(x)$在(a,b)内具有二阶连续导数，则$f(x)$是(a,b)内的凸函数的充要条件是$f''(x)\geqslant 0$.（此定理的证明在一般教材中均能查到，这里从略）

定理 10.5　设$f_i(x)$是(a,b)内的凸函数，$\alpha_i\geqslant 0(i=1,2,\cdots,m)$. 若$f(x)=\sum_{i=1}^{m}\alpha_i f_i(x)$，则$f(x)$是$(a,b)$内的凸函数.

证　取任意x_1，$x_2\in(a,b)$和任意$\lambda\in(0,1)$，因为$f_i(x)(i=1,2,\cdots,m)$是凸函数，由定义 10.2，有

$$f(\lambda x_1+(1-\lambda)x_2)=\sum_{i=1}^{m}\alpha_i f_i(\lambda x_1+(1-\lambda)x_2)\leqslant\sum_{i=1}^{m}\alpha_i(\lambda f_i(x_1)+(1-\lambda)f_i(x_2))$$

$$=\lambda\sum_{i=1}^{m}\alpha_i f_i(x_1)+(1-\lambda)\sum_{i=1}^{m}\alpha_i f_i(x_2)=\lambda f(x_1)+(1-\lambda)f(x_2),$$

所以$f(x)$为(a,b)内的凸函数.

定理 10.6　设f_i是(a,b)内的凸函数，$i=1$，2，…，m，若$f(x)=\max\limits_{1\leqslant i\leqslant m}f_i(x)$，则$f(x)$也是$(a,b)$内的凸函数.

证　对任意x_1，$x_2\in(a,b)$，$0\leqslant\lambda\leqslant 1$.

$$f(\lambda x_1+(1-\lambda)x_2)=\max_i f_i(\lambda x_1+(1-\lambda)x_2)$$

$$\leqslant\max_i(\lambda f_i(x_1)+(1-\lambda)f_i(x_2))$$

$$\leqslant\lambda\max_i f_i(x_1)+(1-\lambda)\max_i f_i(x_2)=\lambda f(x_1)+(1-\lambda)f(x_2).$$

定理 10.7　设$h(x)$是(a,b)内的凸函数，$g(u)$是$(-\infty,+\infty)$内的非减的有界凸函数，$f(x)=g(h(x))$，则f是(a,b)内的凸函数.

证　对任意x_1，$x_2\in(a,b)$，$0\leqslant\lambda\leqslant 1$，有

$$f(\lambda x_1+(1-\lambda)x_2)=g(h(\lambda x_1+(1-\lambda)x_2))$$

$$\leqslant g(\lambda h(x_1)+(1-\lambda)h(x_2)).\tag{10-6}$$

又因g是凸函数，故有

$$g(\lambda h(x_1)+(1-\lambda)h(x_2))\leqslant\lambda g(h(x_1))+(1-\lambda)g(h(x_2))$$

$$=\lambda f(x_1)+(1-\lambda)f(x_2).\tag{10-7}$$

由式(10-6)和式(10-7)便得到

$$f(\lambda x_1+(1-\lambda)x_2)\leqslant\lambda f(x_1)+(1-\lambda)f(x_2).$$

10.2 凸函数的性质及应用

例 10.1 若$f(x)$是区间$[a,b]$上的凸函数，则对(a,b)的任一内点x_0，$f'_+(x_0)$，$f'_-(x_0)$都存在，而且$f'_-(x_0)\leqslant f'_+(x_0)$.

证 设$a<s<x_0<u<b$，从式(10-3)可得

$$\frac{f(t)-f(x_0)}{t-x_0}\leqslant\frac{f(u)-f(x_0)}{u-x_0},$$

即$G(t)=\dfrac{f(t)-f(x_0)}{t-x_0}$单调递增. 则当$t\to x_0^-$时，$\dfrac{f(t)-f(x_0)}{t-x_0}$单调递增且有上界，故$f'_-(x_0)$存在；当$t\to x_0^+$时，$\dfrac{f(t)-f(x_0)}{t-x_0}$单调且有下界，故$f'_+(x_0)$存在. 根据极限的保序性，知$f'_-(x_0)\leqslant f'_+(x_0)$.

例 10.2 $f(x)$是区间$[a,b]$上的凸函数，则在$[a,b]$的任一闭子区间上$f(x)$有界.

证 设$[\alpha,\beta]\subset[a,b]$，对任意$x\in[\alpha,\beta]$，取$\lambda=\dfrac{x-\alpha}{\beta-\alpha}$，则$x=\dfrac{x-\alpha}{\beta-\alpha}\beta+\dfrac{\beta-x}{\beta-\alpha}\alpha$，且

$$f(x)\leqslant(1-\lambda)f(\alpha)+\lambda f(\beta)\leqslant L,\tag{10-8}$$

其中$L=\max(f(\alpha),f(\beta))$.

令$\xi=\dfrac{\alpha+\beta}{2}$，对任意$x\in[\alpha,\beta]$，取$x'$使得$\dfrac{x+x'}{2}=\dfrac{\alpha+\beta}{2}$，由$f(x)$的凸性和式(10-8)得到

$$f(\xi)=f\left(\frac{x+x'}{2}\right)\leqslant\frac{f(x)+f(x')}{2}\leqslant\frac{1}{2}f(x)+\frac{1}{2}L.$$

因此，$f(x)\geqslant 2f(\xi)-L$(也下有界)，即有$2f(\xi)-L\leqslant f(x)\leqslant L$，故$f(x)$在$[\alpha,\beta]$上有界.

例 10.3 设$f(x)$是区间$[a,b]$上的凸函数，则在$[a,b]$的任一闭子区间上$f(x)$满足利普希茨条件.

证 设$[\alpha,\beta]\subset[a,b]$，并且$\alpha<s<t<u<\beta$，那么

$$\frac{f(t)-f(s)}{t-s}\leqslant\frac{f(u)-f(t)}{u-t}.\tag{10-9}$$

由上题知，对于任意$x\in[\alpha,\beta]$，有$m\leqslant f(x)\leqslant M$.

取$h>0$，使得$[\alpha-h,\beta+h]\subset(a,b)$. 任意$x_1$，$x_2\in[\alpha,\beta]$，$x_1<x_2$，令$x_3=x_2+h$，则从式(10-9)

$$\frac{f(x_2)-f(x_1)}{x_2-x_1}\leqslant\frac{f(x_3)-f(x_2)}{x_3-x_2}\leqslant\frac{M-m}{h}.$$

同样取 $x_4=x_1-h$，则

$$\frac{f(x_2)-f(x_1)}{x_2-x_1}\geqslant\frac{f(x_1)-f(x_4)}{x_1-x_4}\geqslant-\frac{M-m}{h}.$$

因此有

$$|f(x_1)-f(x_2)|\leqslant\frac{M-m}{h}|x_1-x_2|.$$

例 10.4　利用凸函数的性质证明 Hölder 不等式

$$\sum_{i=1}^{n}a_ib_i\leqslant\left(\sum_{i=1}^{n}a_i^p\right)^{\frac{1}{p}}\cdot\left(\sum_{i=1}^{n}b_i^q\right)^{\frac{1}{q}},$$

其中 $a_i\geqslant0$，$b_i\geqslant0$，$i=1, 2, \cdots, n$，$p>1$，$\frac{1}{p}+\frac{1}{q}=1$.

证　令 $f(x)=x^p(x>0,\ p>1)$. 因为 $f''(x)=p(p-1)x^{p-2}>0$，所以 $f(x)=x^p(p>1)$ 是 $(0,+\infty)$ 内的凸函数. 由不等式

$$f\left(\sum_{i=1}^{n}\lambda_ix_i\right)\leqslant\sum_{i=1}^{n}\lambda_if(x_i)\quad\left(\lambda_i\geqslant0,\ \sum_{i=1}^{n}\lambda_i=1\right),$$

便得到 $\left(\sum_{i=1}^{n}\lambda_ix_i\right)^p\leqslant\sum_{i=1}^{n}\lambda_i^px_i^p$.

设 μ_1，$\cdots$，μ_n 为非负实数，且 $\sum_{i=1}^{n}\mu_i\neq0$，在上述表达式中，用 $\frac{\mu_i}{\sum_{i=1}^{n}\mu_i}$ 代替 λ_i，得

$$\left(\sum_{i=1}^{n}\mu_ix_i\right)^p\leqslant\left(\sum_{i=1}^{n}\mu_ix_i^p\right)\left(\sum_{i=1}^{n}\mu_i\right)^{p-1}.$$

因 $p=\frac{q}{q-1}$，取 $\mu_i=b_i^q$，$x_i=a_ib_i^{1-q}$，不妨设 $\sum_{i=1}^{n}b_i\neq0$，代入上式有

$$\left(\sum_{i=1}^{n}a_ib_i\right)^p\leqslant\left(\sum_{i=1}^{n}b_i^qa_i^pb_i^{(1-q)p}\right)\cdot\left(\sum_{i=1}^{n}b_i^q\right)^{p-1}=\left(\sum_{i=1}^{n}a_i^p\right)\left(\sum_{i=1}^{n}b_i^q\right)^{p-1},$$

从而有

$$\sum_{i=1}^{n}a_ib_i\leqslant\left(\sum_{i=1}^{n}a_i^p\right)^{\frac{1}{p}}\left(\sum_{i=1}^{n}b_i^q\right)^{\frac{p-1}{p}}=\left(\sum_{i=1}^{n}a_i^p\right)^{\frac{1}{p}}\cdot\left(\sum_{i=1}^{n}b_i^q\right)^{\frac{1}{q}}.$$

例 10.5　若 $f(x)$ 在 $[a,b]$ 上连续，且 $f(x)>0$，则

$$\ln\left(\frac{1}{b-a}\int_a^bf(x)\,\mathrm{d}x\right)\geqslant\frac{1}{b-a}\int_a^b\ln f(x)\,\mathrm{d}x.$$

证　因 $g(t)=-\ln t$ 是 $(0,+\infty)$ 内的凸函数，以 $a=x_0<x_1<\cdots<x_n=b$ 将 $[a,b]$ 分

为 n 等份，取 $\xi_i\in[x_{i-1},x_i]$，$i=1$，2，…，n，则

$$\frac{1}{b-a}\sum_{i=1}^{n}f(\xi_i)\frac{b-a}{n}=\frac{1}{n}\sum_{i=1}^{n}f(\xi_i),$$

又因 $f(\xi_i)>0$，故有

$$-\ln\left(\frac{1}{b-a}\sum_{i=1}^{n}f(\xi_i)\frac{b-a}{n}\right)\leqslant-\frac{1}{n}\sum_{i=1}^{n}\ln f(\xi_i)=-\frac{1}{b-a}\sum_{i=1}^{n}\ln f(\xi_i)\frac{b-a}{n},$$

即

$$\ln\left(\frac{1}{b-a}\sum_{i=1}^{n}f(\xi_i)\frac{b-a}{n}\right)\geqslant\frac{1}{b-a}\sum_{i=1}^{n}\ln f(\xi_i)\frac{b-a}{n},$$

所以

$$\lim_{n\to\infty}\ln\left(\frac{1}{b-a}\sum_{i=1}^{n}f(\xi_i)\frac{b-a}{n}\right)\geqslant\frac{1}{b-a}\lim_{n\to\infty}\sum_{i=1}^{n}\ln f(\xi_i)\frac{b-a}{n},$$

即

$$\ln\left(\frac{1}{b-a}\int_a^b f(x)\,\mathrm{d}x\right)\geqslant\frac{1}{b-a}\int_a^b\ln f(x)\,\mathrm{d}x.$$

例 10.6 利用凸函数的性质证明，对 a_1，…，$a_n(a_i>0)$ 成立

$$\frac{n}{\dfrac{1}{a_1}+\cdots+\dfrac{1}{a_n}}\leqslant\sqrt[n]{a_1\cdots a_n}\leqslant\frac{1}{n}(a_1+\cdots+a_n).$$

证 设 $f(x)=-\ln x$，则 $f''(x)=\dfrac{1}{x^2}>0$，则 $f(x)$ 是 $(0,+\infty)$ 上的凸函数，则有

$$f\left(\frac{1}{n}(a_1+\cdots+a_n)\right)\leqslant\frac{1}{n}[f(a_1)+\cdots+f(a_n)]$$

即

$$\ln\frac{a_1+\cdots+a_n}{n}\geqslant\ln\sqrt[n]{a_1\cdots a_n}.$$

以 $\dfrac{1}{a_i}$ 代替 a_i，便得到左边的不等式.

例 10.7 设 $0<x_i<\dfrac{\pi}{2}$，$i=1$，2，…，n，$x=\dfrac{1}{n}\sum\limits_{i=1}^{n}x_i$，证明：$\prod\limits_{i=1}^{n}\dfrac{\sin x_i}{x_i}\leqslant\left(\dfrac{\sin x}{x}\right)^n$.

证 设 $f(t)=-\ln\dfrac{\sin t}{t}$，则

$$f'(t)=\frac{1}{t}-\frac{\cos t}{\sin t},f''(t)=\csc^2 t-\frac{1}{t^2}=\frac{t^2-\sin^2 t}{t^2\sin^2 t}>0\quad\left(0<t<\frac{\pi}{2}\right).$$

故 $f(t)$ 是 $\left(0,\dfrac{\pi}{2}\right)$ 上的凸函数. 利用凸函数的性质知

$$f\left(\frac{1}{n}\sum_{i=1}^{n}x_i\right)\leqslant\frac{1}{n}\sum_{i=1}^{n}f(x_i),$$

即

$$\prod_{i=1}^{n}\frac{\sin x_i}{x_i}\leqslant\left(\frac{\sin x}{x}\right)^n.$$

例 10.8　设 $a_i>0$，$\sum\limits_{i=1}^{n}a_i=1$，$0<x_i<1$，$i=1$，2，…，$n$，证明：$\sum\limits_{i=1}^{n}\dfrac{a_i}{1+x_i}\leqslant\dfrac{1}{1+x_1^{a_1}\cdot x_2^{a_2}\cdot\cdots\cdot x_n^{a_n}}$.

证　设 $f(y)=-\dfrac{1}{1+e^y}$，$y\in(-\infty,0)$，则 $f''(y)=\dfrac{1-e^y}{(1+e^y)^3}>0$，利用凸函数的性质，便得到

$$\sum_{i=1}^{n}a_if(y_i)\geqslant f\left(\sum_{i=1}^{n}a_iy_i\right),$$

只要取 $y_i=\ln x_i$ 即可证得所需的结果.

例 10.9　若在 $(-\infty,+\infty)$ 上 $f(x)$ 为凹函数，且 $f(x)>0$，则 $\dfrac{1}{f(x)}$ 为凸函数；反之不成立，即若 $f(x)$ 为 $(-\infty,+\infty)$ 上的凸函数，且 $f(x)>0$，$\dfrac{1}{f(x)}$ 不一定为凹函数.

证　取任意 x_1，$x_2\in(-\infty,+\infty)$ 和任意 $\lambda\in(0,1)$，因 $f(x)$ 为凹函数，故

$$f(\lambda x_1+(1-\lambda)x_2)\geqslant\lambda f(x_1)+(1-\lambda)f(x_2)$$

或

$$\frac{1}{f(\lambda x_1+(1-\lambda)x_2)}\leqslant\frac{1}{\lambda f(x_1)+(1-\lambda)f(x_2)}.$$

又利用 $a^2+b^2\geqslant 2ab$，可得

$$\begin{aligned}&\frac{1}{\lambda f(x_1)+(1-\lambda)f(x_2)}-\frac{\lambda}{f(x_1)}-\frac{1-\lambda}{f(x_2)}\\=&-\frac{(\lambda^2+(1-\lambda)^2)f(x_1)f(x_2)+\lambda(1-\lambda)(f^2(x_1)+f^2(x_2))-f(x_1)f(x_2)}{f(x_1)f(x_2)(\lambda f(x_1)+(1-\lambda)f(x_2))}\\\leqslant&\,0,\end{aligned}$$

即

$$\frac{1}{\lambda f(x_1)+(1-\lambda)f(x_2)} \leqslant \frac{\lambda}{f(x_1)}+\frac{1-\lambda}{f(x_2)}.$$

因此得到

$$\frac{1}{f(\lambda x_1+(1-\lambda)x_2)} \leqslant \frac{1}{\lambda f(x_1)+(1-\lambda)f(x_2)} \leqslant \frac{\lambda}{f(x_1)}+\frac{1-\lambda}{f(x_2)},$$

所以$\dfrac{1}{f(x)}$为凸函数.

另一方面，易知$f(x)=\mathrm{e}^{-x}$为凸函数，且$f(x)>0$，但$\dfrac{1}{f(x)}=\mathrm{e}^{x}$也为凸函数.

10.3 二元凸函数

例 10.10 设$D\subset\mathbf{R}^2$是平面上的一个凸集，$f(x,y)$是定义在D上的二元函数，若对任意$\lambda\in(0,1)$以及对任意(x_1,y_1)，$(x_2,y_2)\in D$，有

$$f(\lambda x_1+(1-\lambda)x_2,\lambda y_1+(1-\lambda)y_2) \leqslant \lambda f(x_1,y_1)+(1-\lambda)f(x_2,y_2),$$

则称$f(x,y)$是区域D上的凸函数；若

$$f(\lambda x_1+(1-\lambda)x_2,\lambda y_1+(1-\lambda)y_2) < \lambda f(x_1,y_1)+(1-\lambda)f(x_2,y_2),$$

即不等号为严格不等号，则称$f(x,y)$是区域D上的严格凸函数.

假设$f(x,y)$是D上的凸函数，任意给定正整数$n\geqslant 2$，对任意$(x_i,y_i)\in D$，$i=1, 2, \cdots, n$，

$\lambda_i>0$，$i=1, 2, \cdots, n$，且$\sum\limits_{i=1}^{n}\lambda_i=1$，则

$$f\left(\sum_{i=1}^{n}\lambda_i x_i,\sum_{i=1}^{n}\lambda_i y_i\right) \leqslant \sum_{i=1}^{n}\lambda_i f(x_i,y_i).$$

（詹森不等式）

证 利用数学归纳法. 由上述定义可知：$n=2$时不等式成立.

设$n=k$时. 对任意$(x_i,y_i)\in D$，$i=1, 2, \cdots, k$，$\lambda_i>0$，$i=1, 2, \cdots, k$，且$\sum\limits_{i=1}^{k}\lambda_i=1$，有

$$f\left(\sum_{i=1}^{k}\lambda_i x_i,\sum_{i=1}^{k}\lambda_i y_i\right) \leqslant \sum_{i=1}^{k}\lambda_i f(x_i,y_i).$$

设$(x_i,y_i)\in D$，$i=1, 2, \cdots, k, k+1$，$\lambda_i>0$，$i=1, 2, \cdots, k+1$，且$\sum\limits_{i=1}^{k+1}\lambda_i=1$.

令$\alpha_i=\dfrac{\lambda_i}{1-\lambda_{k+1}}$，$i=1, 2, \cdots, k$，则$\sum\limits_{i=1}^{k}\alpha_i=1$，由假设可得

$$f\left(\sum_{i=1}^{k}\alpha_i x_i,\sum_{i=1}^{k}\alpha_i y_i\right)\leqslant\sum_{i=1}^{k}\alpha_i f(x_i,y_i),$$

故

$$\begin{aligned}
f\left(\sum_{i=1}^{k+1}\lambda_i x_i,\sum_{i=1}^{k+1}\lambda_i y_i\right)&=f\left((1-\lambda_{k+1})\sum_{i=1}^{k}\frac{\lambda_i}{1-\lambda_{k+1}}x_i+\lambda_{k+1}x_{k+1},(1-\lambda_{k+1})\sum_{i=1}^{k}\frac{\lambda_i}{1-\lambda_{k+1}}y_i+\lambda_{k+1}y_{k+1}\right)\\
&\leqslant(1-\lambda_{k+1})f\left(\sum_{i=1}^{k}\frac{\lambda_i}{1-\lambda_{k+1}}x_i,\sum_{i=1}^{k}\frac{\lambda_i}{1-\lambda_{k+1}}y_i\right)+\lambda_{k+1}f(x_{k+1},y_{k+1})\\
&=(1-\lambda_{k+1})f\left(\sum_{i=1}^{k}\alpha_i x_i,\sum_{i=1}^{k}\alpha_i y_i\right)+\lambda_{k+1}f(x_{k+1},y_{k+1})\\
&\leqslant(1-\lambda_{k+1})\sum_{i=1}^{k}\alpha_i f(x_i,y_i)+\lambda_{k+1}f(x_{k+1},y_{k+1})\\
&=(1-\lambda_{k+1})\sum_{i=1}^{k}\frac{\lambda_i}{1-\lambda_{k+1}}f(x_i,y_i)+\lambda_{k+1}f(x_{k+1},y_{k+1})\\
&=\sum_{i=1}^{k}\lambda_i f(x_i,y_i)+\lambda_{k+1}f(x_{k+1},y_{k+1})\\
&=\sum_{i=1}^{k+1}\lambda_i f(x_i,y_i).
\end{aligned}$$

由数学归纳法可知得证.

例 10.11　设 $D\subset\mathbf{R}^2$ 是凸区域，函数 $f(x,y)$ 是凸函数，证明：$f(x,y)$ 在 D 上连续.

证　分两步证明结论.

第 1 步　对于 $\delta>0$ 以及 $[x_0-\delta,x_0+\delta]$ 上的一元凸函数 $g(x)$，容易验证对任意 $x\in[x_0-\delta,x_0+\delta]$，成立

$$\frac{g(x_0)-g(x_0-\delta)}{\delta}\leqslant\frac{g(x)-g(x_0)}{x-x_0}\leqslant\frac{g(x_0+\delta)-g(x_0)}{\delta}$$

从而对任意 $x\in[x_0-\delta,x_0+\delta]$，有

$$\left|\frac{g(x)-g(x_0)}{x-x_0}\right|\leqslant\left|\frac{g(x_0+\delta)-g(x_0)}{\delta}\right|+\left|\frac{g(x_0)-g(x_0-\delta)}{\delta}\right|,$$

因此一元凸函数 $g(x)$ 在 x_0 处连续.

第 2 步　设 $(x_0,y_0)\in D$，则存在 $\delta>0$，使得

$$E_\delta\equiv[x_0-\delta,x_0+\delta]\times[y_0-\delta,y_0+\delta]\subset D.$$

注意到固定 x 或 y 时，$f(x,y)$ 作为一元函数都是凸函数，由第 1 步结论知 $f(x,y_0)$，$f(x,y_0+\delta)$，$f(x,y_0-\delta)$ 都是 $x\in[x_0-\delta,x_0+\delta]$ 上的连续函数，从而它们有界，即存在常数 $M_\delta>0$，使得

$$\frac{|f(x,y_0+\delta)-f(x,y_0)|}{\delta}+\frac{|f(x,y_0)-f(x,y_0-\delta)|}{\delta}+$$
$$\frac{|f(x_0+\delta,y_0)-f(x_0,y_0)|}{\delta}+\frac{|f(x_0,y_0)-f(x_0-\delta,y_0)|}{\delta}$$
$$\leqslant M_\delta,\quad x\in[x_0-\delta,x_0+\delta].$$

进一步，由第 1 步结论知，对于$(x,y)\in E_\delta$ 成立

$$|f(x,y)-f(x_0,y_0)|\leqslant|f(x,y)-f(x,y_0)|+|f(x,y_0)-f(x_0,y_0)|$$
$$\leqslant\left(\frac{|f(x,y_0+\delta)-f(x,y_0)|}{\delta}+\frac{|f(x,y_0)-f(x,y_0-\delta)|}{\delta}\right)|y-y_0|+$$
$$\left(\frac{|f(x_0+\delta,y_0)-f(x_0,y_0)|}{\delta}+\frac{|f(x_0,y_0)-f(x_0-\delta,y_0)|}{\delta}\right)|x-x_0|$$
$$\leqslant M_\delta(|x-x_0|+|y-y_0|),\quad x\in[x_0-\delta,x_0+\delta].$$

于是$f(x,y)$在 D 上连续.

10.4 能力提升

例 10.12 设$f(x)$为区间 I 上的凸函数，则对任意 a，$b\in I$，且 $a<b$，成立

$$f\left(\frac{a+b}{2}\right)\leqslant\frac{1}{b-a}\int_a^b f(x)\,\mathrm{d}x\leqslant\frac{f(a)+f(b)}{2}.$$

证 **方法 1** 因为

$$\int_a^b f(x)\,\mathrm{d}x=\frac{1}{2}\int_a^b(f(x)+f(a+b-x))\,\mathrm{d}x,$$

利用$f(x)$的凸性知

$$f(x)+f(a+b-x)\geqslant 2f\left(\frac{a+b}{2}\right),$$

因此得到$\frac{1}{b-a}\int_a^b f(x)\,\mathrm{d}x\geqslant f\left(\frac{a+b}{2}\right)$.

另一方面，

$$f(x)=f\left(\frac{b-x}{b-a}a+\frac{x-a}{b-a}b\right)\leqslant\frac{b-x}{b-a}f(a)+\frac{x-a}{b-a}f(b),$$

因此

$$\int_a^b f(x)\,\mathrm{d}x\leqslant\frac{b-a}{2}(f(a)+f(b)).$$

方法 2 可以验证 $F(x)=\int_a^x f(t)\,\mathrm{d}t-(x-a)f\left(\frac{x+a}{2}\right)$ 单调增加(见习题 10 第 5 题)，

又 $F(a)=0$，便得到$\frac{1}{b-a}\int_a^b f(x)\mathrm{d}x \geqslant f\left(\frac{a+b}{2}\right)$.

类似可以验证 $G(x)=\int_a^x f(t)\mathrm{d}t-\frac{x-a}{2}(f(x)+f(a))$单调减少，又 $G(a)=0$，便得到$\int_a^b f(x)\mathrm{d}x \leqslant \frac{b-a}{2}(f(a)+f(b))$.

例 10.13　设$f(x)$在(a,b)内有定义，则 $y=f(x)$在(a,b)内是凸函数的充分必要条件是对任意 $\alpha>0$，$\mathrm{e}^{\alpha f(x)}$在(a,b)内是凸函数.

证　**"必要性"**　因为 e^t 为凸函数，且非负、单调，那么对任意 $0<\lambda<1$，x，$y\in(a,b)$，成立

$$\begin{aligned}\mathrm{e}^{\alpha f(\lambda x+(1-\lambda)y)} &\leqslant \mathrm{e}^{\alpha(\lambda f(x)+(1-\lambda)f(y))}\\ &=\mathrm{e}^{\lambda\alpha f(x)+(1-\lambda)\alpha f(y)}\\ &\leqslant \lambda\mathrm{e}^{\alpha f(x)}+(1-\lambda)\mathrm{e}^{\alpha f(y)},\end{aligned}$$

故 $\mathrm{e}^{\alpha f(x)}$在(a,b)内是凸函数.

"充分性"　对任意 $0<\lambda<1$，x，$y\in(a,b)$，由于$f(x)$在(a,b)内有定义，故$f(x)$、$f(y)$均为有限数，又 $\mathrm{e}^{\alpha f(x)}$在(a,b)内是凸函数，那么成立

$$\begin{aligned}&\mathrm{e}^{\alpha f(\lambda x+(1-\lambda)y)} \leqslant \lambda\mathrm{e}^{\alpha f(x)}+(1-\lambda)\mathrm{e}^{\alpha f(y)}\\ &\Leftrightarrow \lambda(\mathrm{e}^{\alpha(f(\lambda x+(1-\lambda)y))}-\mathrm{e}^{\alpha f(x)})+(1-\lambda)(\mathrm{e}^{\alpha(f(\lambda x+(1-\lambda)y))}-\mathrm{e}^{\alpha f(y)})\leqslant 0.\end{aligned}$$

因此

$$\begin{aligned}&\lim_{\alpha\to 0^+}\frac{1}{\alpha}(\lambda(\mathrm{e}^{\alpha(f(\lambda x+(1-\lambda)y))}-\mathrm{e}^{\alpha f(x)})+(1-\lambda)(\mathrm{e}^{\alpha(f(\lambda x+(1-\lambda)y))}-\mathrm{e}^{\alpha f(y)}))\leqslant 0\\ &\Rightarrow \lambda(f(\lambda x+(1-\lambda)y)-f(x))+(1-\lambda)(f(\lambda x+(1-\lambda)y)-f(y))\leqslant 0\\ &\Leftrightarrow f(\lambda x+(1-\lambda)y)-(\lambda f(x)+(1-\lambda)f(y))\leqslant 0.\\ &\Rightarrow f(x)\text{在}(a,b)\text{内是凸函数}.\end{aligned}$$

例 10.14　设$f(x)$是$[a,b]$上的凸函数，$a<c<b$，则

$$\max_{\substack{x,y\in[a,b]\\ x+y=2c}}(f(x)+f(y))=\begin{cases}f(a)+f(2c-a), & a<c\leqslant\frac{1}{2}(a+b),\\ f(2c-b)+f(b), & \frac{1}{2}(a+b)<c<b.\end{cases}$$

证　记 $d=\min\{c-a,b-c\}$，定义

$$g(t)=f(c-t)+f(c+t),\ 0\leqslant t\leqslant d.$$

由于$f(x)$是$[a,b]$上的凸函数，因此有(利用式(10-3))

$$f(c-s)-f(c-t)\leqslant f(c+t)-f(c+s),\ 0\leqslant s<t\leqslant d$$

或

$$f(c-s)+f(c+s)\leqslant f(c+t)+f(c-t),\ 0\leqslant s<t\leqslant d,$$

从而得到 $g(t)=f(c-t)+f(c+t)$ 单调增加.

另一方面，由于 $x+y=2c$，故有

$$f(x)+f(y)=f(x)+f(2c-x)=f(c-(c-x))+f(c+(c-x)),$$

因此 $f(c-(c-x))+f(c+(c-x))$ 关于 x 为减函数，从而当 $a<c\leqslant\frac{1}{2}(a+b)$ 时，得到

$$f(x)+f(y)\leqslant f(a)+f(2c-a).$$

类似地分析可得，当 $\frac{1}{2}(a+b)<c\leqslant b$ 时，得到

$$f(x)+f(y)\leqslant f(2c-b)+f(b).$$

例 10.15 设 $f(x)$ 在 $[a,b]$ 上具有连续导数，$g(x)$ 是 $[a,b]$ 上具有连续导数的凸函数，且 $f(a)=g(a),f(b)=g(b),f(x)\leqslant g(x)$，证明：

$$\int_a^b\sqrt{1+(f'(t))^2}\,\mathrm{d}t\geqslant\int_a^b\sqrt{1+(g'(t))^2}\,\mathrm{d}t.$$

证 设 $h(t)=\sqrt{1+t^2}$，易知 $h(t)$ 是凸函数，从而对任意 t，s 有

$$h(t)\geqslant h(s)+(t-s)h'(s).$$

于是

$$h(f'(x))\geqslant h(g'(x))+(f'(x)-g'(x))h'(g'(x)).$$

进一步有

$$\int_a^b\sqrt{1+(f'(t))^2}\,\mathrm{d}t\geqslant\int_a^b\sqrt{1+(g'(t))^2}\,\mathrm{d}t+\int_a^b(f'(t)-g'(t))h'(g'(t))\,\mathrm{d}t.$$

由于 $g(x)$ 和 $h(t)$ 都是具有连续导数的凸函数，因此 $h'(g'(x))$ 是非减的连续函数.

利用第二中值定理知存在 $c\in[a,b]$，使得

$$\int_a^b(f'(t)-g'(t))h'(g'(t))\,\mathrm{d}t$$

$$=h'(g'(a))\int_a^c(f'(t)-g'(t))\,\mathrm{d}t+h'(g'(b))\int_c^b(f'(t)-g'(t))\,\mathrm{d}t.$$

利用 $f(a)=g(a),f(b)=g(b)$，有

$$\int_a^b(f'(t)-g'(t))h'(g'(t))\,\mathrm{d}t=(f(c)-g(c))(h'(g'(a))-h'(g'(b))).$$

再根据 $f(x)\leqslant g(x)$ 及 $h'(g'(x))$ 非减，得到

$$\int_a^b(f'(t)-g'(t))h'(g'(t))\,\mathrm{d}t\geqslant 0,$$

所以有 $\int_a^b\sqrt{1+(f'(t))^2}\,\mathrm{d}t\geqslant\int_a^b\sqrt{1+(g'(t))^2}\,\mathrm{d}t.$

例 10.16 设$0<x<\frac{\pi}{2}$，比较$\tan(\sin x)$与$\sin(\tan x)$的大小.

解 令$f(x)=\tan(\sin x)-\sin(\tan x)$，那么

$$f'(x)=\frac{\cos^3 x-\cos(\tan x)\cos^2(\sin x)}{\cos^2 x\cos^2(\tan x)}.$$

当$0<x<\arctan\frac{\pi}{2}$时，由于$\cos x$是凹函数，结合平均不等式知

$$\begin{aligned}\sqrt[3]{\cos(\tan x)\cos^2(\sin x)}&<\frac{1}{3}(\cos(\tan x)+\cos(\sin x)+\cos(\sin x))\\&\leqslant\cos\left(\frac{\tan x+\sin x+\sin x}{3}\right)\\&=\cos\left(\frac{\tan x+2\sin x}{3}\right).\end{aligned}$$

令$g(x)=\frac{1}{3}(\tan x+2\sin x)-x$，那么$g(0)=0$，且

$$g'(x)=\frac{1}{3}(\sec^2 x+2\cos x)-1\geqslant\sqrt[3]{\sec^2 x\cos^2 x}-1=0,$$

故$\frac{1}{3}(\tan x+2\sin x)\geqslant x$.

另一方面，由$0<x<\arctan\frac{\pi}{2}$可知$0<\tan x<\frac{\pi}{2}$，$0<\sin x<\frac{\sqrt{3}}{2}$，故$0<\frac{\tan x+2\sin x}{3}<\pi$，因此有$\cos\left(\frac{\tan x+2\sin x}{3}\right)<\cos x$和$\cos(\tan x)\cos^2(\sin x)<\cos^3 x$，进一步可得

$$f'(x)=\frac{\cos^3 x-\cos(\tan x)\cos^2(\sin x)}{\cos^2 x\cos^2(\tan x)}\geqslant\frac{\cos^3 x-\cos^3 x}{\cos^2 x\cos^2(\tan x)}=0.$$

注意到$f(0)=0$，所以当$0<x<\arctan\frac{\pi}{2}$时，有$f(x)>0$.

当$\arctan\frac{\pi}{2}<x<\frac{\pi}{2}$时，由于

$$\tan\left(\sin\left(\arctan\frac{\pi}{2}\right)\right)=\tan\frac{\frac{\pi}{2}}{\sqrt{1+\frac{\pi^2}{4}}}>\tan\frac{\pi}{4}=1,$$

又$\tan(\sin x)$在$\arctan\frac{\pi}{2}<x<\frac{\pi}{2}$上是增函数和$\sin(\tan x)\leqslant 1$，故此时也有$f(x)>0$.

因此结论成立.

习　题　10

1. 设 a，b，c 为正数，且 $a+b+c=1$，求证：

$$\frac{a}{1+a^3}+\frac{b}{1+b^3}+\frac{c}{1+c^3}\leqslant\frac{27}{28}.$$

$\left(\text{提示：研究函数} f(x)=\frac{x}{1+x^3}(x\geqslant 0)\text{的凹凸性}\right)$

2. 设 $f(x)$ 是 $[0,1]$ 上的凸函数，记 $S_n=\frac{1}{n+1}\sum_{k=1}^{n}f\left(\frac{k}{n+1}\right)$，则 S_n 关于 n 是单调递增的.

参考证明：因为 $\frac{k}{n}=\frac{n-k}{n}\frac{k}{n+1}+\frac{k(k+1)}{n(n+1)}$，由 $f(x)$ 的凸性得到

$$f\left(\frac{k}{n}\right)\leqslant\frac{n-k}{n}f\left(\frac{k}{n+1}\right)+\frac{k}{n}f\left(\frac{k+1}{n+1}\right),$$

对上式关于 $k=1$，2，…，$n-1$ 求和便得到 $S_{n-1}\leqslant S_n$.

3. 函数 $f(x)$ 在 $[a,b]$ 上为凸函数的充分必要条件是：对于 $x_i\in[a,b]$，$i=1$，2，3，$x_1<x_2<x_3$，有

$$A=\begin{vmatrix} x_1 & f(x_1) & 1\\ x_2 & f(x_2) & 1\\ x_3 & f(x_3) & 1\end{vmatrix}\geqslant 0$$

（提示：取 $x=x_1,y=x_3,x_2=\alpha x+(1-\alpha)y$）

4. 若 $f(x)$ 是 $[0,+\infty)$ 上可微的凸函数，定义 $h(x)=\frac{\int_0^x f(t)\,\mathrm{d}t}{x}$，证明：$h(x)$ 是 $(0,+\infty)$ 上的凸函数.

5. 若 $f(x)$ 是 $[a,b]$ 上的凸函数，记 $F(x)=\int_a^x f(t)\,\mathrm{d}t-(x-a)f\left(\frac{x+a}{2}\right)$，则 $F(x)$ 为 $[a,b]$ 内的增函数.

参考证明：设 $a<x_1\leqslant x_2<b$，那么

$$F(x_2)-F(x_1)=\int_{x_1}^{x_2}f(t)\,\mathrm{d}t-(x_2-a)f\left(\frac{x_2+a}{2}\right)+(x_1-a)f\left(\frac{x_1+a}{2}\right),$$

根据 $f(x)$ 是 $[a,b]$ 上的凸函数，可得到

$$\begin{aligned} f\left(\frac{x_2+a}{2}\right)&\leqslant\frac{x_2-x_1}{x_2-a}f\left(\frac{x_2+x_1}{2}\right)+\frac{x_1-a}{x_2-a}f\left(\frac{x_1+a}{2}\right)\\ &\leqslant\frac{1}{x_2-a}\int_{x_1}^{x_2}f(t)\,\mathrm{d}t+\frac{x_1-a}{x_2-a}f\left(\frac{x_1+a}{2}\right),\end{aligned}$$

故 $F(x_1)\leqslant F(x_2)$.

6. 设 $f(x)$ 是 $[-b,b]$ 上的凸函数，记 $G(x)=\frac{1}{2x}\int_{-x}^{x}f(t)\,\mathrm{d}t$，$x>0$，则 $G(x)$ 为 $(-b,b)$ 内的增函数.

$\left(\text{提示：}G'(x)=\frac{1}{2x}(f(x)+f(-x))-\frac{1}{2x^2}\int_{-x}^{x}f(t)\,\mathrm{d}t\text{，利用例 10.10 的结果知 }G'(x)\geqslant 0\right)$

7. 设 $f(x)$ 是 $[-b,b]$ 上的凸函数，则当 $0<h\leqslant b$ 时，有

$$f(x)\leqslant\frac{1}{2h}\int_{x-h}^{x+h}f(t)\,\mathrm{d}t.$$

参考证明：利用例 10.12.

8. 设 $0<x<\frac{\pi}{4}$，证明：$(\sin x)^{\sin x}<(\cos x)^{\cos x}$.

参考证明：因为

$$(\sin x)^{\sin x}<(\cos x)^{\cos x}\Leftrightarrow f(x)=\ln\cos x-\tan x\ln\sin x>0.$$

另一方面，$g(t)=-\ln t\ (t>0)$ 为凸函数，因此对 $0<\lambda<1$，$a>0$，$b>0$，我们有

$$\ln(\lambda a+(1-\lambda)b)>\lambda\ln a+(1-\lambda)\ln b,$$

取 $a=\sin x$，$b=\sin x+\cos x$，$\lambda=\tan x$，得到

$$\ln\cos x>\tan x\ln\sin x+(1-\tan x)\ln(\sin x+\cos x).$$

由于 $0<x<\frac{\pi}{4}$，因此 $\sin x+\cos x=\sqrt{2}\cos\left(x-\frac{\pi}{4}\right)>1$，得到

$$\ln\cos x-\tan x\ln\sin x>0.$$

9. 设 $0<x<\frac{\pi}{2}$，证明：$(\sin x)^{1-\cos 2x}+(\cos x)^{1+\cos 2x}\geqslant\sqrt{2}$.

（提示：验证 $f(x)=x^x$，$x\in(0,+\infty)$ 为凸函数）

参 考 文 献

[1] 华东师范大学数学系. 数学分析：上册[M]. 4版. 北京：高等教育出版社，2016.
[2] 华东师范大学数学系. 数学分析：下册[M]. 4版. 北京：高等教育出版社，2016.
[3] 姚允龙. 高等数学与数学分析：方法导引[M]. 上海：复旦大学出版社，1988.
[4] 邹承祖，齐东旭，孙玉柏. 数学分析习题课讲义[M]. 长春：吉林大学出版社，1985.
[5] 林源渠，方企勤. 数学分析解题指南[M]. 北京：北京大学出版社，2006.
[6] 宋国柱. 分析中的基本定理和典型方法[M]. 北京：科学出版社，2004.
[7] 胡克. 解析不等式的若干问题[M]. 武汉：武汉大学出版社，2003.
[8] 胡雁军，李育生，邓聚成. 数学分析中的证题方法与难题选解[M]. 开封：河南大学出版社，1985.
[9] 李心灿. 高等数学应用205例[M]. 北京：高等教育出版社，1997.
[10] 楼红卫. 数学分析：上册[M]. 北京：高等教育出版社，2022.
[11] 楼红卫. 数学分析：下册[M]. 北京：高等教育出版社，2022.
[12] 孙振绮，马俊. 俄罗斯高等数学教材精粹选编[M]. 北京：高等教育出版社，2012.
[13] 郭镜明，韩云瑞，章栋恩. 美国微积分教材精粹选编[M]. 北京：高等教育出版社，2012.